소음의 영향과 대책

정일록 지음

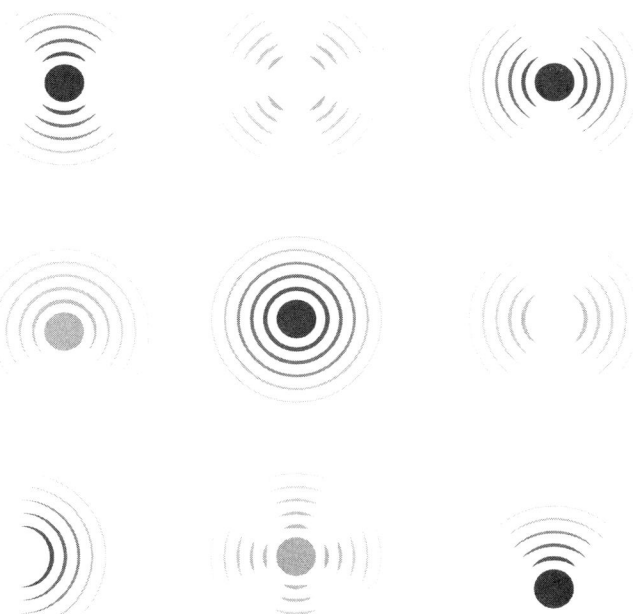

도서출판 동화기술

머리말

　우리 속담에 '까치가 울면 반가운 손님이 온다'는 말이 있다. 얼마나 기대와 설렘을 주는 조상들의 체험적 지혜가 담긴 울음소리에 대한 정보인가!
　고즈넉한 산사(山寺)의 풍경 소리, 하얗게 부서지는 바닷가의 파도 소리, 가을밤의 풀벌레 소리와 같은 자연의 소리나, 아름다운 선율의 음악 소리는 정서적으로 안정감을 주고 편안한 마음을 들게 한다.
　그러나, 자동차나 비행기, 공사장 등에서 나는 소리나, 이웃집에서 전해오는 쿵쿵 소리는 일상생활을 방해하고 불편을 주며 더 나아가 스트레스를 일으키는 소음인 경우가 많다.
　소리는 청아(淸雅)하고 아늑함이 있지만 소음은 들을수록 불쾌하고 심신의 균형을 깨트려 건강을 해친다.
　소음은 동맥에 염증을 증가시켜 순환기계 질병을 일으키는 원인의 하나로 밝혀졌고, 건강피해에 대한 위해성 평가방법이 확립되는 등 큰 진전이 있었다. 더불어 WHO의 소음 권장기준은 크게 강화되었고 방지대책도 발전하고 있다. 이러한 추세에 맞춰 필자는 지난 5년간 소음의 건강피해와 제도 개선, 대책 등에 대하여 60여 회에 걸쳐 언론에 전문가 기고를 한 바 있고, 일부는 제도에 반영되었고 검토 중인 것도 있다.

Preface

   본서는 이들 기고문을 바탕으로 환경소음의 관리와 대책에 관심이 있는 독자들이 쉽게 이해할 수 있도록 도표를 추가하여 보완하고, 용어와 이론적 개념 등을 파악하는 데 도움을 주고자 소음의 개론·영향 및 방지·관리 방법 등을 실었다.

   제1장의 소음 개론은 소음·진동의 감각과 측정·평가의 원리 및 방지기술의 이론을, 제2장의 소음 영향은 소음의 건강피해 메커니즘(機作)과 소음 노출수준에 따른 불쾌함 반응이나, 순환기계 질병의 발병률 등의 관계와 가축 및 어류에 대한 소음피해 기준 등을, 제3장의 진동 영향은 진동의 수준에 따른 불쾌함의 반응 및 건물 피해기준의 관계 등을 기술했다.

   그리고, 제4장부터 제8장까지는 교통소음, 공사장소음, 생활소음, 군사시설소음 등에 대한 대책을 기술하고, 부록으로 국내 소음·진동 기준 및 소음관리 연혁을 수재했다.

   소음의 건강피해에 대한 인식을 새롭게 하고 그 피해 예방대책을 서둘러야 한다는 일념으로 본서를 준비하였기에 여러 면에서 소루(疏漏)한 점이 많을 것이라 생각한다. 독자 여러분의 아낌없는 지도와 편달을 바라는 바이다.

   소음은 정서적 암이다.

   소음은 억제되어야 하고 회피하는 대응적 삶도 중요하다. 또한, 현대 생활에서는 어느 정도는 참고 살아야 하는 양립적(兩立的) 자세를 갖는 것이 안정된 마음을 유지하는 데 도움이 된다.

   정온한 환경에서 건강한 삶이 영위(營爲)되길 바라며…

필 자

차 례

Chapter 1 — 소음 개론　　9

1.1　소음 발생과 감각　　10
1.2　소음 측정과 평가척　　20
1.3　소음 방지　　30
1.4　진동 발생과 감각　　53
1.5　진동 방지　　67

Chapter 2 — 소음 영향　　77

2.1　소음의 건강피해 인식　　78
2.2　소음의 건강피해 개관　　80
2.3　소음 노출수준과 불쾌함 반응　　86
2.4　소음의 수면방해와 침실 조건　　93
2.5　소음의 위해성 평가　　99
2.6　난청의 예방　　108
2.7　교통소음의 건강피해와 한계가치　　112
2.8　소음의 동물 영향　　115

Contents

Chapter 3 진동 영향   121

- 3.1 진동의 체감   122
- 3.2 국내의 진동 평가   125
- 3.3 해외의 진동 평가   127
- 3.4 지반 진동의 건물 전달   135
- 3.5 공사장의 진동   141
- 3.6 발파진동의 관리   151
- 3.7 문화재의 진동관리   157
- 3.8 지진의 규모와 진도   159

Chapter 4 육상 교통소음 대책   165

- 4.1 도로소음의 실태와 관리   166
- 4.2 도로소음 대책   171
- 4.3 유럽의 도로소음 대책 장단점   177
- 4.4 독일의 도로소음 대책 사례   180
- 4.5 타이어 소음 표시제 의의   184
- 4.6 저소음 포장도로의 효과   187
- 4.7 전기자동차의 환경개선   191
- 4.8 도로소음 방음벽 효과   194
- 4.9 자동차 굉음 발생 자제   201
- 4.10 도로소음 저감대책과 비용/편익 사례   204
- 4.11 도로소음 저감의 편익(EU)   207
- 4.12 철도소음 평가와 대책   209

Chapter 5 · 항공기소음 대책   213

   5.1   항공기소음 실태와 민원   214
   5.2   항공기소음의 평가척과 관리기준   217
   5.3   공항지역의 항공기소음 대책기준 사례   221
   5.4   공항지역의 항공기소음 대책   226
   5.5   교통소음 지도 작성   230
   5.6   소음 갈등 해결방안   233
   5.7   교통소음 관리기준과 수인한도   236
   5.8   소음감가상각지수 등 검토   238

Chapter 6 · 공사장소음 대책   241

   6.1   공사장소음 관리   242
   6.2   공사장소음과 민원   245
   6.3   저소음 공법 사례   248
   6.4   선도적 공사장소음 대책   251
   6.5   도회지 공사의 고려사항   254
   6.6   공사장소음 관리의 착안사항   258
   6.7   공사장소음의 예측방법   263
   6.8   해외의 공사장소음 관리 사례   268

Chapter 7 생활소음 대책　　　273

7.1　층간소음　　　274
7.2　교실의 음환경　　　284
7.3　실 분할과 실내소음　　　288
7.4　주공 혼재지역 공장소음 측정위치　　　291
7.5　콘서트 및 스포츠 소음의 관리방안　　　294
7.6　풍력발전기 소음관리 선진화　　　297
7.7　저주파 소음의 가이드라인　　　301
7.8　소음측정 시 바람 등 영향 최소화　　　305
7.9　자연 현상에 따른 소음의 증감　　　310
7.10　소음 표지제도의 활성화　　　314

Chapter 8 군사시설 소음 관리　　　317

8.1　선진국의 군(軍) 비행장소음 관리　　　318
8.2　선진국의 군(軍) 사격장소음 관리　　　326
8.3　군사시설의 소음관리 참고기준　　　332

- 부　록　　　337
- 참고문헌　　　358
- 찾아보기　　　366

Chapter 1

소음 개론

Chapter 1 소음 개론

1.1 소음 발생과 감각

1.1.1 음(음파)

　소음은 원하지 않는 음(소리)이라 정의한다. 음은 고체의 진동이나 기체의 비정상 유동에 따른 압력 변동 등으로 발생한다. 예를 들어, 고체가 진동하면 주변 공기입자가 순차적으로 진동하면서 대기 중에서 공기입자의 소밀(疏密) 현상이 나타난다. 공기입자가 밀한 곳은 대기압보다 압력이 높고 소한 곳은 낮은 현상이 시간과 함께 되풀이 되면서 수음자까지 전파되고, 고막을 진동시켜 음이 감지된다. 대기 중에서의 에너지 전달이 이와 같이 시간에 따른 대기압력 변화(음압 변동)의 형태로 나타난 것을 음파(音波) 또는 간단히 음이라 한다. 이는 연못에 돌을 던졌을 때 나타나는 물결과 유사한 모양이다.

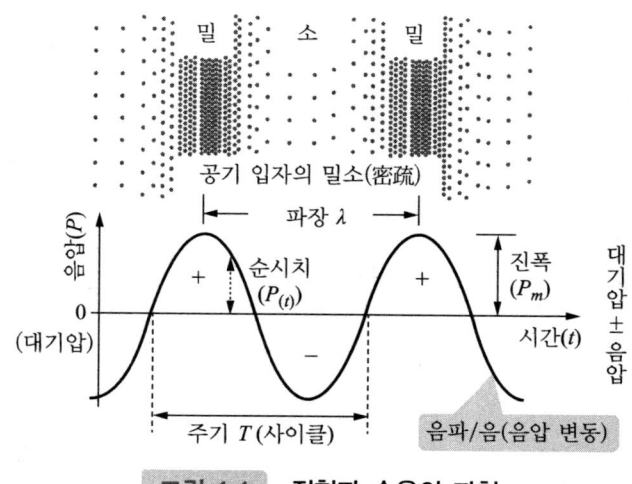

그림 1.1　정현파 순음의 파형

1.1 소음 발생과 감각

<그림 1.1>은 라디오 시보 음과 같은 정현파 순음(純音)의 시간에 따른 음압 변동을 나타낸 순시치의 파형이다.

그림에서 파형의 마루와 마루(골과 골) 사이의 거리를 파장 λ(m)라 하고, 한 파장이 소요되는 시간을 주기 T(s)라 한다. 음압이 플러스와 마이너스로 한번 교번하는 것을 사이클이라 하며 1초 동안의 사이클 수를 주파수 f(Hz)라 한다. 이들 상호간에는 다음의 관계가 있다.

$$\lambda = c/f = cT \quad [\text{m}] \tag{1.1}$$

$$f = 1/T \quad [\text{Hz}] \tag{1.2}$$

여기서 c는 대기 중 음속으로 기온 θ(℃)의 영향을 받는다.

$$c = 331.42 + 0.6\theta \quad [\text{m/s}] \tag{1.3}$$

<그림 1.1>의 정현파 순음의 순시치를 시간 t의 함수로 나타내면, 음압 순시치 $P(t)$는 다음 식으로 표현된다.

$$P(t) = P_m \cdot \sin(\omega t + \phi) \quad [\text{N/m}^2] \tag{1.4}$$

여기서 P_m은 음압 진폭, $\omega(2\pi f)$는 각 주파수, ϕ는 초기 위상($t=0$일 때)이다. ω의 단위는 rad/s다(1 rad = 57.3°).

그림에서 음압 순시치를 한 주기(T)간 평균하면 0이 되기 때문에 이를 대체한 음압 실효치(RMS; room mean square value)가 파동을 공부하는 분야에서 널리 사용된다. 음압 실효치(P_{rms} 혹은 P_r)는 음압 순시치($P(t)$)를 제곱하고 $0 \sim T$의 범위에서 적분하여 T로 나눈 값을 평방근한 값으로 정의하며 다음 식으로 나타낸다.

$$P_{\text{rms}} = \sqrt{\frac{1}{T}\int_0^T P(t)^2 dt} \quad [\text{N/m}^2] \tag{1.5}$$

음압 실효치는 청각에 작용하는 실질적 음 에너지 값이며, 정현파 음의 경우는 음압 진폭(피크치)의 0.707배다.

음의 대소(大小)는 음압 진폭 P_m(N/m² = Pa)의 크고 작음으로, 음의 고저(高低)는 주파수의 많고 적음으로 결정된다.

실제 사람이 듣는 가청음은 실효치의 대소로 $2 \times 10^{-5} \sim 200$ N/m², 고저로 20~20,000 Hz 범위며 소음 또한 같다. 가청 범위를 벗어난 음으로서 주파수 20 Hz 이하의 것을 초저주파음, 20,000 Hz를 넘는 것을 초음파음이라 한다.

1.1.2 음압레벨과 소음도

(1) 음압레벨

소음은 가전기기, 기계, 자동차 등에서 발생한다. 이들 소음은 환경 중에서 개별적으로나 복합적으로 존재한다. 소음은 많은 정현파 음이 합성된 형태로서 그 음압 순시치는 정현파 음과 달리 <그림 1.2>와 같이 불규칙적인 파형이다.

그림에서 일정 기간 측정한 순시치 중에서 진폭이 가장 큰 것을 피크치라 하고, 실효치 중에서 가장 큰 것을 최대치라 한다. 순시치는 음압이 플러스와 마이너스를 교번하지만 실효치는 항상 0보다 큰 값을 갖는다.

임의의 소음의 음압 실효치의 대소를 데시벨(dB; deci-Bel)로 나타낸 것을 음압레벨(SPL; sound pressure level)이라 한다. 음압레벨은 기준음압 실효치에 대한 측정음압의 실효치 비를 상용대수를 취해 나타낸 값이다.

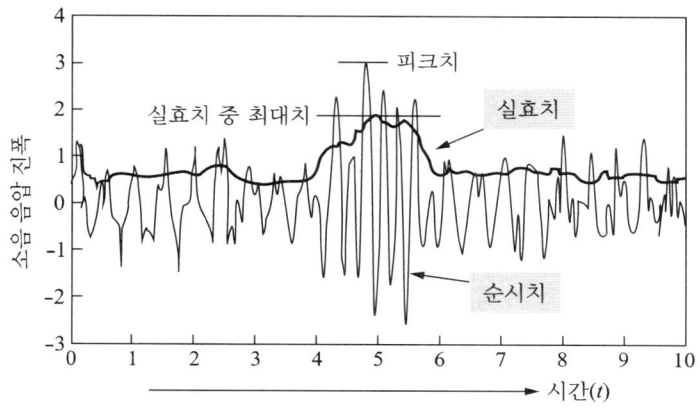

그림 1.2 소음의 순시치와 실효치(출처: FTA-VA-90-1003-06)

측정음압의 실효치를 P_r, 기준음압의 실효치를 P_0라 하면 음압레벨 SPL은 다음 식과 같다.

$$\text{SPL} = 20 \cdot \log(P_r/P_0) \quad [\text{dB}] \tag{1.6}$$

여기서 기준음압 실효치 P_0는 20대 건강한 사람의 1,000 Hz 순음에 대한 최소 가청치로 $2 \times 10^{-5} \text{ N/m}^2$이다.

이 식을 사용하여 가청음의 음압 실효치 크기를 음압레벨로 나타내면 0~140 dB 범위가 된다.

(2) 주파수분석

주파수분석이란 소음(진동)을 구성하는 주파수들을 성분별로 분류하여 그 각각의 음압레벨로 나타내는 것이다. 모래를 체가름하는 것과 같은 개념이다. 주파수분석은 소음평가나 자재의 흡음 및 차음 성능 분석, 방음대책 등을 위해 수행한다.

Chapter 1 소음 개론

주파수분석 방법에는 <표 1.1>과 같이 옥타브분석과 협대역분석 (FFT; fast fourier transform)의 2종류가 있다.

● 표 1.1 주파수분석 방법의 종류와 용도

종 류	분석 밴드폭	주 용도
옥타브분석	정비폭 분석	소음·진동의 평가 및 대책
FFT 분석	정폭 분석	소음·진동 발생의 물리적 원인 규명과 대책

옥타브분석은 귀로 감지하는 주파수 특성이 등비적(等比的)이기 때문에 많이 사용된다. 옥타브란 <그림 1.3>의 피아노 건반에 나타낸 것과 같이 도에서 다음 도까지로 주파수 비가 2배가 되는 음정(音程) 사이를 의미한다.

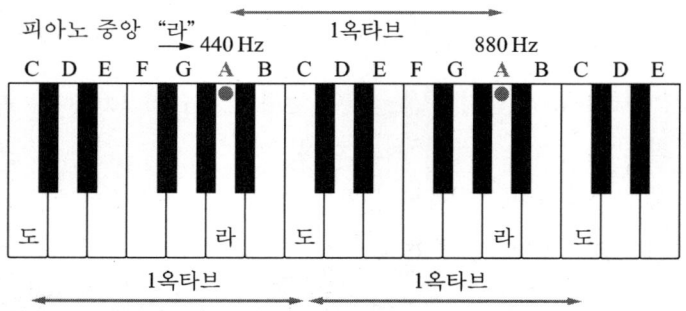

그림 1.3   피아노 건반의 예로 본 1옥타브

즉, 옥타브분석은 계측 대상 소음을 가청주파수 범위에서 1/1옥타브 혹은 1/3옥타브의 규격에 따라 정해진 밴드패스필터를 통하여 각 밴드 (대역)마다의 음압레벨을 구하는 방식이다. 1/1옥타브(옥타브라 하기도 한다.) 밴드별 중심주파수와 하단 및 상단 주파수는 <표 1.2>와 같다. 1/1옥타브 밴드를 1/3로 분할한 것을 1/3옥타브 밴드라 한다.

● 표 1.2 옥타브 밴드 중심주파수 및 하단·상단 주파수

하단주파수, f_l [Hz]	중심주파수, f_c [Hz]	상단주파수, f_u [Hz]
22	31.5	44
44	63	88
88	125	177
177	250	354
354	500	707
707	1,000	1,414
1,414	2,000	2,828
2,828	4,000	5,656
5,656	8,000	11,312

옥타브 밴드패스필터의 f_c, f_u 및 f_l은 다음 관계를 갖는다.

$$f_u = 2^n \cdot f_l \quad [\text{Hz}] \tag{1.7}$$

여기서 n은 1/1옥타브 밴드에서는 1, 1/3옥타브 밴드에서는 1/3이다. 한편, f_c는 다음의 관계식으로 구한다.

$$f_c = \sqrt{f_u \cdot f_l} \quad [\text{Hz}] \tag{1.8}$$

FFT 분석은 소음 파형의 주파수 분포를 고속 푸리에 변환하여 주파수 도메인으로 표시하는 방식으로, 옥타브분석에 비해 주파수 해상도가 높은 것이 특징이다. 미세한 주파수 성분(스펙트럼)의 크기까지 분석할 수 있기 때문에 스펙트럼 분석이라고도 한다.

(3) 등청감곡선

각 소음원에서 발생한 소음이 서로 다르게 들리는 것은 주파수와 음압레벨이 상이하기 때문이다. 이외에 파형과 관련한 음색도 있다.

<그림 1.4>는 Fletcher-Munson의 등청감곡선도에 주파수와 음압레벨이 서로 다른 몇 개의 소음원을 부가했다. 부가한 소음원의 주파수는 중심 영역이고 실제는 더 넓은 범위이다.

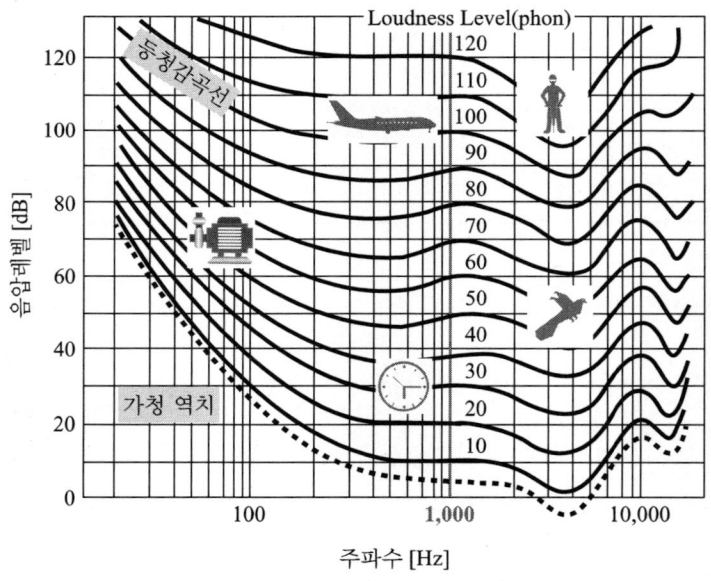

그림 1.4　소음원별 주요 주파수 및 음압레벨과 등청감곡선

그림에서 1,000 Hz 음의 음압레벨 수준과 음의 크기레벨(loudness level)은 같은 값으로 정의한다. 보통 크기의 음성은 주파수 1,000 Hz(300~3,400 Hz 범위)에서 음압레벨이 65 dB 정도이고, 음의 크기레

벨(loudness level)도 65 phon 정도다. 청감각(聽感覺)은 주파수 500~ 2,000 Hz 범위에서는 주파수에 관계없이 거의 유사하다.

펌프 소음은 음압레벨이 70 dB 정도로 새 우는 소리에 비해 20 dB 정도 높지만 주파수에 따른 청감각의 차이로 같은 음의 크기레벨인 60 phon으로 감지한다. 항공기와 착암기 소음은 같은 음압레벨이지만 위와 같은 청감각 특성으로 착암기 쪽의 음의 크기레벨이 10 phon 정도 크다.

이와 같이 사람의 청감각은 물리량인 음압레벨이 같아도 주파수에 따라 감각량인 음의 크기레벨은 서로 다르다. 이를 반영한 것이 <그림 1.4>와 같은 등청감곡선(equal loudness counters)이다. 등청감곡선은 주파수 1,000 Hz 음을 기준으로 한 임의의 음압레벨과 같은 음의 크기로 느끼는 다른 주파수의 음압레벨들을 연결한 선이다. 예를 들어, 주파수 1,000 Hz 음의 음압레벨 40 dB은 음의 크기레벨로 40 phon이지만, 50 Hz 음은 음압레벨이 70 dB 정도가 되어야 같은 음의 크기레벨인 40 phon이 된다. 즉, 청감각은 저주파 소음에 둔하고 고주파 소음에 상대적으로 예민하다.

(4) 소음도

소음의 측정·평가는 소음을 청감각한 양을 대상으로 하며, 이 양을 소음도(NL; noise level)라 한다. 소음도를 구하기 위해서는 청감각 특성을 반영하여야 하며, 이를 위해 등청감곡선 40 phon을 횡축으로 대칭시킨 곡선을 바탕으로 단순화시킨 <그림 1.5>의 A특성 청감보정곡선을 사용한다.

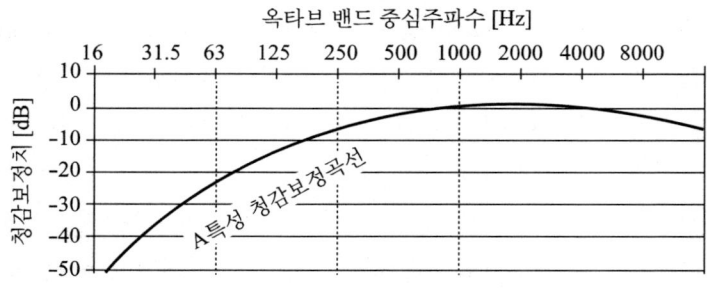

그림 1.5 A특성 청감보정곡선 및 중심주파수별 보정치

소음도는 소음을 옥타브 밴드별 음압레벨로 분석한 후에 그림 중의 A특성 청감보정치를 보정하여 데시벨 합산한 값이다. 일반적으로 소음도는 L(또는 SL)이라 표시하고 단위는 dB(A)를 사용한다.

<표 1.3>은 일상의 생활환경 중에서 흔히 접하는 소음원들의 소음 수준과 시끄러움 정도를 나타낸 것이다.

표에서 우리가 호흡하는 소리는 10, 속삭이는 음성은 30, 냉장고 소리는 40, 사무실이나 에어컨 실외기 소음은 50, 대화 시의 보통 음성은 65 dB(A) 정도다. 65 dB(A)는 주거지역의 도로변 소음 환경기준이고, 공사장소음의 규제기준이다.

청소기나 도로변 지역 소음은 70, 고속도로변 소음은 80 dB(A) 내외고, 근거리에서 대형차나 열차, 비행기 등의 소음은 대부분 90 dB(A)를 넘는다. 일반적으로 소음도가 60 dB(A)를 넘으면 많은 사람이 시끄럽게 느끼고, 80 dB(A)를 넘으면 매우 시끄럽게 느낀다.

● 표 1.3 생활 속의 소음원과 소음도 및 시끄러움 정도

소음원 또는 장소	소음도 [dB(A)]	시끄러움 정도
사람의 호흡음	10	정온 (WHO 야간 침실 기준: 30)
연필 필기 소리, 나뭇잎 스치는 소리	20	
벽시계 소리, 속삭임 소리, 교외의 심야	30	
냉장고 소리, 조용한 주택가, 도서관	40	보통 (US EPA 주간 거실 기준: 45)
에어컨 실외기 소리, 조용한 사무실	50	
보통 대화 음성, 승용차 내(40 km/h)	60	시끄러움 (주간 도로변, 공사장 기준: 65)
청소기 소리, 도로변 지역, 전화 음성	70	
매미 소리, 고속도로변, 전철 내	80	매우 시끄러움
큰 음성, 개 짖는 소리, 고속철도변	90	
자동차 경적음, 열차 통과 시 철교 옆	100	
색소폰 소리, 헬리콥터 근처	110	
(항공기) 프로펠러엔진 근처	120	
(항공기) 제트엔진 근처	140	

(5) 음향파워레벨

임의의 소음원이 1초 동안 방출한 소음에너지를 데시벨로 나타낸 양을 음향파워레벨(PWL; sound power level)이라 한다. 음향파워레벨은 소음도나 음압레벨을 측정한 후에 계산식으로 구한다. 소음원으로부터 일정 거리 떨어진 P점에서 측정한 소음도(L_p)와 음향파워레벨은 다음의 관계가 있다.

$$\text{PWL} = L_p - 10 \cdot \log(Q/S) \quad [\text{dB(A)}] \tag{1.9}$$

여기서 S는 소음원에서 측정지점 P까지의 거리를 반경 $r(\text{m})$로 한 확

산면적(m²)으로, 점음원의 경우는 $4\pi r^2$, 선음원(도로)의 경우는 $2\pi r$이다. Q는 지향계수로 무지향성 소음원이 공중에 있으면 1, 반사가 잘되는 지면 위에 있으면 2, 두 면이 접하는 위치에 있으면 4 등이다.

예를 들어 소형 기계가 콘크리트 바닥 위에 있다면, 이는 무지향성 점음원과 지향계수가 2인 경우에 해당함으로 PWL은

$$\text{PWL} = L_p - 10 \cdot \log(1/2\pi r^2) \quad [\text{dB(A)}] \tag{1.10}$$

가 된다. 그리고, 무지향성 점음원에서 지향계수가 커진다는 것은 접하는 면이 많을수록 반사음이 중첩되어 공간상의 소음에너지가 2배, 4배 등으로 커진다는 의미다.

1.2 소음 측정과 평가척

1.2.1 소음 측정

환경소음 측정 시에는 소음계를 사용한다. <그림 1.6>의 좌측은 소음계의 한 종류를 나타낸 것으로 마이크로폰(Mic.)과 본체로 구성되어 있다.

그림에서 마이크로폰은 물리적 소음 크기를 전기신호로 변환하는 센서다. 본체에는 <그림 1.5>의 A특성 청감보정곡선을 전기적으로 내재화한 A특성 청감보정회로와 동특성(빠름/느림), 옥타브 밴드 분석 등을 수행토록 조작하는 조정자와 표시창이 있다. 표시창(우측 : 확대)은 옥타브 밴드별 음압레벨이나 소음도를 표출하기도 하고, 옥타브 밴

드 음압레벨을 데시벨 합산한 합성 음압레벨[무보정(L)/dB] 및 A특성 청감보정한 후 데시벨 합산한 합성 소음도[청감보정(W)/dB(A)]도 표출한다.

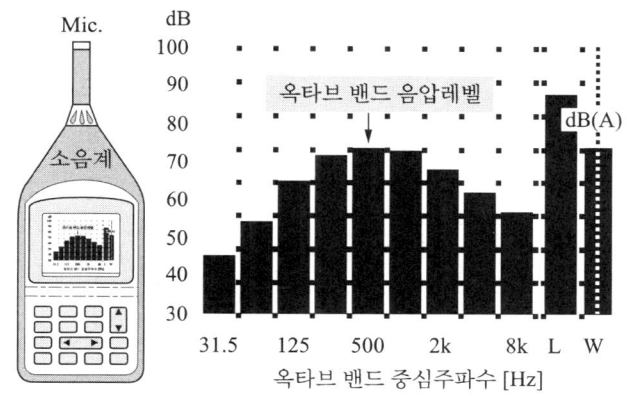

그림 1.6 옥타브 밴드 주파수분석 기능이 있는 소음계 예

동특성은 시시각각으로 변동하는 소음에 반응하는 소음계의 응답시간(시정수라 함)으로 종류별 응답시간은 <그림 1.7>과 같다.

그림에서 변동소음의 최대치가 소음계에 입력되면 빠름(Fast)은 0.125초가 되는 시점에, 느림(Slow)은 1초가 되는 시점에 그 입력 소음의 크기에 도달한다. 변동소음의 최소치에 대해서도 또한 같다.

도로소음 등과 같이 시시각각으로 크게 변동하는 소음이라도 측정시간을 10분 이상 길게 하면 동특성을 빠름이나 느림에 놓아도 측정 결과에는 차이가 크지 않다.

그러나 순간적으로 발생했다 소멸하는 큰 소음의 측정 시에는 동특성의 선택에 따라 그 결과에 차이가 난다. 예를 들어, 단발성의 폭발음이나 사격소음 등의 최대치의 지속시간이 0.1초라면, 그림의 점선으로 표시한 수직선에서 보는 바와 같이 빠름 동특성에서는 최대치(소음신호)보다 2 dB 낮은 값을, 느림 동특성에서는 10 dB 낮은 값이 계측된다. 일반적으로 단발성의 큰 소음은 동특성을 빠름에 놓는다.

우리나라에서는 항공기소음 등 일부 소음에 대해서는 동특성을 느림에 놓고 측정하지만, 그 외의 대부분의 소음원에 대해서는 동특성을 빠름에 놓고 측정한다.

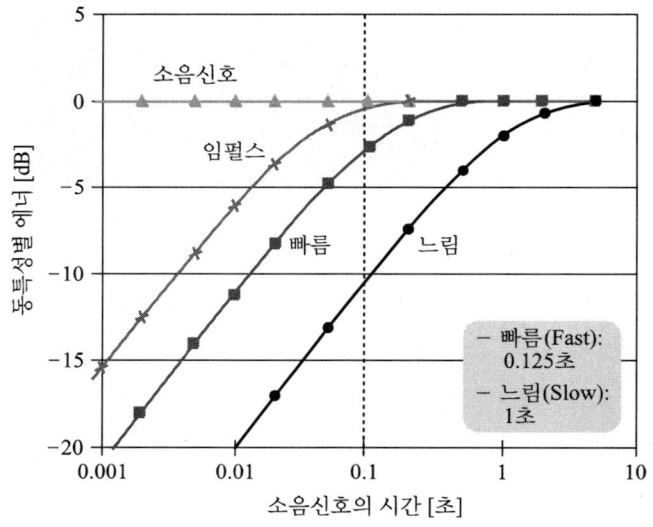

그림 1.7 동특성 종류별 응답시간과 에너(출처: Steve Michalski, 2006)

1.2.2 데시벨의 계산

여러 대의 기계가 운전되는 현장에서 각 기계로부터 일정 거리 떨어진 위치에서 측정한 소음도를 알면 전체 소음도는 데시벨 합을 통해 구할 수 있다.

임의의 지점 P에서 각 소음원의 소음도를 $L_1 = 58$ dB(A), $L_2 = 54$ dB(A)라 할 때, <그림 1.8>의 도표에 의해 데시벨 합을 구할 수 있다.

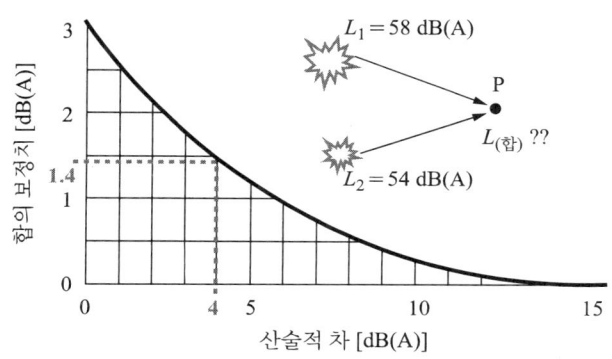

그림 1.8 데시벨 합을 구하는 도표의 예

우선, 그림에서 58과 54의 산술적 차인 4를 횡축에 표시하고 그 점에서 수직선을 그어 검은색의 보정치 곡선과 만나는 점에서 수평선을 그어 합의 보정치 1.4를 구하여, 이를 58과 합하면 59.4 dB(A)가 얻어진다.

한편, 데시벨의 합과 평균 등을 수식으로 구하는 방법은 다음과 같다.

① 데시벨 합(에너지 합, $L_{(합)}$)은 앞에서 설명한 바와 같이 여러 대의 기계나 장비 등이 운전될 때 발생한 소음의 전체 소음도를 알고자 할 때 사용하며, 다음 식으로 구한다.

$$L_{(합)} = 10 \cdot \log\left\{\sum 10^{(L_i/10)}\right\} \quad [\text{dB(A)}] \qquad (1.11)$$

여기서 L_i는 i번째 소음원의 소음도[dB(A)]이다.

② 데시벨 평균(에너지 평균, $L_{(평균)}$)은 여러 대의 기계나 장비 등이 운전될 경우의 평균 소음도나, 일정 기간 동안 서로 다른 소음도에 노출된 경우의 평균 소음도 등을 알고자 할 때 사용하며, 다음 식으로 구한다.

$$L_{(평균)} = 10 \cdot \log\{(1/n) \times \sum 10^{(L_i/10)}\} \quad [\text{dB(A)}] \quad (1.12)$$

여기서 n은 샘플수(운전되는 기계의 대수 등)다.

③ 데시벨 차(에너지 차, $L_{(차)}$)는 여러 대의 기계나 공장 등이 운전된 경우에 특정 기계나 공장만의 소음도를 알고 싶을 때 사용하며, 다음 식으로 구한다.

$$L_{(차)} = 10 \cdot \log\{10^{(L_A/10)} - 10^{(L_S/10)}\} \quad [\text{dB(A)}] \quad (1.13)$$

여기서 L_A는 전체 기계나 공장이 가동 중일 때의 소음도, L_S는 특정 기계나 공장의 가동을 중지한 상태의 소음도이다.

또한, 데시벨 차는 배경소음이 존재한 상황에서 임의의 대상 기계나 공장 등의 소음인 대상소음도만을 확인하고자 할 경우에도 사용된다. 먼저 대상소음과 배경소음이 공존하는 상태에서 소음을 측정하고(측정소음도), 다음에 대상 소음원의 가동을 중지한 상태에서 소음을 측정하여(배경소음도) 그 산술적 차에 해당하는 <표 1.4>의 보정치를 측정소음도에 보정하여 대상소음도를 구한다.

● 표 1.4 배경소음도에 대한 간단한 보정표 예

측정소음도 − 배경소음도 [dB(A)]	3	4, 5	6~9
보정치 [dB(A)]	−3	−2	−1

예를 들어, 측정소음도가 68 dB(A)이고 배경소음도가 65 dB(A)라면, 그 산술적 차 3 dB(A)에 해당하는 보정치 -3 dB(A)를 측정소음도 68 dB(A)에 보정하면 대상소음도는 65 dB(A)가 된다. 그 산술적 차가 10 dB(A) 이상인 경우는 배경소음의 영향이 거의 없기 때문에 측정소음도를 대상소음도로 간주한다. 환경진동에서도 또한 같다.

<표 1.5>는 같은 기계가 여러 대 운전된 경우의 소음도 증가와 감각 반응 등을 나타낸 것이다.

● 표 1.5 같은 기계 운전대수와 소음도 변화 및 감각

소음도 [dB(A)]	같은 기계 운전대수	감각	비고
70	1대	비교 기준(가정)	
73	2대	긴가민가한 정도의 크기로 느낌	3 dB(A) 저감 : 줄어들었다고 거의 느끼지 못함
75	3대	분명히 크게 느낌	5 dB(A) 저감 : 줄어들었음을 확실히 느낌
77	5대	-	
80	10대	70 dB(A) 소음은 잘 안 들림	

표에서 같은 기계로부터 일정 거리 떨어진 1대의 소음도를 70 dB(A)이라 하면, 2대가 운전되면 3, 3대가 운전되면 5, 10대가 운전되면 10 dB(A) 각각 증가한다. 감각적으로 3 dB(A) 증가하면 긴가민가한 정도의 크기로 느끼고, 5 dB(A)가 증가하면 분명히 크게 느낀다.

소음대책 관점에서는 주변 주민들은 소음도를 5 dB(A) 이상 저감해야 소음이 줄어들었다고 인식할 수 있다.

1.2.3 소음 평가척

(1) 등가소음도(L_{eq})

환경소음에 의한 영향 여부의 평가는 해당 측정지점에서 소음도를 측정하여 기준을 초과했는지를 평가하는 것이다. 소음도는 시간에 따라 변동이 거의 없는 경우도 있지만 대부분은 <그림 1.9>와 같이 변동하는 경우가 일반적이다.

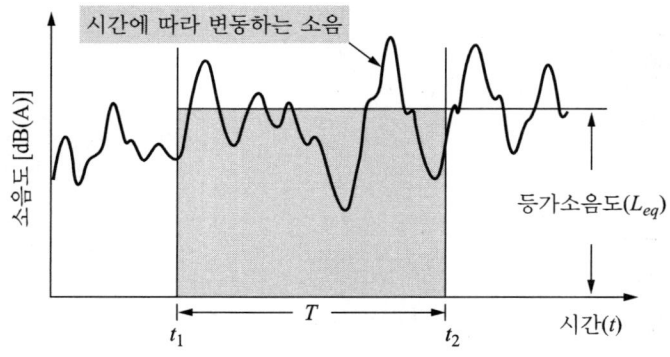

그림 1.9 　변동소음 중 기간 T 동안의 등가소음도

그림과 같이 시간에 따라 변동하는 측정 소음도를 한 숫자의 대표치로 정하는 방법의 하나가 등가소음도(L_{eq}; equivalent continuous noise level)이다. 이는 일정한 측정기간 T(5분, 1시간 등) 사이의 변동 소음도를 취한 후에 일정 시간 간격의 샘플링타임(0.1초, 1초 등)으로 소음도를 판독하고, 그 소음도들을 데시벨 평균한 값이다. 등가소음도는 국제적으로 소음평가의 기본 평가척(評價尺)으로 가장 많이 사

용되며, 우리나라도 소음·진동관리법 등에 이를 채택하고 있다.

근래의 소음계는 계측기술의 발달로 샘플링타임 등을 설정하고 일정 기간 측정하면, 그 기간 동안의 변동소음의 대표치인 등가소음도가 자동 연산되어 표시창에 표출된다.

소음의 기준은 하루를 사람의 라이프사이클에 맞추어 주간, 석간, 야간 등의 시간대로 구분하고, 시간대별로 등가소음도를 기준으로 정하는 경우가 일반적이다. 시간대별로 기준을 정하는 경우에는 휴식 및 수면을 취하는 석간 및 야간의 기준을 주간보다 각각 5 및 10 dB(A) 낮게 설정한다.

이외에 하루 동안의 평균치 개념으로 L_{dn}(day-night noise level : 주야 평균 등가소음도)이나 L_{den}(day-evening-night noise level : 주석야 평균 등가소음도)으로 기준을 설정한 경우도 있다. L_{dn}은 야간의 등가소음도에 10 dB(A)를 보정한 후에, L_{den}은 석간 등가소음도에 5, 야간 등가소음도에 10 dB(A)를 보정한 후에, 주간 등가소음도와 각각의 시간율을 반영하여 다음의 예와 같이 데시벨 평균한 소음도이다.

$$L_{den} = 10 \cdot \log\{(T_d/24) \times 10^{L_d/10} + (T_e/24) \times 10^{(L_e+5)/10}$$
$$+ (T_n/24) \times 10^{(L_n+10)/10}\} \quad [\text{dB(A)}] \quad (1.14)$$

여기서 T_d 및 L_d는 주간의 시간수[hr] 및 등가소음도[dB(A)]이고, T_e 및 L_e는 석간의 시간수[hr] 및 등가소음도[dB(A)]이며, T_n 및 L_n는 야간의 시간수[hr] 및 등가소음도[dB(A)]이다.

또는, 하루 24시간 동안의 매 시간 등가소음도를 측정하고, 야간의 매 시간 등가소음도에 10 dB(A)를 보정한 후에 주간의 매 시간 등가소음도와 데시벨 평균(식 (1.12))하여 L_{dn}을 구한다. L_{den}은 석간을 구분하여 매 시간 등가소음도에 5 dB(A)를 보정한 후에 앞에 설명한 바에 따라 데시벨 평균한 값이다.

L_{dn}이나 L_{den} 평가척은 소음을 하루 기준으로 간단히 표현하는 장점이 있으나 개념은 시간대별 기준과 대동소이하다.

이외에 항공기소음이나 철도소음은 그 발생특성이 간헐적이기 때문에 소음이 발생한 때의 소음도와 발생횟수 등을 반영한 평가척이 사용되고 있으나 기본은 등가소음도를 산출하는 개념이다.

(2) WECPNL(웨클)

항공기소음이나 사격소음 등과 같이 단발적으로 발생하는 변동 소음에너지를 그것과 동일한 에너지를 갖는 1초 동안의 정상 소음에너지로 나타낸 소음도를 단발소음 노출레벨(L_E : single event noise exposure level)이라 한다.

각각의 항공기소음에 대해 L_E를 구하는 방법의 하나는 동특성을 느림에 놓고 측정한 최대소음도에 그 소음의 지속시간에 대한 보정치 ΔL을 합하는 것이다. 최대소음도에서 10 dB을 뺀 소음도 이상의 지속시간을 D(초)라 할 때의 보정치 ΔL은 다음 식으로 구한다.

$$\Delta L = 10 \cdot \log(D/2) \quad [\text{dB}] \tag{1.15}$$

다른 사례로 지속시간이 매우 짧은 사격소음의 경우, L_E는 동특성을 느림에 놓고 측정한 최대소음도($L_{S\max}$)로, 빠름에 놓고 측정한 최대소음도($L_{F\max}$)에서 9를 뺀 값에 상당한다. 이를 수식으로 표현하면 다음과 같다.

$$L_E = L_{F\max} - 10 \cdot \log(1/0.125)$$

$$= L_{F\max} - 9 = L_{S\max} \quad [\text{dB}] \qquad (1.16)$$

청감보정회로를 A특성에 놓는 경우의 L_E는 L_{AE}로 표기함으로 위의 수식에 첨자 A를 추가한다. 청감보정회로를 C특성에 놓는 경우는 A대신에 C로 대체 표기한다.

시간대별로 단발소음이 발생할 때마다 그 노출레벨을 구하여 데시벨 합을 구하고, 시간대별의 시간 보정치[주간을 07~19시라 하면, 주간 시간대의 시간 보정치는 $10 \cdot \log\{1/(3600 \times 12)\} = -46.4$ dB이 됨]를 보정하면 시간대별 등가소음도가 산출된다.

우리나라의 항공기소음 평가척은 국제민간항공기구(ICAO)가 제안한 PNL(effective perceived noise level)을 기본으로 한 WECPNL (weight equivalent continuous perceived noise level)이 아닌 일본의 평가척인 간이 WECPNL을 벤치마킹하여 사용하고 있다. 간이 WECPNL은 소음계의 청감보정회로를 A특성, 동특성을 느림에 놓고 하루 동안에 걸쳐 항공기가 통과할 때마다 최대소음도($L_{A,S\max}$)를 측정하여 데시벨 평균하고, 1일 운항횟수를 주간, 석간, 야간 등으로 구분하여 카운팅한 후 석간 및 야간의 운항횟수에 가중치를 적용한 후 다음 식으로 구한다.

$$\text{WECPNL} = \overline{L_{A,S\max}} + 10 \cdot \log(N) - 27 \quad [\text{dB}] \qquad (1.17)$$

$$(N = N_d + 3N_e + 10N_n)$$

여기서, $\overline{L_{A,S\max}}$는 임의의 측정지점에서 하루 동안 각 비행기의 최대소음도($L_{A,S\max}$)를 측정하여 데시벨 평균한 값이고, N은 시간대별로 보정하여 합한 하루의 총 비행횟수로, N_d는 주간(07~19), N_e는 저녁(19~22), N_n은 야간(00~07, 22~24)의 비행횟수다.

−27은 하루 동안의 시간 보정치 −50(정확하게는 −49.4 dB임)에 $\text{PNL}_{\max}$와 $L_{A,S\max}$와의 차이 +13, 지속시간 20초에 대한 보정치 +10을 합한 결과 값이다.

간이 WECPNL을 채택할 당시에는 측정 평가의 편리성이 장점이었지만, 지속시간을 20초로 한정하였기 때문에 지속시간의 차이에 따라 오류가 발생하고, 국제적인 항공기소음 평가척과도 정합되지 않은 문제점이 있다.

1.3 소음 방지

소음대책은 방음대책에 규범적 관리를 포함한다. 방음대책은 방지시설(흡음·차음·소음(消音), 방음벽·녹지대 등), 저소음 기계·공법, 거리감쇠 등과 같은 하드웨어적(硬性)으로, 규범적 관리는 저소음 행위, 작업시간 조정, 교통류 제한, 기준 강화, 지도·점검 등과 같은 소프트웨어적(軟性)으로 소음을 저감하는 방법을 말한다. 여기서는 방음대책을 중심으로 기술한다.

1.3.1 발생원인 저감

소음원의 소음 발생원인을 그 메커니즘으로 구분하여 그 저감방안을 들면 <그림 1.10>과 같이 2종류로 대별된다.

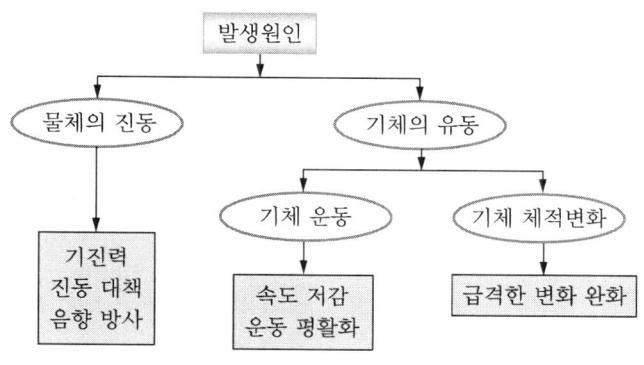

그림 1.10 _ 소음 발생원인 억제

(1) 물체의 진동에 따른 소음

① 물체의 진동 원인

진동을 발생시키는 원인은 충격력, 회전체의 불평형력, 마찰력 또는 전자기력 등의 기진력(起振力)이다. 방음대책은 진동의 원인이 되는 각종 기진력을 제거하거나 또는 작게 함으로써 실현할 수 있다. 많은 경우에 기계에서의 기진력 발생에 관계하는 부분의 근본적인 변화가 필요하다.

② 물체의 진동 성상

물체에 가해지는 기진력으로 발생하는 진동을 작게 하기 위한 원칙은 우선 물체의 중량과 강성을 크게 하는 것이다. 이러한 방식으로 성공한 사례도 있지만, 일반적인 설계에서 반드시 환영받는 방법은 아니다.

금속판 등의 진동 저감에는 제진재료(댐핑재료)가 사용된다. 금속판에 기진력이 가해지면, 제진재료는 굽힘진동 또는 전단진동을 하고 재료의 내부손실에 의해 진동에너지를 흡수한다. 이때의 진동 저감효과는 금속판과 제진재료와의 복합한 상태에서의 손실계수(복소 탄성률의 허수 부분)에 의해 결정된다.
제진재료는 방음도료, 고무계 재료, 플라스틱계 재료, 댐핑테이프 등이 있다.

③ 진동면에서 음의 방사

방사음은 진동면의 크기를 최소화해야 하며, 제진재료와 진동 차단재료(방진고무 등)를 활용하여 기진력이 가해지는 진동의 범위가 확대되지 않도록 처리하는 것이 효과적이다. 이외에 진동면의 재질(밀도, 탄성계수, 손실계수 등), 형상 등도 최적화한다.

(2) 기체 유동(역학적 요인)

① 기류의 단속(斷續)·압축

송풍기 및 압축기 소음 중에서 주기(週期)음 성분의 주요인이며, 날개의 회전에 의해 공기를 압축하거나 압축기의 토출구에서 간헐적으로 방출되는 공기에 의해 주위의 공기를 압축하여 소음을 발생하는 것 등이다. 방음대책은 기본적으로 기계의 작동 메커니즘 자체의 재검토부터 출발하는 것이 필요하고, 극단적인 경우는 완전히 새로운 기계의 개발, 설계를 통해 목적을 달성하는 것이다.

② 와류

정지 기체 중에서 물체의 진동이나, 그 반대로 정지 물체에 기체가 충돌할 때 발생한 와류가 소음의 발생원인이 된다. 제트 소음처럼 정지 기체에 고속가스가 분사될 때도 마찬가지다. 대책은 우선 와류의 발생을 최대한 적게 하는 유체 역학적인 고려가 필요하다.

일반적으로 중요한 조건은 기체 또는 물체의 운동속도이다. 와류에 의해 발생하는 소음의 음향파워는 운동속도에 따라 크게 변화하기 때문에 약간의 속도 감소가 대책으로서 매우 큰 효과를 가질 수 있다.

이외에 난류음은 가능한 층류를 유지하여 발생을 억제한다.

③ **기체의 급격한 체적 변화에 따른 소음**

폭발, 연소 등에 따라 발생하는 소음이며, 보일러의 연소음, 내연기관의 배기음 등이 그 예이다. 또한 특수한 것으로서 불꽃 방전에 의한 충격음 등이 포함된다. 방음대책의 원칙은 먼저 발생의 원인으로 체적 변화를 일으키지 않는 것인데, 이것은 대부분의 경우에 메커니즘의 근본적인 변화를 의미한다.

그 밖에 보일러 연소음 중의 자려진동에 의해 생기는 열교환기 울림 현상 등은 발생원에서 저감을 도모할 문제다.

1.3.2 거리감쇠

(1) 점음원

소음도는 소음원에서 거리가 멀어짐에 따라 기하감쇠한다. 이를 거리감쇠라 하며 그 감쇠의 정도는 소음원의 종류에 따라 차이가 있다.

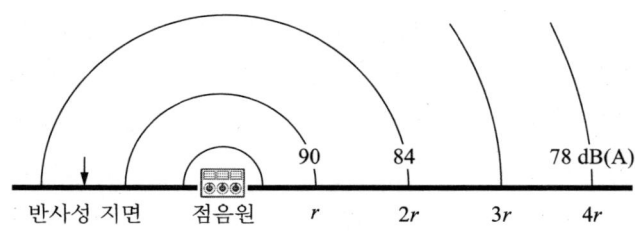

그림 1.11 점음원 소음의 거리감쇠

<그림 1.11>과 같이 공사장 건설기계나 가전기기, 공장기계 등의 점음원은 소음원에서 거리(r)가 2배씩 멀어지면 소음도는 6 dB(A)씩 감소한다. 점음원은 거리 r에 비해 소음원의 크기가 매우 작은 경우다. 거리감쇠치 ΔL은 다음 식으로 구한다.

$$\Delta L = -10 \cdot \log(r/r_o)^2 = -20 \cdot \log(r/r_o) \quad [\text{dB(A)}]$$
(1.18)

여기서 r_o는 소음원으로부터 가까운 지점까지의 거리(m), r은 소음원에서 먼 지점까지의 거리(m)다. 먼 지점의 소음도는 가까운 지점의 소음도에 위 식으로 구한 감쇠치를 보정하여 구한다. 위 식에서 보면 감쇠치가 거리 비의 제곱에 반비례하기 때문에 이를 역2승 감쇠(역2승 법칙)라 한다.

(2) 선음원

<그림 1.12>와 같이 수많은 자동차들이 주행하는 도로는 그 주변에서 보면 선음원이다. 이 경우는 소음원으로부터 거리(r)가 2배씩 멀어지면 소음도는 3 dB(A)씩 감소한다.

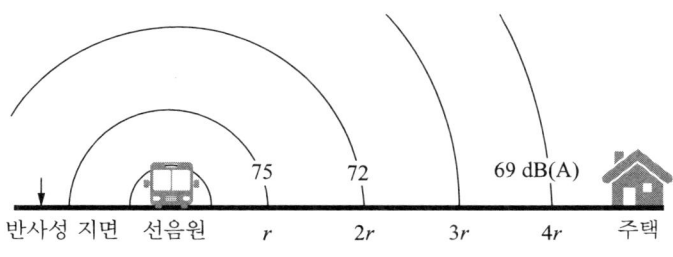

그림 1.12 선음원(도로) 소음의 거리감쇠

거리감쇠치 ΔL은 다음 식으로 구한다.

$$\Delta L = -10 \cdot \log(r/r_o) \quad [dB(A)] \tag{1.19}$$

여기서 r_o와 r은 점음원의 경우와 같다.

(3) 면음원

공장 건물 등의 벽체는 밖에서 보면 면음원에 해당한다. <그림 1.13> 중의 (a)와 같이 5 m×20 m의 벽면에 수직한 선상의 거리감쇠치 ΔL은 Rathe의 경험식에 따라 다음 식으로 구한다. 다만, 짧은 변의 길이를 a, 긴 변의 길이를 b라 한다.

① **벽면에서 a/π까지** : $\Delta L = 0$ [dB(A)]

$$소음도\ L_2 = L_1 - 0 = L_1 \quad [dB(A)] \tag{1.20}$$

여기서, L_2 및 L_1은 벽면에서 거리 r_2 및 r_1(m, $r_2 > r_1$) 떨어진 지점의 소음도이다.

Chapter 1 소음 개론

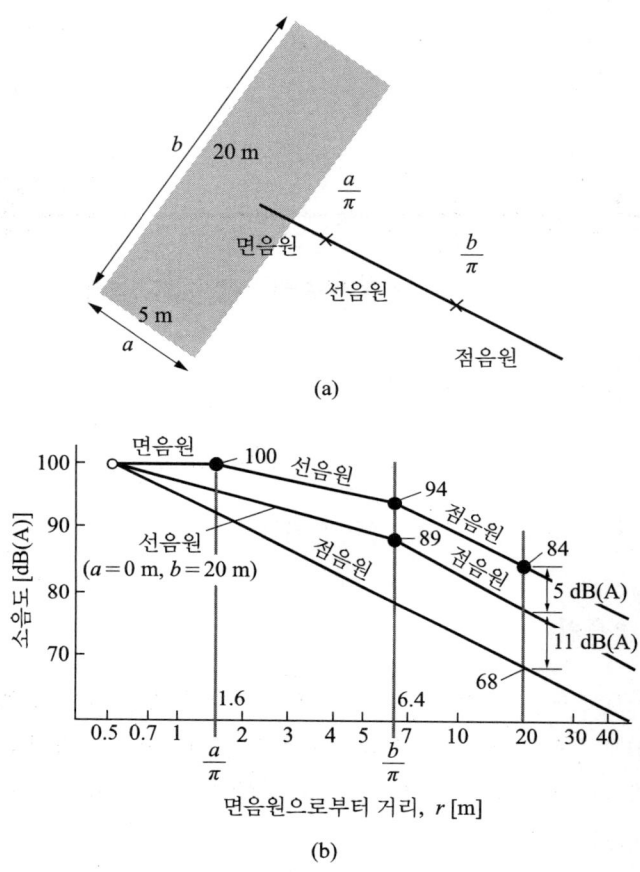

그림 1.13 면음원 등 소음의 거리감쇠

② $a/\pi \sim b/\pi$ 사이 : $\Delta L = -10 \cdot \log(r_2/r_1)$ [dB(A)]

$$\text{소음도 } L_2 = L_1 - 10 \cdot \log(r_2/r_1) \quad \text{[dB(A)]} \quad (1.21)$$

여기서, L_1은 a/π 점의 소음도이다.

③ b/π를 넘는 범위 : $\Delta L = -20 \cdot \log(r_2/r_1)$ [dB(A)]

소음도 $L_2 = L_1 - 20 \cdot \log(r_2/r_1)$ [dB(A)] (1.22)

여기서, L_1은 b/π 점의 소음도이다.

벽체로부터 소음원별 거리감쇠치를 적용한 소음도의 예는 <그림 1.13>의 (b)와 같다.

소음원의 종류에 따라 임의의 지점의 소음도를 알면 다른 지점의 소음도를 이 식들을 사용하여 구할 수 있다. 이상에서 소음원을 수음점에서 멀리 배치하면 그만큼 소음도를 저감할 수 있음을 알 수 있다.

이외에도 대기 흡수에 의한 초과감쇠가 발생하는데, ISO가 제시한 기온과 상대습도에 따른 옥타브 밴드 중심주파수별 감쇠계수는 <표 1.6>과 같다.

표에서 습도가 일정하면 기온이 높을수록, 기온이 일정하면 습도가 낮을수록 감쇠는 크다. 그리고 고주파일수록 감쇠가 크다. 대기 흡수에 따른 초과감쇠치 Δ_{ab}는 다음 식으로 구한다.

● 표 1.6 대기조건에 따른 초과 감쇠계수

기온 [℃]	상대습도 [%]	옥타브 밴드 중심주파수별 대기 감쇠계수 α [dB/km]							
		63	125	250	500	1k	2k	4k	8k
10	70	0.1	0.4	1.0	1.9	3.7	9.7	32.8	117
20	70	0.1	0.3	1.1	2.8	5.0	9.0	22.9	76.6
30	70	0.1	0.3	1.0	3.1	7.4	12.7	23.1	59.3
15	20	0.3	0.6	1.2	2.7	8.2	28.2	88.8	202
15	50	0.1	0.5	1.2	2.2	4.2	10.8	36.2	129
15	80	0.1	0.3	1.1	2.4	4.1	8.3	23.7	82.8

$$\Delta_{ab} = \alpha \cdot d \quad [\text{dB}] \tag{1.23}$$

여기서 α는 대기 흡수 감쇠계수(dB/km)이고, d는 소음원에서 수음점까지의 거리(km)다. 통상, 대기 흡수에 의한 감쇠계수는 5 dB/km를 적용하는 경우가 많다.

1.3.3 벽체 차음

소음 발생 후의 방음대책은 일반적으로 자재에 의해 이루어지며 이때 사용한 자재를 방음자재라 한다. 소음에너지가 전파할 때 자재를 만나면 <그림 1.14>에 나타낸 바와 같이 일부는 같은 공간으로 반사하고, 일부는 자재를 투과한다. 이들 과정에서 에너지의 일부가 자재에서 소멸하는데 이를 흡수라 한다.

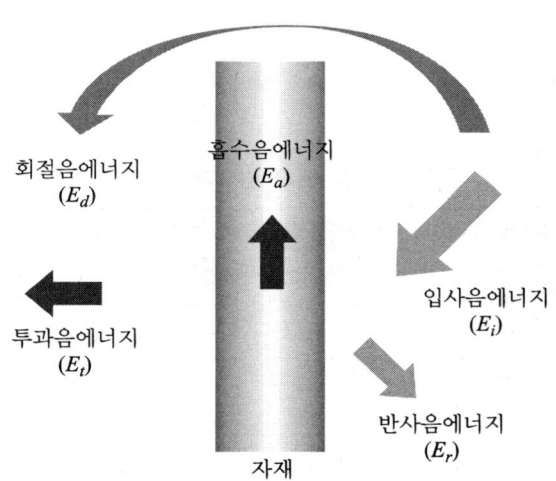

그림 1.14 ▮ 자재에 의한 소음에너지 반응기작

또한, 주변이 막히지 않은 방음벽 등의 경우는 소음이 벽 위로 넘어가는 회절음에너지가 존재하기 때문에 투과음에너지와 합성된다.

자재에 의한 반사음에너지가 크다는 것은 소음이 잘 차단된다는 의미이고, 작다는 것은 소음이 잘 흡음(투과 및 흡수된 음에너지)된다는 의미다.

(1) 투과손실

자재에 의한 소음의 차단 정도는 dB 단위로 표시하는 투과손실(TL)을 사용하며, 투과율의 역수를 상용대수 취하는 형식으로서 다음 식과 같다.

$$\text{TL} = 10 \cdot \log(1/\tau) \quad [\text{dB}] \tag{1.24}$$

투과율 τ는 자재에 입사된 소음에너지에 대한 자재 뒤쪽으로 투과된 소음에너지의 비($\tau = E_t / E_i$)다. 투과율이 낮다는 것은 소음이 자재에서 잘 반사되어 뒤로 거의 빠져나가지 않은 것으로 차음이 우수하다는 의미다.

자재 면에 소음이 수직으로 입사한 경우는 다음 식과 같이 자재의 질량과 주파수에 비례하여 투과손실이 증가한다.

$$\text{TL} = 20 \cdot \log(m \cdot f) - 43 \quad [\text{dB}] \tag{1.25}$$

여기서 m은 자재의 면밀도(= 밀도×두께, kg/m^2), f는 입사음의 주파수(Hz)다. 특히 자재의 질량이 증가하면 투과손실도 비례적으로 증가하기 때문에 질량법칙이 성립한다.

그러나 소음이 자재 면에 비스듬히 입사한 경우에는 그 소음의 주파수와 자재의 고유진동수가 일치한 영역에서는 투과손실이 현저히 저하하는 일치효과(一致效果)가 발생한다. 이외에 저주파수에서 공진(共振)이나 2중창 등의 공명(共鳴)으로 투과손실이 질량법칙보다 낮은 현상도 있는바 유의한다.

실용적으로는 다음 식으로 투과손실 TL을 구하기도 한다.

$$TL \fallingdotseq 18 \cdot \log(m \cdot f) - 44 \quad [dB] \qquad (1.26)$$

방음대책을 시행하는 현장에서 사용하는 자재의 투과손실은 잔향실에서 측정한 값을 사용하며, <표 1.7>에서 나타낸 예와 같이 저주파음에서 작고 고주파음에서 크다.

● 표 1.7 건축 자재의 투과손실(TL) 예 [단위: dB]

방음자재	두께 [mm]	옥타브 밴드 중심주파수 [Hz]					
		125	250	500	1k	2k	4k
합 판	19	24	22	27	28	25	27
강철판	1.3	15	19	31	32	35	38
판유리	5	12	22	26	31	26	32

(2) 평균 투과손실

공장 건물 벽 등이 단일 자재로 구성되어 있다면 그 자재의 투과손실을 적용하여 벽 밖의 소음도를 예측할 수 있다. 그러나, 벽은 단일 자재로 구성되어 있지 않고 <그림 1.15>와 같이 투과손실이 상이한 블록, 유리창 등으로 구성되어 있는 경우가 많다.

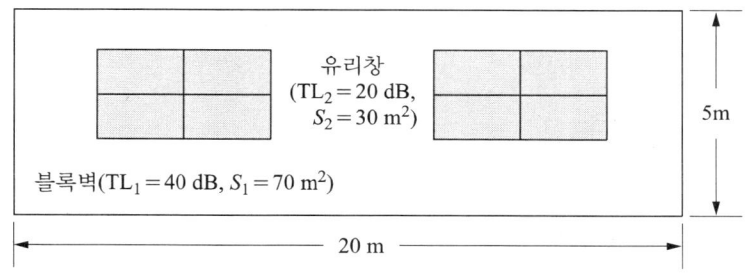

그림 1.15 벽체 평면의 구성 및 차음성능

이 경우 특정 밴드에서의 벽의 평균 투과손실 TL_t는 다음 식으로 구한다.

$$TL_t = 10 \cdot \log\{(\sum S_i)/(\sum S_i \cdot \tau_i)\} \quad [dB] \quad (1.27)$$

여기서 τ_i는 i번째 구성부의 투과율($\tau_i = 10^{-(TL_i/10)}$), S_i는 i번째 구성부의 면적(m^2)이다. 이 식으로 <그림 1.15>의 벽에 대해 평균 투과손실을 구하면 25 dB이 얻어진다.

벽체 각 구성부의 투과율 τ_i가 작을수록 평균 투과손실은 증가한다. 수음자 측의 부지경계선에 면한 벽의 평균 투과손실을 높이고자 할 때, 기존 벽의 경우는 환기구를 콘크리트로 막거나 더 나아가 유리창의 일부를 콘크리트로 막아 축소하는 등의 방법을 생각할 수 있다. 신설 벽의 경우는 면밀도를 크게 한다.

실내가 확산음장인 경우는 실내 및 실외의 음압레벨 차, N_d(벽으로부터 내·외 각 1 m 이격지점)는 다음 식과 같다.

$$N_d \fallingdotseq TL_t + 6 \quad [dB] \quad (1.28)$$

이상의 투과손실은 옥타브 밴드별로 계산하여 dB 단위로 표기하며,

다음의 흡음률 관련 저감량이나 회절감쇠치 등의 계산도 또한 같다.

1.3.4 실내 흡음

(1) 평균 흡음률

소음이 자재에 작용하여 얼마만큼 흡수되었는가를 나타내는 흡음률 α는 입사음에너지와 반사음에너지의 차에 따라 정해진다($\alpha = (E_i - E_r)/E_i$). 흡음률이 큰 자재를 표면재로 사용하면 반사음에너지를 낮출 수 있기 때문에 실내소음이 낮아진다.

방음대책을 시행하는 현장에서 사용하는 자재의 흡음률은 잔향실에서 측정한 값을 사용하며, <표 1.8>에 나타낸 예와 같이 저주파음에서 낮고 고주파음에서 높다.

● 표 1.8 건축 자재의 흡음률 예

방음 재료	옥타브 밴드 중심주파수[Hz]					
	125	250	500	1k	2k	4k
폴리우레탄폼(25 mm)	0.16	0.25	0.45	0.84	0.97	0.87
유리면 패널(50 mm)	0.24	0.49	0.97	1.0	0.99	1.0

<그림 1.16>과 같은 공장 등의 실내는 일반적으로 천장 및 바닥, 벽으로 구성되고, 벽은 블록과 유리창, 출입문 등으로 되어 있다. 실내의 평균 흡음률 및 실정수는 다음과 같다.

실내의 평균 흡음률 $\overline{\alpha}$는 다음 식으로 구한다.

$$\overline{\alpha} = \sum S_i \alpha_i / \sum S_i \tag{1.29}$$

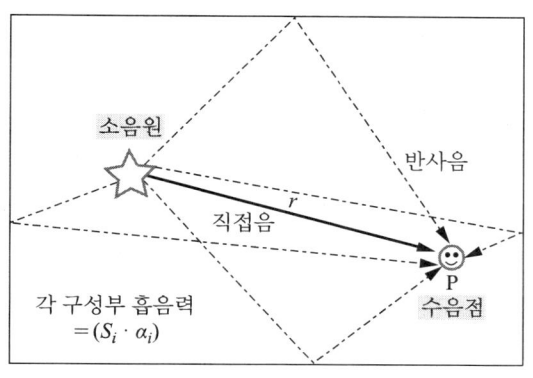

그림 1.16 실내 음향 및 흡음

여기서, S_i는 각 구성부의 면적(m²)이고, α_i는 각 구성부의 흡음률이다. 그리고, 실내의 실정수 R은 다음 식과 같다.

$$R = (\overline{\alpha}S)/(1-\overline{\alpha}) \quad [\text{sabin m}^2] \tag{1.30}$$

여기서, S는 실내 전체 표면적(m²)이다.

(2) 소음 저감량

<그림 1.16>의 실내에 음향파워레벨이 PWL인 무지향성 소음원(점음원에 상응하는 기계)이 가동 중이다. 이 소음원으로부터 거리 r(m) 떨어진 임의의 수음점 P의 음압레벨(SPL)은 직접음과 잔향음의 합이며, 이를 수식으로 나타내면 다음과 같다.

$$\text{SPL} = \text{PWL} + 10 \cdot \log\{(Q/4\pi r^2) + (4/R)\} \quad [\text{dB}] \tag{1.31}$$

소음원이 바닥 중앙부에 위치한 경우는 Q를 2로 본다. { } 안의 첫 번째는 직접음 항으로 음압레벨이 역2승으로 감쇠함을 나타낸다. 두 번째는 반사음들이 중첩한 잔향음 항으로 표면 근처에서 실정수 R 에 의해 정해지는 음압레벨을 나타낸다. 수음점 P의 음압레벨은 소음원의 설치위치와 관련한 Q가 작을수록, 거리 r은 클수록 낮아지고, 평균 흡음률이 클수록 실정수 R이 커져 음압레벨이 낮아진다.

위 식의 SPL을 PWL과의 상대적 차이로 나타내면 <그림 1.17>과 같다. 직접음과 잔향음이 같은 소음원으로부터의 거리를 임계거리(d) 라 하며, 이 점에서의 음압레벨은 두 음의 합성 값이다.

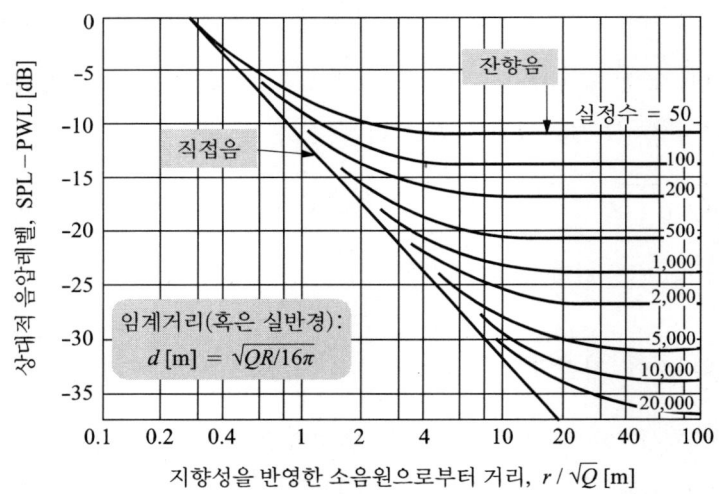

그림 1.17 실정수 및 거리를 함수로 한 실내 음압레벨

다시 말해서 임계거리 이내는 직접음이, 그 이후는 잔향음이 지배적이다. 때문에 실정수를 크게 하여 잔향음을 낮추는 것이 실내소음 대책 중의 하나다. 옥타브 밴드 소음도 같은 개념이 성립한다.

실내소음 저감 정도는 실내 표면의 흡음수준인 흡음력 $A(=\sum S_i \alpha_i,$ sabin m^2)를 이용하여 구한다. 흡음대책 전의 흡음력을 A_b, 대책 후의 흡음력을 A_a라 할 때 실내소음의 저감량 NR은 다음 식과 같다.

$$NR = 10 \cdot \log(A_a/A_b) \quad [dB] \qquad (1.32)$$

벽면에 소음이 수직으로 입사한 경우는 벽면으로부터 입사음 파장의 1/4 위치에서 음압이 가장 높고 입자속도도 가장 크기 때문에 이 위치에 판상 흡음재의 표면을 위치시키면 흡음률도 가장 높게 된다.

참고로, 무향실에 설치하는 흡음웨지는 베이스부와 테이퍼(taper)부로 구성되는데, 베이스부의 길이는 보통 150~200 mm 정도며, 테이퍼부의 길이는 차단주파수(cut off frequency)에 의해 결정된다. 차단주파수는 흡음웨지에 수직으로 입사하는 음을 99% 이상 흡음(음압 반사율 0.1 미만)하는 상태를 조건으로 한다. 이 조건은 테이퍼부의 길이가 차단주파수 파장의 1/4인 경우지만 경험적으로는 테이퍼부 선단을 25% 이내에서 절단해도 무방한 것으로 알려져 있다.

<그림 1.18>은 실내소음 저감을 위한 흡음대책의 일환으로 반사음을 줄이기 위해 천장에 많은 흡음재 배플을 매단 사례다.

그림 1.18 _ 천장의 배플에 의한 흡음대책 사례

(3) 반사

소음원이 위치한 주변 상황에 따라 소음원에서 같은 거리 떨어진 P점의 소음도에는 차이가 있다. 이와 같은 관계를 <표 1.9>에서 보면, 소음원 주위에 반사체가 있는 경우 반사체에 가까운 곳에서는 반사음이 직접음과 중첩되어 소음도가 증가한다.

● 표 1.9 소음원 위치에 따른 소음도 증가

소음원 위치	소음원 S 위치와 P점의 소음도 [dB(A)]
공중에 위치	$L = L_p$
반사가 잘 되는 평면 위	$L = L_p + 3$
반사가 잘 되는 평면과 벽 사이	$L = L_p + 6$
반사가 잘 되는 평면과 두 벽 사이	$L = L_p + 9$

표에서 소음원이 큰 실내 공간의 공중에 위치할 때 임의의 거리 떨어진 위치의 소음도를 L_p라 하면 평면 위에 있을 때는 3, 세 면이 접하는 곳에 위치하면 9 dB(A)가 각각 증가한다. 실내에 기계를 배치할 때는 이점에 유의해야 하며, 불가피하게 이런 위치에 배치한 경우는 벽면을 흡음재(유리솜, 우레탄 폼 등)로 처리하면 소음도를 낮출 수 있다. 실외도 또한 같다.

(4) 잔향시간

실내의 음은 <그림 1.19>에서 보는 바와 같이 직접음 외에 초기 반사음과 잔향음이 있다.

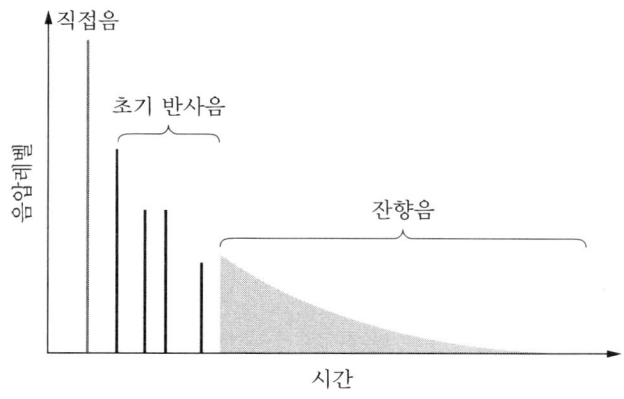

그림 1.19 직접음, 반사음, 잔향음의 시간 특성

초기 반사음은 직접음을 들은 후 수 ms에서 100 ms 정도의 사이에 벽, 천장, 바닥 등으로부터 수십 개의 반사음을 분리하여 들을 수 있는데 이것이 초기 반사음이다. 초기 반사음은 직접음과 함께 하나의 흐름 음으로 인식된다.

이에 반해 잔향음은 직접음을 들은 후 150 ms 이상 지난 무렵에 반사음 숫자가 증가하고 산란음도 부가되어 더 이상 개별 음을 구별해서 들을 수 없는 상태의 음이다. 잔향음은 직접음과 다른 계통의 음으로 인식된다.

잔향음이 지속되는 정도는 잔향시간으로 나타내며, 음압레벨이 직선적으로 60 dB 감소하는데 소요된 시간으로 정의한다. 경기용 권총 등을 쏜 후에 소음을 측정·기록하여 구한다.

잔향시간은 실의 용도와 용적 등에 따라 상이하다. 강의실은 짧고 연주 홀은 길다. 적정의 잔향시간은 가정의 방은 0.5초, 음악 홀은 2초 정도다.

실내의 평균 흡음률 $\overline{\alpha}$는 각 구성부의 흡음률로 구할 수 있지만, 다음과 같이 잔향시간 T(초)로도 구할 수 있다.

$$\overline{\alpha} = 0.161 \cdot V/S \cdot T \tag{1.33}$$

여기서, V는 실 체적(m^3), S는 실의 전체 표면적(m^2)이다.

1.3.5 방음벽 및 소음기

(1) 방음벽

공사장, 공장 주변이나 도로변에 소음을 저감하는 방음벽이 많이 설치된다. <그림 1.20>과 같이 소음원과 수음점 사이에 방음벽이 설치된 경우에 방음벽 높이에 의한 회절감쇠치(L_d)는 Fresnel Number(N)을 이용해서 구한다.

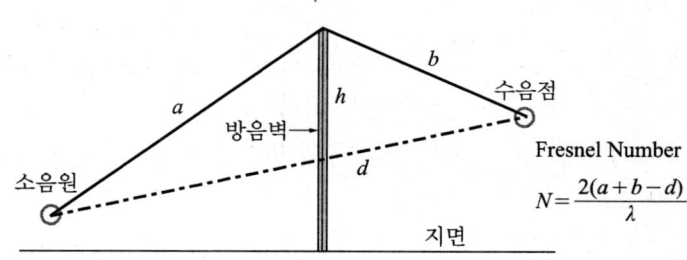

그림 1.20 방음벽 단면 및 Fresnel Number

N은 경로 차 $\delta(=a+b-d)$를 음의 파장 λ로 나누어 2를 곱한 값으로 다음 식과 같다.

$$N = 2(a+b-d)/\lambda = 2\delta/\lambda \fallingdotseq \delta f/170 \qquad (1.34)$$

회절감쇠치 L_d를 구하는 경험식 중의 하나인 Maekawa 식($N>0$, 가시선 이하)을 들면 소음원에 따라 다음 식과 같다(한계치는 점음원 : 24 dB, 선음원 : 21 dB임).

- 점음원의 경우 : $L_d = 10 \cdot \log(3+20 \cdot N)$ [dB] (1.35)

- 선음원의 경우 : $L_d = 10 \cdot \log(2+5.5 \cdot N)$ [dB] (1.36)

투과손실이 매우 크고 길이가 아주 긴 방음벽의 수음점 소음은 방음벽이 없을 때의 수음점 소음에서 회절감쇠치인 L_d를 산술적으로 뺀 값에 상당한다. 즉, 회절감쇠치가 방음벽의 차음효과(삽입손실이라고도 한다.)가 된다. 그러나 투과손실(TL)이 작은 경우는 투과된 소음도 함께 존재함으로 수음점 소음은 회절감쇠치를 뺀 값만큼은 되지 않는다. 이 경우의 방음벽의 차음효과 ΔL은 다음 식으로 구한다(길이는 무한히 길다고 가정한다.).

$$\Delta L = -10 \cdot \log\{10^{-(L_d/10)} + 10^{-(TL/10)}\} \quad [\text{dB}]$$
$$(1.37)$$

이 식의 L_d와 TL은 주파수 함수이므로 옥타브 밴드 중심주파수별로 그 값을 산출하여 ΔL을 구한다. 그리고, 방음벽 설치 전에 수음점에서 해당 소음원의 소음을 대상으로 옥타브 밴드 주파수분석한 음압레벨에서 각각의 ΔL을 산술적으로 뺀 후에 A특성 청감보정하여 데시벨 합인 소음도를 산출하면, 방음벽의 차음효과가 반영된 dB(A)로 표

Chapter 1 소음 개론

시되는 수음점의 소음도가 얻어진다.

방음벽은 소음원이나 수음점에 가깝게 설치할수록 효과적이다. 그러나 주변의 수음점 공간분포에 따라 차음효과가 다를 수 있으므로 시뮬레이션을 통해 적절한 설치위치를 정한다. 많은 경우는 소음원에 가깝게 설치하는 것이 방음벽의 높이와 길이, 효과 등에서 합리적이다. 점음원 경우의 방음벽 길이는 측부 회절감쇠치가 상부 회절감쇠치보다 적어도 6 dB 이상 크게 한다(실용적으로 방음벽 높이의 5배 이상에 상응한다.). 도로 및 공사장 소음에 대한 방음벽은 각 해당 장에서 설명한 내용을 참고한다.

(2) 소음기

소음기(消音器)는 기체와 공존하는 소음을 저감하는 장치로, 공조설비나 내연기관 등의 방음대책에 이용한다.

공조설비는 실내를 기체로 냉·난방하는 시설로 각 실과 연결된 관로를 통해 찬 공기나 더운 공기를 송풍기로 공급하는 설비다. 이 과정에서 송풍기 등에서 발생한 소음이 함께 유입되기 때문에 실내가 시끄러워진다. 이를 방지하기 위해 실을 설계할 때 적용하는 가이드라인 중의 하나인 건물 용도별 NC(noise criterion) 곡선은 <그림 1.21>과 같다.

예를 들어, 교실의 공조소음 기준을 그림의 NC-30을 채택했다면 학생들이 귀로 듣는 위치에서 분석한 옥타브 밴드별 음압레벨이 NC-30 곡선 이하가 되어야 한다는 말이다.

이 가이드라인을 달성하기 위해 검토할 수 있는 사항은 저소음 송풍기를 채택하거나 팬을 감속 운전하는 것 등이다. 송풍기 팬의 감속률이 20%면 5, 30%면 8, 40%면 11, 50%면 15 dB 정도 소음이 줄어든다.

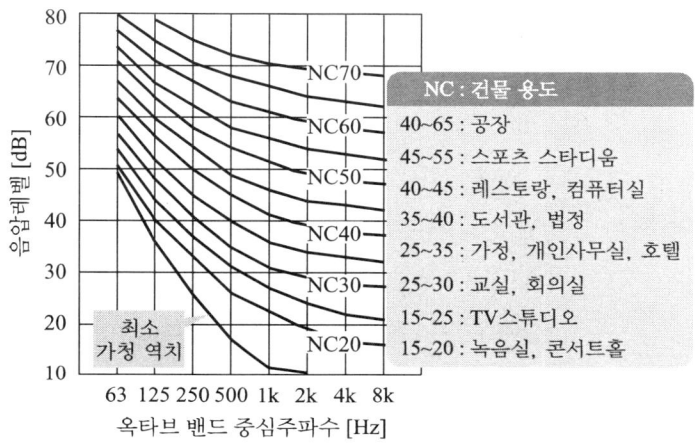

그림 1.21   NC 곡선 및 건물 용도별 가이드라인 예

또한, 관로 형상은 <그림 1.22>의 우측과 같이 반영하는 것이 난류음 발생을 감소시키는 장점이 있다.

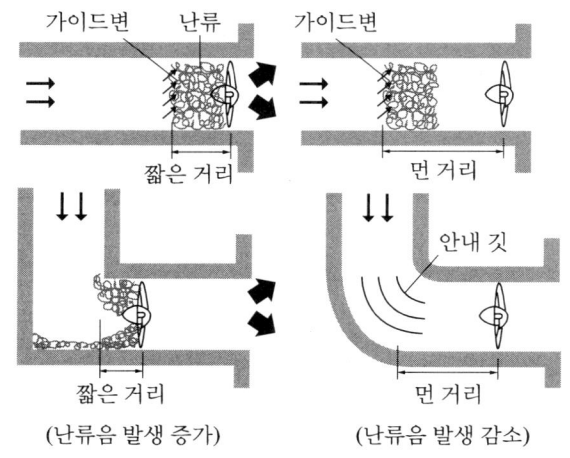

그림 1.22   관로 형상 및 가이드변 위치 등과 난류음

(출처: Nicholas P. Cheremisinoff, 1996)

다음으로 관로 상에 <그림 1.23>과 같은 형상의 흡음덕트 소음기를 설치하는 것이 일반적이다.

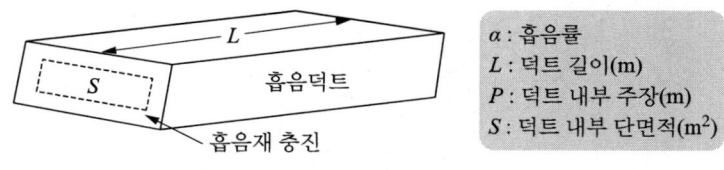

그림 1.23 흡음덕트형 소음기 외형도

흡음덕트 소음기의 감음량(Att)은 다음 식으로 구한다.

$$\text{Att} = \alpha^{1.4} \times \{(L \cdot P)/S\} \quad [\text{dB}] \tag{1.38}$$

흡음덕트 소음기는 흡음률이 클수록, 덕트 내부 주장(周長)과 길이가 길수록, 내부 단면적이 작을수록 감음량이 커진다.

그리고, 소음기가 송풍기 출구에 가까우면 난류가 발생하여 고체 방사음이 발생함으로 송풍기 출구에서 덕트 직경의 3~4배 떨어진 거리에 설치하는 것이 좋다. 관로로부터의 방사음이 문제가 될 때는 관로 외부를 고무 등으로 제진하고 흡음재를 적층하여 마감하는 래깅(ragging) 대책을 검토한다.

한편, 송풍기의 배기구가 <그림 1.24>와 같이 주택을 향한 경우는 배기소음이 하늘 방향인 경우보다 5 dB 정도, 주택과 반대 방향인 경우보다는 10 dB 정도 클 수 있으므로 주변 상황을 감안하여 배기소음에 대한 지향성도 고려한다.

1.4 진동 발생과 감각

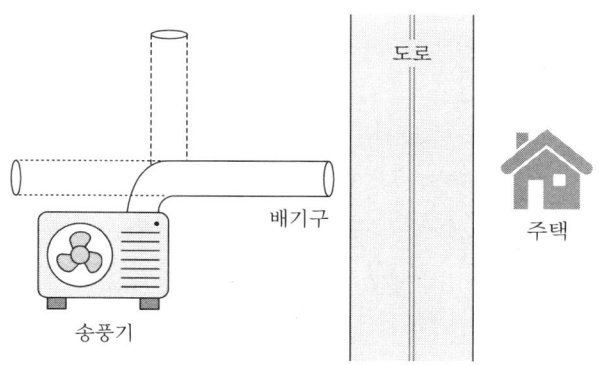

그림 1.24 배기소음 저감을 위한 배기구 지향성 대책

자동차 등 내연기관의 배기소음 대책으로는 원통형 금속재로 만들어진 소음기(muffler/silencer)를 채택한다. 내부에서는 음의 간섭이나 공명, 팽창 등의 원리가 작동하여 소음을 줄인다.

1.4 진동 발생과 감각

1.4.1 진폭 크기

소음·진동관리법 상의 진동이란 기계·기구·시설, 그 밖의 물체의 사용으로 인하여 발생하는 강한 흔들림으로 지반을 매질로 할 때 일반적으로 환경진동으로 취급한다. 이러한 환경진동의 파형의 유형은 <그림 1.25>와 같다.

Chapter 1 소음 개론

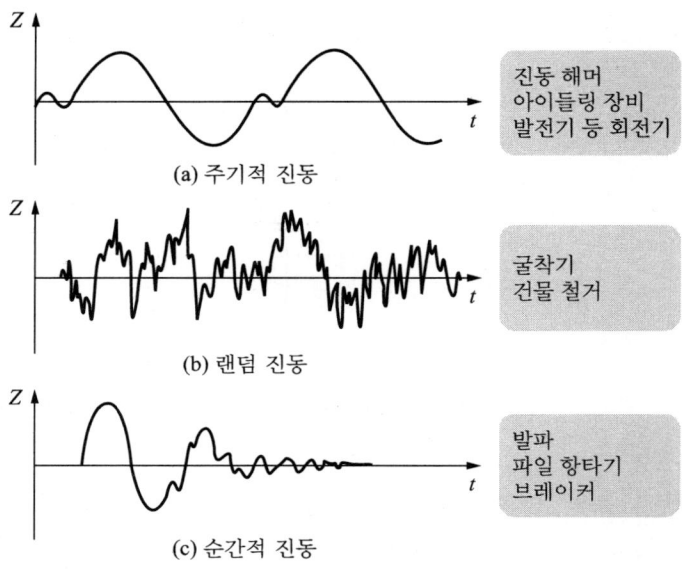

그림 1.25 환경진동 파형의 유형 및 발생원 사례

그림에서 보는 환경진동은 공사장의 발전기나 공장의 회전기계 가동 등으로 발생하는 정상적 주기 진동, 공사장의 발파나 공장의 단조 작업, 어린이가 의자에서 뛰어내릴 때에 발생하는 순간 진동, 빈번히 발생하는 순간 진동과 정상 진동이 중첩하는 랜덤 진동 등이 있다.

소음의 정현파 순음에 해당하는 것이 진동에서는 단진동(單振動)이란 의미로 쓰이기 때문에 같은 의미로 생각하면 이해하기 쉽다.

진폭은 진동의 크기를 나타내는 데 사용하며, 진동의 변위와 속도, 가속도에 각각 진폭이 있다. 변위 진폭은 시간과 무관하게 단지 얼마만큼의 거리를 움직였는가를, 속도 진폭은 단위시간(1초) 동안에 움직인 거리를, 가속도 진폭은 단위시간 동안에 얼마나 빠르거나 느리게 움직였는가를 나타낸 것이다.

1.4 진동 발생과 감각

단진동의 진동속도 순시치 $\nu(t)$도 정현파 음의 순시치와 같은 형식으로 다음과 같이 표현하며 변위, 가속도 또한 같다.

$$\nu(t) = V_m \cdot \sin(\omega t + \phi) \quad [\text{m/s}] \tag{1.39}$$

여기서 t는 시간, V_m은 진동속도 진폭, $\omega(=2\pi f)$는 각 진동수, ϕ는 초기 위상($t=0$일 때)이다.

진동의 변위, 속도, 가속도 등의 변량을 표시하는 문자 및 단위 등의 한 사례를 정리하면 <표 1.10>과 같다.

● 표 1.10 진동 변량별 진폭 및 단위의 표시 예

변 량	진폭 크기	표시 단위
변 위	X	m, cm, mm
속 도	$\nu = 2\pi f \cdot X$	m/s, cm/s(=kine), mm/s
가속도	$\alpha = 2\pi f \cdot \nu$	m/s², cm/s², mm/s²

가속도 진폭은 시간에 따라 그 변화 정도가 큰 기계진동이나 교통기관의 진동, 환경진동 등의 측정·평가에 주로 사용한다. 속도 진폭은 진동속도가 일정한 건축물이나 교량의 진동을 측정·평가할 때 주로 사용하며, 변위 진폭은 변위만을 중요 시 하는 토목 구조물인 가로 버팀보 부재의 토압에 따른 변위 계측이나 댐 구조물의 가로변위 등을 측정·평가할 때 사용한다.

<그림 1.26>은 임의의 지점에 진동 픽업을 설치하고 일정 기간 동안 측정한 진동속도 순시치들로, X축 및 Y축(수평방향)과 Z축(상하방향) 성분, 그리고 그들의 벡터 합인 합성치(PVS; peak vector sum)를 나타낸 것이다.

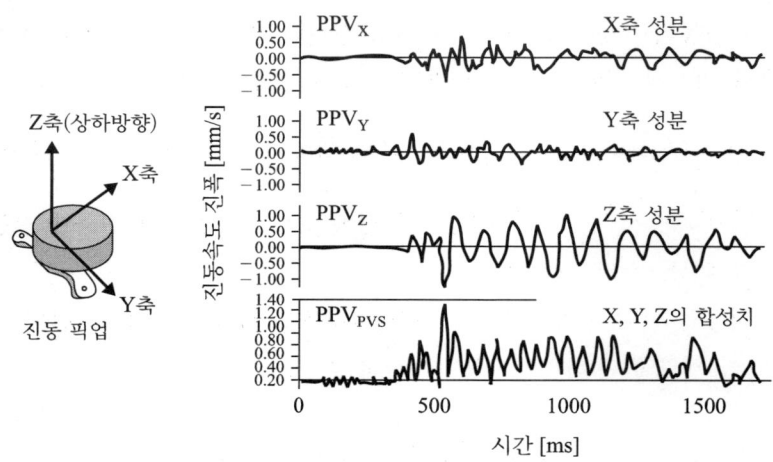

그림 1.26 임의의 지점의 진동 방향 성분 등 측정 예

그림에서 각 축 성분이나 합성치의 순시치를 대표치로 나타내는 방법의 하나는 실효치(RMS)로 소음편에 설명한 바와 같다. 다른 하나는 PPV(peak particle velocity)로 일정 기간 측정한 순시치 중 진폭이 가장 큰 피크치다.

진동 방향을 특정하지 않은 경우의 PPV는 합성치(PVS)의 PPV를 의미한다. 같은 시각의 X, Y, Z축 각 방향 성분의 순시치를 다음 식으로 합산하면 그 시각의 PVS의 순시치가 된다.

$$\mathrm{PVS}_i = \sqrt{\mathrm{PPV}_{Xi}^2 + \mathrm{PPV}_{Yi}^2 + \mathrm{PPV}_{Zi}^2} \quad [\mathrm{m/s}] \quad (1.40)$$

여기서, i는 모두 임의의 같은 시각을 나타낸다.

일반적으로 지진은 수평방향 성분이 크지만, 환경진동은 상하방향 [Z축, 혹은 V(vertical)] 성분이 크고 합성치와 유사한 크기일 때가 많기 때문에 이를 측정 대상으로 한 경우가 많다.

1.4.2 진동수와 감각

진동수는 소음의 주파수와 같은 의미로 어떤 물체가 1초 동안에 몇 번 반복적인 움직임을 하는 가를 나타낸 것이다. 예를 들어 단진동의 경우 진동수가 10 Hz이면 1초 동안에 10번 반복운동을 한 것을 의미한다. 일반적으로 환경진동에 대해 전신으로 느끼는 진동수는 1~80 Hz 범위지만, 인체 부위별로 감지하는 진동수의 범위는 0.1~500 Hz 정도다.

상하로 떠는 진동체(振動體) 위에 앉은 사람의 신체 부위별 진동전달 특성을 보면 <그림 1.27>과 같다.

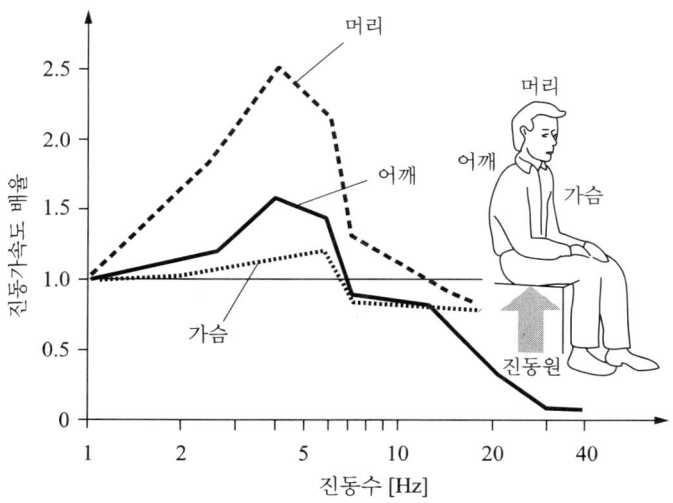

그림 1.27 _ 앉은 자세에서 상하진동의 신체 전달특성
(출처: B&K, Human Vibration, 2002)

그림에서 진동수 5 Hz 전후의 진동가속도 배율(신체 부위별 진동가속도 크기/진동원의 진동가속도 크기)은 머리에서 2.5, 어깨에서 1.5로 진동이 증폭됨을 보인다. 그리고 10 Hz 이상이 되면 진동가속도 배율이 1 이하로 감소한다. 이는 우리 신체가 진동수 5 Hz 부근에서 감각이 예민하고 10 Hz 이상에서는 둔감하다는 것이다. 진동의 감각 정도는 진동수 외에 진동이 상하방향(Z축, 혹은 V)으로 떠느냐 수평방향(X축, Y축)으로 떠느냐 등에 따라서도 다르다.

진동원이나 진동원에 기인하는 지반 등의 진동수를 가진진동수(=강제진동수)라 하며, 통상 말하는 진동수 f(Hz)는 이에 해당한다. 반면에 기계나 건물 등이 갖고 있는 고유의 공진주파수를 고유진동수 f_n(Hz)이라 한다. 고유진동수는 기계나 건물 등의 형상, 구속 상태, 재료의 영률 및 밀도 등에 따라 달라진다.

건물이나 일상에서 접하는 진동원의 고유진동수 및 진동원에 기인한 지반의 탁월진동수의 범위의 대략은 <표 1.11>과 같다. 이들 진동수는 지반의 종류, 건물이나 차체의 구조, 주행속도, 건설 작업방법 등에 따라 차이가 있다.

● 표 1.11 건물 등의 고유진동수와 지반의 탁월진동수 범위

구 분	내 용	진동수 [Hz]
건물의 고유진동수(f_n)	$f_n ≒ 1/(0.02×H)$, H : 건물 높이[m] (2층 건물 : 5~10 Hz, 3층 건물 : 3~6 Hz)	
진동원의 고유진동수(f_n)	자동차	3~8
	열차	6~25
	보행	2~5
진동원에 의한 지반의 탁월진동수	도로 및 철도	10~40
	건설기계	5~30
	발파	3~30

1.4 진동 발생과 감각

표에서 자동차 및 열차의 고유진동수는 3~8 및 6~25 Hz 범위며, 인위적 진동원에 기인한 지반의 진동수 중에서 탁월한 성분은 3~40 Hz 범위다. 저층 주택의 고유진동수는 10 Hz 이하인데, 진동원에 기인한 지반의 탁월진동수와 건물의 고유진동수가 일치하는 공진이 일어나면 진동이 증폭되어 피해가 발생할 가능성이 크기 때문에 피해야 한다.

탁월진동수란 <그림 1.28>에서 보는 바와 같이 특정 옥타브 밴드(대역)나 진동수에서의 진폭이 특별히 큰 진동수를 말한다.

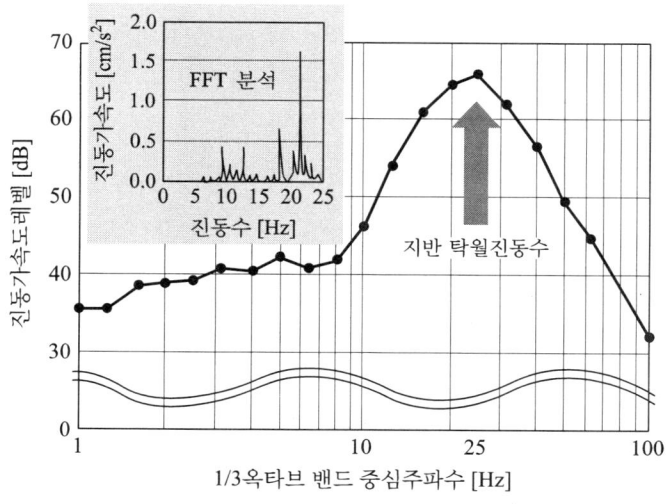

그림 1.28 대형차 통과 시 지반의 탁월진동수 예

그림은 대형차 통과 시에 지반의 진동을 1/3옥타브 밴드 분석기로 주파수 분석한 사례로 25 Hz 대역이 탁월하고, 그림 좌측 상단은 열차 통과 시에 FFT 주파수 분석기로 분석한 사례로 20 Hz가 탁월진동수다.

1.4.3 진동가속도레벨

국내에서 환경진동의 크기는 전신 진동의 감각특성을 반영한 진동가속도 실효치를 dB로 변환하여 측정·평가한다. 우선, 진동가속도레벨(VAL; vibration acceleration level)은 측정진동의 가속도 실효치를 기준진동의 가속도 실효치로 나누어 상용대수를 취한 형식으로 다음 식과 같다.

$$\text{VAL} = 20 \cdot \log(A_{\text{rms}}/A_o) \quad [\text{dB}] \quad (1.41)$$

여기서, A_{rms}는 임의의 측정진동의 가속도 실효치(m/s^2)이고, A_o는 기준진동의 가속도 실효치로 10^{-5} m/s^{2}이다.

진동 영향 대상을 전신으로 하는 비행기 등의 탈 것들의 의자나 도로변 주택의 바닥 등과 손을 대상으로 하는 잡은 물체의 진동가속도레벨과 진동가속도 실효치의 사례는 <그림 1.29>와 같다.

그림에서 비행기의 의자나 도로변 주택의 바닥은 진동가속도레벨로 60~80, 열차 및 자동차의 의자나 항타기 작업장 주변 주택의 바닥은 80~100 dB 정도다. 이는 진동가속도 실효치로 각각 0.01~0.1 및 0.1~1 m/s^{2}에 해당한다. 진동수와 진동방향 등에 차이가 있기 때문에 체감 진동의 크기와는 다를 수 있다. 공사장 주변의 상하방향 지반 진동에 대해서는 체감 진동의 크기(진동레벨)가 진동가속도레벨보다 대개 9 dB 정도 낮다.

1.4 진동 발생과 감각

그림 1.29 전신 진동원 등의 진동가속도레벨 사례
(출처: B&K, Human Vibration, 2002)

1.4.4 진동레벨

진동가속도레벨과 진동레벨의 관계는 소음의 음압레벨과 소음도의 관계와 같은 의미다. 국제적으로 많이 활용되는 진동의 방향 및 진동수별 진동가속도 크기에 대해 전신으로 느끼는 감각특성을 반영한 상대적 보정치는 <그림 1.30>과 같다.

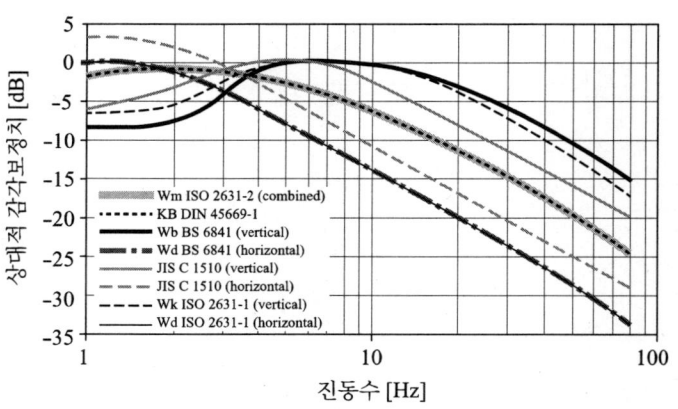

그림 1.30 진동의 방향·진동수별 가속도 감각보정치

그림에서 유럽 국가들은 ISO 2631-2(상하 및 수평 방향 성분의 합성치)에 해당하는 감각보정치인 Wm을 많이 채택하고 있다. 상대적 감각보정치를 비교해 보면, ISO 2631-1의 Wk 및 JIS C 1510(vertical)은 Wm에 비해 4 Hz 이하에서는 5 및 3 dB 정도 낮지만, 4 Hz를 초과하면 7 및 3 dB 정도 높다.

이는 5 Hz 이상의 상하방향 성분이 아주 큰 경우는 감각보정을 Wm으로 하면 Wk로 할 경우에 비해 수 dB 낮게 측정될 수 있다는 의미다. 도로·철도·공사장 등의 진동을 일부 조사한 사례에서 Wm과 JIS(vertical)에 의한 측정 및 보정의 결과 값은 비슷한 반면, Wk에 비해서는 수 dB 낮았다.

우리나라는 JIS를 준용하고 있으며, <그림 1.31>의 실선에 해당하는 상하방향 진동성분의 감각보정 곡선(V특성)을 진동레벨계에 채용하고 있다.

1.4 진동 발생과 감각

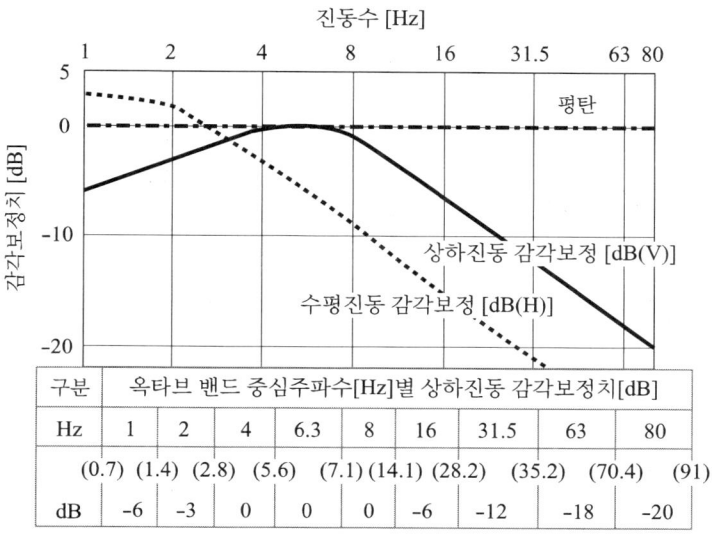

그림 1.31 _ 상하 및 수평 진동의 감각보정치

그림에서 상하진동의 감각은 4~8 Hz에서 가장 예민하고 그 범위의 이하나 이상은 상대적으로 둔감하다. 임의의 측정지점에서 측정한 옥타브 밴드별 진동가속도레벨에 그림 중의 표로 나타낸 상하진동 감각보정치를 보정한 후, 데시벨 합산하면 인체로 체감하는 크기의 진동레벨(VL; vibration level)이 얻어진다.

진동레벨계에는 시정수 0.63초의 동특성과 <그림 1.31>의 상하진동 감각보정 곡선을 내재화한 V특성 감각보정회로가 내장되어 있어, 이를 선택하여 측정하면 진동레벨이 자동 연산되어 표출되는 경우도 많다. 그리고, 단위는 dB(V)를 사용한다.

민원이 가장 많은 공사장 건설기계 등의 진동레벨 수준은 기계로부터 7 m 떨어진 지점에서 <그림 1.32>와 같다.

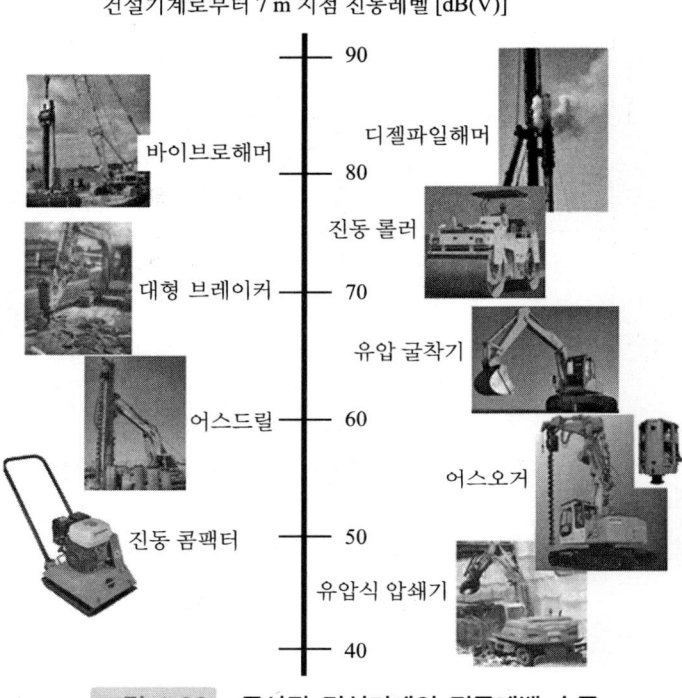

그림 1.32 공사장 건설기계의 진동레벨 수준

그림으로 나타낸 진동수준은 평균적인 것으로 기계의 용량, 지반 특성 등에 따라 5~10 dB(V) 정도의 편차를 보인다. 기계로부터 7 m 떨어진 위치에서의 진동레벨은 건물 해체 시에 사용하는 유압식 압쇄기가 45, 수동식 진동 콤팩터가 50 dB(V) 정도다. 지반을 천공하는 데 사용하는 어스오거는 55, 어스드릴은 60 dB(V), 지반을 굴착하는 굴착기는 65 dB(V) 정도다.

아스팔트나 콘크리트를 파쇄하는 대형 브레이커는 70, 노면을 다지는 진동 롤러는 75, 콘크리트나 철재 H빔 등의 말뚝을 직접 타격하여 박는 항타기는 80~85 dB(V) 수준이다.

일반적으로 공사나 도로가 없는 경우의 지반진동의 진동레벨은 커도 30~40 dB(V) 정도로 인체로는 감지할 수 없으며, 이를 배경진동이라 한다. 배경진동 위에 환경진동이 부가되어 주변에 영향을 미친다.

한편, 건축물의 손상 여부는 진동속도의 피크치(PPV)를 측정, 또는 예측하여 평가하는 경우가 일반적이다.

1.4.5 진동 감각 및 평가척

진동레벨과 기준 및 느낌 등을 나타내면 <표 1.12>와 같다. 소음에서와 같이 인체의 진동 감각역치는 50%의 사람이 감지하는 수준에서 정하며, 그 수준은 55 dB(V) 정도다.

● 표 1.12 진동레벨과 기준 및 느낌 등

진동레벨	기준 등	느낌 및 기타
45 dB(V)	한산한 도로	느끼지 못함
50 dB(V)	예민한 사람, 민원 가능성 있음	실내 조용히 있는 사람 중에서 약간 느끼는 사람 있음
55 dB(V)	공장 기준(야간)	역치(50% 사람이 약간 느끼는 수준)
60 dB(V)	도로 기준(야간)	-
65 dB(V)	공사장 기준(주간)	• 실내 조용히 있는 사람 대부분 느낌 • 자고 있는 사람 중 깬 사람도 있음 • 매달린 전등이 약간 흔들림
75 dB(V)	발파 기준(주간)	• 실내 있는 사람 대부분 느낌 • 걷는 사람 중에도 느끼는 사람 있음 • 자고 있는 사람 대부분이 눈을 뜸
85 dB(V)	대형 항타기 (7 m 이격)	• 대부분의 사람들이 놀람 • 걷는 사람 대부분이 느낌 • 매달린 전등이 크게 흔들림

표에서 진동레벨이 50 dB(V) 내외이면 실내에서 조용히 있는 사람 중에서 일부가 감지하는 수준이다. 65 dB(V)를 넘으면 실내에서 조용히 있는 사람의 대부분이 감지하고, 자는 사람 중에서도 깨는 사람이 있다. 주간에 발생하는 이 수준의 진동은 관련 법률에 의해 관리되는 경우가 많다. 간헐적으로 발생하는 발파진동의 기준인 75 dB(V)를 넘으면 실내 있는 사람 대부분이 감지하고, 자고 있는 사람 대부분도 잠을 깨서 눈을 뜬다.

물적 피해에 대한 일본의 사례에서 마감재 등에 손상이 발생하는 하한치로 70 dB(V), 취약한 건물에서 손상 발생의 하한치로 75 dB(V) 정도를 제시하고 있다.

목조 건물의 진동은 지반 진동보다 약 5 dB(V) 증폭되는 사례가 많지만, 기초가 크고 튼튼한 대형 콘크리트 건축물의 경우는 공진이 일어나지 않는 한 지반보다 낮은 경우가 많다.

진동레벨의 평가척 중의 L_{10}은 측정치가 크게 변동하는 경우에 대표치를 결정하는 방법의 하나다. 이것은 시간율 진동레벨의 하나로 80% 레인지의 상단치라고도 불린다.

일정 기간 동안의 측정치를 일정 샘플링타임(1초, 5초 등)으로 판독하여 누적도수곡선을 작성한 후에 80% 레인지를 취하고 그 중의 상단치를 L_{10}이라 한다. 다시 말해서 일정 수준 이상의 진동레벨의 시간이 실측시간의 10%를 차지하는 경우에 그 수준을 L_{10} 진동레벨이라 한다.

L_{10}은 소음·진동관리법 상의 진동기준을 측정·평가하는 평가척 중의 하나다. 근래의 진동레벨계에는 측정기간과 샘플링타임을 설정하면 자동 연산을 통해 L_{10} 값이 표시창에 표출된다.

이외에 진동의 속도나 가속도 등의 실효치나 피크치를 절대단위로 바로 측정하는 진동계도 있으며 발파진동 등을 측정하는 데 활용한다.

1.5 진동 방지

진동의 저감은 진동원에 대한 대책이 가장 합리적이다. 지반을 따라 전파해가는 경로 상에 방진구(防振溝) 등을 시공하는 방법도 있으나 그 효과는 제한적이다.

공장의 진동은 왕복동 기계나 충격력으로 작업하는 단조기 등에서 주로 발생한다. 따라서 진동 발생이 작은 기계의 사용이나 기계 밑에 스프링을 설치하는 탄성지지를 강구한다.

도로의 진동은 노면의 요철부, 과속방지턱이나 노면의 파인 곳, 또는 다리나 관로와의 접속부의 틈새와 타이어가 충돌하면서 발생한다. 파인 부분은 개보수를 바로 하고 틈새 등은 정밀 시공한다. 열차의 진동은 레일과 차륜의 요철부, 레일의 접속부 등에서 발생한다. 요철부는 주기적으로 연삭하여 평활하게 하고 롱레일이나 자갈 도상(道床) 또는 방진궤도 등을 채택한다.

공사장의 진동은 건설기계의 운전과 작업장치와 지면의 충돌, 발파 등에 의해 발생한다. 말뚝을 항타기로 두들겨 박는 방식 대신에 미리 천공한 후에 박는 방식과 같은 저진동 공법의 채용이나 민감지역은 정밀발파나 코어할암방식, 터널보링공법 등으로 대체한다. 구조물의 기초와 바닥 등의 콘크리트는 가능한 한 두껍고 강성을 크게 한다. 구체적인 대책 기술을 소개하면 다음과 같다.

1.5.1 거리감쇠

환경진동의 전파는 지반을 매질로 한 3차원 전파현상이다. 지반을 따라 전파하는 진동파의 종류별 전파 특성은 <그림 1.33>과 같다.

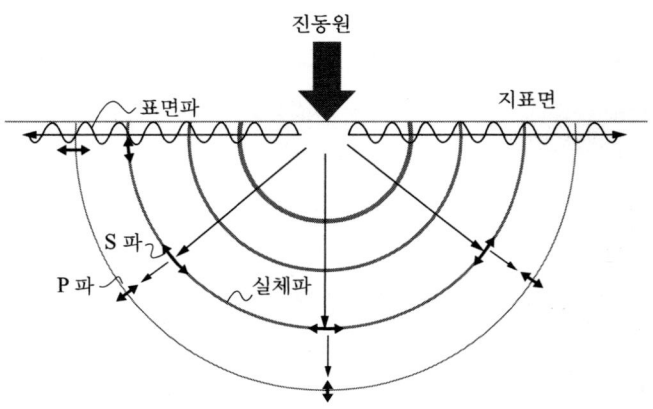

그림 1.33 지반에서의 진동파 종류별 전파 특성(출처: 中央建鉄株式會社)

그림에서 지반 내부에서 전파하는 실체파인 종파(P파)는 매질의 변위방향이 진동의 전파방향과 일치하는 것이고, 횡파(S파)는 매질의 변위방향이 진동의 전파방향과 서로 수직인 것을 말한다.

지표면을 따라 전파하는 표면파인 레일리(Rayleigh)파는 반무한 탄성체의 경계부근에 한하여 전파하는 것으로 깊이와 함께 급격히 감소한다. 러브(Love)파는 지반이 계층 구조일 때 다수의 반사파가 합성된 것이다.

거리감쇠는 진동원으로부터의 거리를 r이라 하면, 실체파의 진폭은 $1/r$에 비례(단, 반무한 탄성체의 표면 부근에서는 $1/r^2$에 비례)하여 감쇠하고, 레일리파의 진폭은 $1/\sqrt{r}$에 비례하여 감쇠한다. 그리고, 진동파의 에너지 비율은 레일리파가 67%, 횡파가 26%, 종파가 7%로 에너지의 2/3가 레일리파로 전파한다. 또한 레일리파는 실체파에 비해 거리에 따른 감쇠가 작다.

이상을 고려하면 지표면 또는 그것에 가까운 곳에 있는 기초의 진동 전파는 레일리파가 가장 중요하다는 것을 알 수 있다.

지반을 따라 전파하는 진동의 거리감쇠치는 기하감쇠와 지반감쇠(토양 입자의 마찰)로 구성되며 그 주 대상은 레일리파다. 진동 진폭의 거리감쇠를 예측하는 식의 하나는 Bornitz가 제시한 다음 식으로 { } 안의 첫 번째 항은 기하감쇠를, 두 번째 항은 지반감쇠를 나타낸다.

$$V_2 = V_1 \cdot \{(R_1/R_2)^\gamma \cdot e^{-\alpha(R_2-R_1)}\} \quad [\text{mm/s}] \quad (1.42)$$

여기서 V_2는 진동원에서 R_2 떨어진 곳의 PPV, V_1은 진동원에서 R_1 떨어진 곳의 PPV($R_2 > R_1$)이고, γ는 기하감쇠계수, α는 지반감쇠계수이다. γ를 지반감쇠계수 α를 무시하고 Wiss가 제시한 값으로 모래 1.0, 점토 1.5를 적용하는 경우도 있다.

지반감쇠계수 α를 고려한 경우는 γ를 표면파에 대해 0.5(복합파로 0.75도 적용함)를 주로 사용하고, α는 Dowding이 제시한 <표 1.13>의 지질의 종류와 진동수 등을 참고하여 적정한 계수를 적용한다.

● 표 1.13 지질의 종류 및 진동수에 따른 지반감쇠계수(α)

지질 종류	지반감쇠계수, α [m^{-1}]	
	5 Hz	50 Hz
부드러운 지반, 토탄, 헐렁한 모래와 표토	0.01~0.03	0.1~0.3
보통의 지반, 모래, 점토, 실트, 완전히 풍화된 바위	0.003~0.01	0.03~0.1
딱딱한 지반, 사암, 집진 점토, 적당히 풍화된 암석	0.0003~0.003	0.003~0.03
단단한 암반, 풍화되지 않은 바위	<0.0003	<0.003

진동수에 따른 지반감쇠계수 α의 적용은 진동원의 진동수 f를 알면 다음 식으로 $\alpha(f)$로 대체하여 적용할 수 있다.

$$\alpha(f) = \{\alpha(5\,\text{Hz}) \cdot f\}/5 \tag{1.43}$$

여기서 $\alpha(5\,\text{Hz})$는 <표 1.13>을 활용할 수 있으나 현장의 조사결과를 바탕으로 할 필요가 있다.

위 식의 γ에 0.5 및 1.5, α는 진동수 50 Hz에서 지질에 따라 0.005와 0.1 및 0을 대입하고, 거리감쇠 현상을 기준거리 대비 진동속도 진폭비로 산출하여 <그림 1.34>에 나타냈다. 기준거리는 진동원으로부터 2 m이고, 그 곳의 진폭은 1로 가정한 것이다.

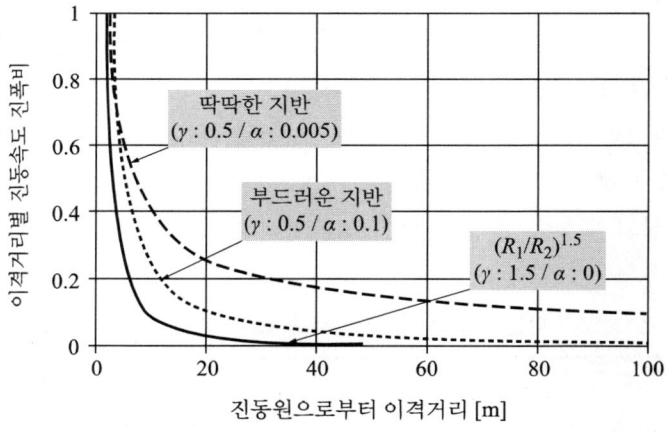

그림 1.34 기준거리 대비 이격거리별 진동속도 진폭비

그림에서 보면, 진동속도의 진폭비가 거리에 따라 크게 감쇠하고 딱딱한 지반일수록 감쇠가 작아 멀리까지 전파할 수 있음을 보여준다. 그리고, 진동수가 낮을수록 감쇠계수가 작아 멀리까지 전파할 수 있음

을 유추할 수 있다.

이외에 Bornitz 식을 근간으로 진동레벨로 전환한 거리감쇠치 ΔL 을 구하는 일본의 경험식을 소개한다.

$$\Delta L = -20 \cdot \log(R/R_o)^n - 8.7\alpha(R-R_o) \quad [\text{dB}] \quad (1.44)$$

여기서, R_o는 진동원에서 가까운 지점까지의 거리(m), R은 R_o보다 멀리 떨어진 지점까지의 거리(m), n은 진동파 종류에 따른 기하감쇠계수, α는 지반감쇠계수다.

위 식의 첫 번째 항은 기하감쇠항으로 근사적으로 진동원에서 30 m 까지는 표면파 감쇠를 고려하여 $n=0.5$를 적용하고, 30~100 m 범위는 표면파와 실체파의 합성인 복합파 감쇠를 고려하여 $n=0.75$를 적용한다. 그러면 전자는 거리가 2배로 멀어지면 3 dB, 후자는 4.5 dB 감쇠한다.

두 번째 항은 토질에 의한 지반감쇠항으로, 지반감쇠계수 α는 평균적으로 40 m 이내에서는 0.025, 그 이상의 거리는 0.02를 적용한다.

1.5.2 방진구(防振溝)

방진구란 공장 및 공사장, 도로 및 철도 등의 진동대책의 하나로 진동원이나 수진자(주택 등) 주위에 깊은 도랑을 파서 진동의 전파를 억제하는 수단을 말한다. 이 방법은 도랑에 의한 진동파의 회절감쇠를 이용한 것으로 강철 구(球)를 낙하시키면서 조사한 결과로 얻은 효과는 <그림 1.35>와 같다.

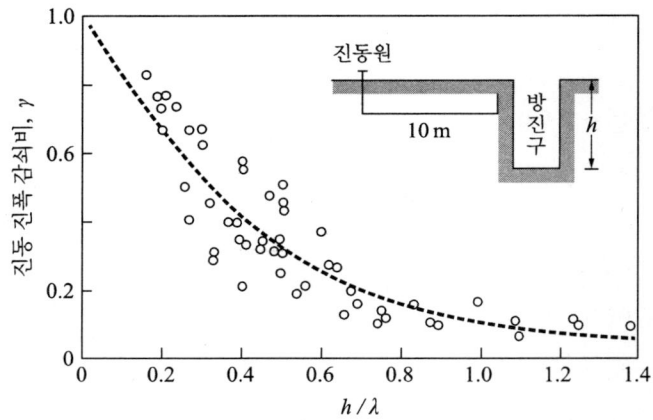

그림 1.35 방진구 깊이와 진동의 진폭 감쇠비(출처: 吉野泰子, 2003)

그림에서 진폭 감쇠비 γ와 h/λ의 관계는 다음 식과 같다.

$$\gamma = e^{-2.35 \cdot (h/\lambda)} \tag{1.45}$$

γ를 낮추기 위해서는 방진구 깊이(h)를 깊게 파야 한다는 의미다. 진동가속도레벨을 6 및 12 dB 저감하기 위해서는 진폭 감쇠비를 0.5 및 0.25로 해야 한다. 이는 h/λ가 0.3 및 0.6일 때에 해당한다. 방진구가 깊을수록, 또한 방진구가 진동원이나 수진자에 가까울수록 효과가 크다.

진동의 전파속도는 반무한 탄성체의 경우 <표 1.14>에서 보는 바와 같이 P파(종파) > S파(횡파) > 레일리파(S파 속도의 0.9~0.95배로 약간 느림)의 순서다.

표에서 진동의 전파속도는 연대가 오래된 굳은 지층일수록 크고 점토층이 모래층보다 크며, 지표에서의 레일리파의 전파속도는 대략 150 m/s 정도다. 진동원의 진동수가 20 Hz라면 파장은 7.5 m가 되고,

방진구로 6 dB의 저감 효과를 얻기 위해서는 방진구의 깊이를 2.3 m 정도 파야 한다. 지하철 진동에 의한 수진측 구조물의 방진대책 등으로 활용되기도 한다.

진동은 일단 지반이나 구조물에 전달되면 삼차원적으로 전파하기 때문에 충분한 대책효과를 기대할 수 없다. 때문에 대책은 진동원에 대해 취하는 것이 기본이다.

● 표 1.14 지층에 따른 진동파의 전파속도

지층	지질	습윤밀도 ρ [t/m³]	전파속도 [m/s]	
			P파	S파
충적층	모래	1.8	130	80
	점토	1.5	180	100
홍적층	모래	1.8	320	200
	점토	1.5	450	250
제4기층	연암	2.0	800	500
제3기층	경암	2.5	≥ 1,600	≥ 1,000

1.5.3 탄성지지

진동하는 기계 등을 지지하는 기초나 바닥 사이에 고무나 스프링 등의 탄성체를 넣는 경우를 탄성지지라 하며, <그림 1.36>과 같은 1자유도 감쇠계 모델로 간주할 수 있다.

그림의 질점(質點)에 외력인 조화가진력 $f(t)[= F\cos(\omega t)]$가 작용할 때, 이 계(系)에 존재하는 관성력, 저항력 및 복원력을 합한 합력이 외력과 균형을 이룬 상태에서 정상진동하고, 기초나 바닥으로 $Ft \cos$

(ωt)의 힘이 전달된다.

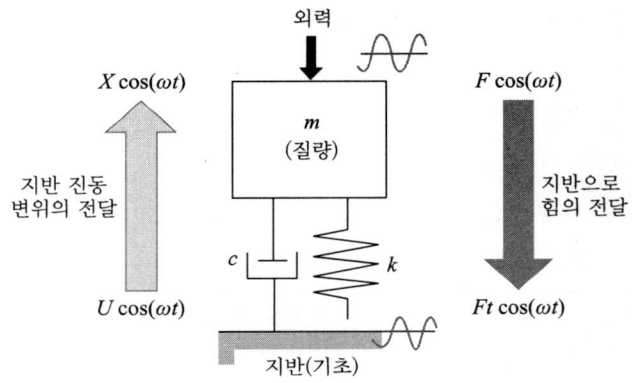

그림 1.36 1자유도 진동 감쇠계 모델

이때의 진동 전달률 Tr은 다음 식과 같고, 이를 도시하면 <그림 1.37>과 같다.

$$\text{Tr} = \frac{Ft}{F} = \sqrt{\frac{1+(2\zeta\eta)^2}{(1-\eta^2)^2+(2\zeta\eta)^2}} \quad (1.46)$$

여기서 ζ는 감쇠비($=c/2\sqrt{mk}$), η는 진동수비($=f/f_n$)이다. m은 기계의 질량(kg), c는 감쇠계수(N·s/m), k는 스프링정수(N/m)다. 그리고 f는 가진진동수($=\omega/2\pi$), f_n은 고유진동수($=(1/2\pi)\sqrt{k/m}$)이다.

한편, 기초나 바닥의 진동 변위 $U\cos(\omega t)$가 이 계로 전달되어 $X\cos(\omega t)$로 진동할 때의 변위 진폭비($=X/U$)는 위 식과 같으며, 이를 변위의 진동 전달률이라 칭한다. 지반 진동에 의한 건물 진동의 경우 등이 이에 해당한다.

탄성지지는 부지경계선의 지반에서 측정한 기계의 진동레벨이 기준을 초과한 때에 강구하는 대책 중의 하나다. 1자유도 감쇠계에서 탄성지지 절차를 기술하면 다음과 같다.

① 대상 기계의 하중 W(N), 가진(강제)진동수 f(Hz), 지지점수 n (등하중 지지) 등의 제원을 확인한다. 회전기계의 강제진동수는 분당 회전속도인 rpm을 60으로 나누어 구한다.
② 마운트(기계와 기초의 결합) 형식, 수(n) 등을 설정한다.
③ 마운트 1개에 걸리는 하중을 구한다(W/n(N)).
④ 기준을 초과한 진동레벨의 크기(측정진동레벨과 기준진동레벨의 차)에 해당하는 진동 전달률을 <그림 1.37>에서 확인하여 설계 목표치로 정한다.

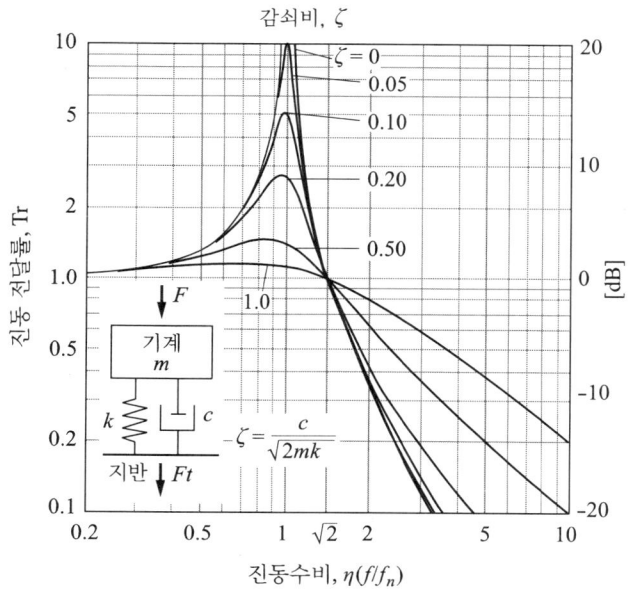

그림 1.37 진동수비와 감쇠비에 따른 진동 전달률

(출처: Onosokki, emm 170號)

⑤ 전달률을 이용하여 진동수비(η)를 계산하고,

$$\text{Tr} \doteqdot 1/(\eta^2 - 1) \tag{1.47}$$

고유진동수(f_n)를 구한다.

$$f_n = f/\eta \quad [\text{Hz}] \tag{1.48}$$

⑥ 동적 스프링정수(K_d)를 계산하여,

$$K_d = \{(2\pi f_n)^2 \times (W/n)\} \quad [\text{N/cm}] \tag{1.49}$$

정적 스프링정수(K_s)를 구한다.

$$K_s = K_d/\alpha \quad [\text{N/cm}] \tag{1.50}$$

여기서 α는 동배율로 천연고무 1.2, 니트릴고무 2, 하이댐핑고무 7 정도이다.

⑦ 제품 카탈로그에서 적정의 스프링을 선택한다. 그 요령은 카탈로그 상의 정적 스프링정수(K)를 계산으로 구한 정적 스프링정수(K_s)보다 작은 것과 허용 지지하중이 최대인 것을 선택한다. 스프링의 종류에 따라 고유진동수(f_n, 방진고무 : 5~100 Hz, 금속코일스프링 : 2~10 Hz, 공기스프링 : 0~5 Hz)의 한계가 있고 축 방향도 선택성이 있을 뿐만 아니라 감쇠비(ζ, 방진고무 : 0.03~0.2, 금속코일스프링 : 0.005, 공기스프링 : 0.05)도 다른 점에 유의해야 한다.

Chapter **2**

소음 영향

Chapter 2 소음 영향

2.1 소음의 건강피해 인식

우리들은 가정이나 직장, 출퇴근 시 등의 일상에서 층간소음이나 기계소음, 교통소음 등의 환경소음에 묻혀 살고 있다. 그럼에도 그 동안은 소음이 단지 감각적으로 시끄럽고, 대화방해나 TV 청취방해 등의 일상생활에 불편을 주는 정도의 환경요인으로 간주하여 왔다. 그러나, 유럽에서 발표되고 있는 연구결과들은 소음이 심장병, 뇌졸중 등을 일으키는 환경요인의 하나라고 밝히고 있다. 유럽에서의 환경소음의 건강피해 평가는 지난 15년 사이에 큰 변화가 있었다.

발표된 자료를 통해 접한 유럽의 건강피해 사례로, 성인들의 심근경색(心筋梗塞) 리스크는 50 dB(A) 이상의 교통소음에 20년 이상 노출된 사람들이 조용한 곳에 사는 사람들에 비해 38% 높고, 65세 이상 노인들의 뇌졸중(腦卒中) 리스크는 10년간 10 dB(A)씩 더 시끄러운 곳에 살았을수록 14%씩 증가한다는 것 등이 있다. 또한, 소음에 기인하는 심근경색 등으로 연간 약 5만 명이 조기 사망한다는 발표도 있었다.

국내에서도 2017년에 서울의대 연구팀은 건강했던 20~60세 남성 20만 명을 대상으로 8년 동안 추적 조사한 결과, 환경 중의 야간소음이 55 dB(A)를 넘으면 남성 불임위험이 1.14배 증가한다고 밝혔다. 또한, 2002년부터 2013년까지의 기간 동안 20~49세 임산부 1만 8165명을 대상으로 조사한 결과, 야간소음이 1 dB(A) 증가할 때마다 임신성 당뇨가 약 7% 증가하는 것으로 확인됐다고도 밝혔다.

소음의 건강피해는 소음에 의한 스트레스로 스트레스 호르몬이 분비되면 심박의 항진(亢進)이나 혈당의 상승을 촉진하여 인체의 스트레스 대처능력이 일시적으로 향상되지만 만성화되면 고혈압 상태가 되는 등 건강피해가 발생할 위험이 높아진다.

WHO 유럽사무국은 이러한 건강피해 연구성과를 바탕으로 2011년에 '환경소음에 의한 질병부담'이라는 보고서를 출간했다. 동 보고서는 서유럽의 인구 5만 명 이상 도시를 대상으로 환경소음에 의한 심장병, 고도의 수면방해, 인지장애 등의 건강피해 리스크를 연간 100만~160만 DALYs(장애보정생존연수)로 평가했다. 이는 매년 100~160만 명이 1년간씩 건강손실이 발생한 것을 의미하며, 입자상 대기오염물질 다음으로 건강손실이 큰 환경요인이라 밝혔다. 이는 소음에 의한 건강피해 리스크, 즉 소음 위해성 문제가 유럽에서 중요한 이슈로 등장하였음을 시사하고 있다.

<그림 2.1>은 네덜란드의 주요 환경요인별 DALY를 나타낸 것으로, PM-10의 DALY는 연차적으로 감소하는 경향을 보이나 소음은 증가하는 경향을 보일 것으로 예상했다.

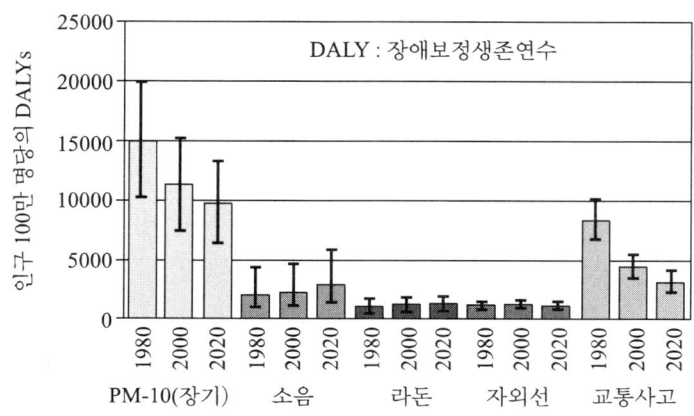

그림 2.1 네덜란드의 환경요인과 DALY 추이 (출처: Irene van Kamp, 2010)

이상의 환경소음에 의한 건강피해 리스크를 살필 때 우리나라는 인구밀도가 높고 고밀도 공동주택이 많을 뿐만 아니라 밤 문화가 발달되어 있는 점을 감안하면 결코 남의 일이 아니다.

소음이 건강피해를 주는 중요한 환경요인이라는 인식을 바탕으로 정부는 소음대책에 투자를 확대하고 개인은 소음을 회피하는 노력을 보다 적극적으로 실천할 시점이다.

2.2 소음의 건강피해 개관

2.2.1 생활·정서적 측면

소음은 청취방해뿐 아니라 대화방해, 정서적 영향, 수면방해, 학습방해 등의 부정적 영향을 일으킨다. 이들 영향은 개인차와 환경조건 등에 따라 상이하다. 이들에 대해 조사연구가 많이 진행된 선진 사례를 중심으로 평균적 개념으로 살피고, 개인이나 가정의 입장에서 소음 회피방안을 살펴본다.

소음성 청력장애란 소음에 의해 일시적으로나 영구적으로 청각이 무뎌져 상대방의 음성을 잘 알아듣지 못하는 것을 말한다. WHO는 하루 8시간 및 24시간 동안의 소음 노출수준이 각각 75 및 70 dB(A) 이하인 경우는 대다수의 사람들이 생애에 걸쳐 청력장애가 생기지 않는 것으로 보고 있다. 간선 도로변이나 철도변 등을 제외한 일반 환경에서 이 정도의 소음수준에 노출된 경우는 흔치 않을 것으로 예상한다.

한편, 주거지역의 실외소음에 대한 WHO의 가이드라인은 <표 2.1>

에서 보는 바와 같이 주간에 55 및 50 dB(A)로 정하고 있다. 전자는 매우 불쾌하다고 생각하는 사람의 비율이 적은 수준에서, 후자는 보통 정도로 불쾌하다고 생각하는 사람이 거의 없는 수준에서 설정한 것이다.

● 표 2.1 WHO 환경소음 가이드라인 일부(1999)

환경조건	중요한 건강영향	L_{eq} [dB(A)]	시간구분 [시간]	비고
주거지역 (실외)	매우 불쾌(주간/석간)	55	16	-
	보통 불쾌(주간/석간)	50	16	-
주거지역 (실내)	대화방해(주간/석간)	35	16	-
	수면방해(야간)	30	8	35(1980)

(출처: WHO, Guidelines for Community Noise, 1999)

실내소음과 관련해서는 대화방해와 수면방해의 관점에서 설정한 것이다. 대화는 일상생활을 하는데 있어서 중요한 역할을 하며 대화 명료도는 소음에 의해 저하한다. 표에서 보는 바와 같이 WHO는 실내에서 대화를 함에 있어서 전혀 방해받지 않는 실내 음향조건으로 소음수준 35 dB(A) 이하(잔향시간은 0.6초 이하)를 제시했다. 이러한 조건이 충족되지 않으면 음성이 커지고 부분적으로 정보 전달이 어려워진다는 의미다.

수면방해도 소음의 중요한 영향 중의 하나다. 소음에 의한 수면영향은 우선 일차영향이 생기고 다음 날에도 이차영향이 생긴다. 일차영향은 입면(入眠) 곤란, 각성(覺醒)이나 수면깊이의 변화, 혈압·심박수의 상승, 혈관수축, 호흡의 변화, 부정맥, 몸부림 증가 등이다. 소음의 영향으로 렘수면과 깊은 수면의 시간이 짧아진다. 소음에 의한 각성 확률은 하룻밤 중의 소음 발생횟수의 증가와 함께 증가한다. 이튿날 아침이나 그 후 몇 일간에 나타나는 수면방해의 이차영향으로는 불면감,

피로감, 우울함, 능률의 저하 등이다.

한편, 미국 환경보호청(EPA)은 실내 활동에서 대화에 방해를 받지 않는 소음수준으로 45 dB(A)를 정하고, 창문의 차음량(창문을 약간 열어둔 경우의 평균값) 15 dB와 안전율 5 dB를 각각 적용하여 소음도 55 dB(A)를 주거지역의 주간(06~22) 실외소음 가이드라인으로 제시했다.

주거지역에서의 소음의 기준이나 대책은 실외 활동까지를 염두에 두고 강구할 필요가 있다.

소음은 감각공해로 불쾌, 초조 등의 정서적 반응이 생기고, 그것이 발단이 되어 생리적 건강에 영향을 준다. 그러나 입면 시 등의 수면깊이가 얕은 경우를 제외하고, 각성과 수면깊이 감소 등의 반응은 뇌간(腦幹) 반응에 의해 발생하며 대뇌는 관여하지 않는다. 이것은 정서적 반응이 없어도 수면방해에 의한 생리적 건강영향이 생기는 것을 의미함으로 정온한 환경에서 건강한 수면을 취하는 것이 매우 중요하다.

2.2.2 생리적 측면

소음에 의한 생리적 기능의 영향은 고혈압과 심혈관계 질병(심근경색을 포함한 허혈성심장질병 등)이다. 유럽환경청(EEA)은 불쾌함의 역치(threshold value, 閾値)로 42 dB(A)를 제시했다. 물론 같은 소음수준이라도 각 교통기관의 소음이나 공장소음 등에 대한 불쾌함의 반응이 다르다는 것을 이해해 두지 않으면 안 된다. 불쾌함은 소음 외의 사회적, 경제적 요인의 영향도 받기 때문이다.

유럽환경청은 충분한 근거를 바탕으로 소음에 의한 건강피해의 발현 역치를 <표 2.2>와 같이 제시했다.

● 표 2.2 소음의 건강피해의 발현 역치

영향의 종류		유럽환경청(2010)		
		평가척	역치 [dB(A)]	노출기간
불쾌함		L_{dn}	42	만성
고혈압		L_{dn}	50	만성
심혈관계 질병 (허혈성심장병/심근경색)		L_{dn}	60	만성
수면 방해	자기 기록	L_n	야간 : 42	만성
	각성/체동/수면질	L_{max}(실내)	32	급성/만성
	각성	L_{AE}(실내)	53	급성
학습력/기억력 저하		L_{eq}	50	급성/만성
웰빙		L_{den}	50	만성

(출처: ENNAH-European Network on Noise and Health, 2013)

표에서 고혈압 및 웰빙 등의 역치는 50, 심혈관계 질병의 역치는 60 dB(A)이다. 이 이상의 높은 소음에 장기간 노출되는 공항 주변이나 도로변 등에 사는 주민들은 만성적인 영향을 받을 가능성이 크다. 특히, 간선도로변에 소재한 주택에서 침실이 도로에 면해 있는 경우는 그렇지 않은 경우에 비해 고혈압 리스크가 큼을 <그림 2.2>의 연구사례에서 볼 수 있다.

생리적 영향의 크기는 개인의 특성, 생활습관, 환경조건 등의 영향을 받는다. 소음에 의한 학습의 영향은 인지작업(認知作業)의 영향이다. 주로 소아(小兒)나 근로자 등이 그 영향을 받을 것으로 생각할 수 있고, 유년시절에 소음에 만성적으로 노출된 사람은 독해능력이나 학습의욕이 낮은 것으로 알려졌다.

Chapter 2 소음 영향

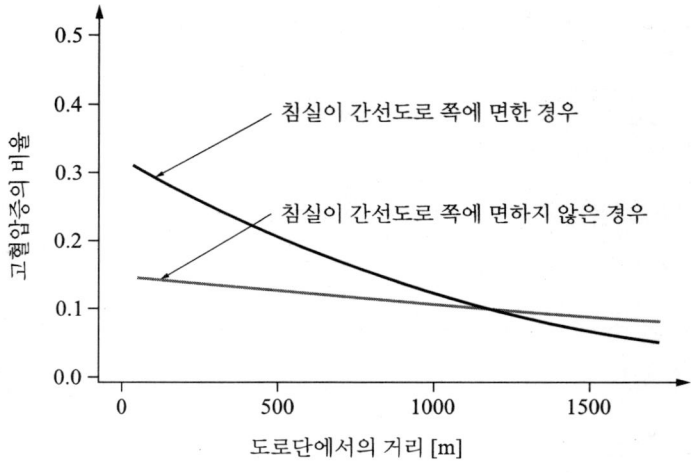

그림 2.2 간선도로에 면한 침실의 배치와 고혈압 관계
(출처: Lercher et al., 2000)

유럽환경청은 소음으로 인한 학습이나 작업능률 저하의 역치로 50 dB(A)를 제시했다. 가능하면 고속도로, 공항, 공장과 같은 소음원의 근처에 유치원이나 학교의 설치를 삼가고, 혹시 소재한 경우는 방음대책을 강화하는 것이 바람직하다.

독일 마인츠 대학 연구팀은 프랑크푸르트 공항을 포함한 중부지방의 도로 및 철도, 항공기 등의 교통소음, 공장소음, 생활소음 등의 환경소음에 노출된 15,010명의 참여자를 대상으로 우울증 등에 대한 설문조사를 실시했다. 그 결과는 <그림 2.3>에 나타낸 바와 같이 노출소음에 대한 불쾌함이 클수록 우울증이나 불안증의 유병률이 증가했다. 이는 소음이 정신적으로도 나쁜 영향을 줄 수 있음을 보여주는 단초가 아닌가 한다.

2.2 소음의 건강피해 개관

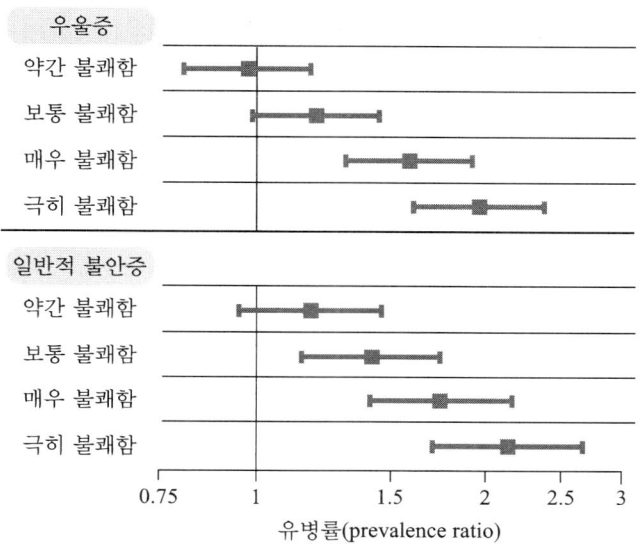

그림 2.3 교통소음의 불쾌함 정도와 우울증 등 유병률 사례
(출처: University Mainz, Manfrea E. Beutel et al., 2016)

일상에서의 소음 회피방법은 주택을 구입할 때는 주변에 간선 도로나 공항 등이 있는지 확인하고 소음의 원인이 될 것 같은 지역에 소재한 주택은 피한다. 살고 있는 주택의 경우는 소음원 쪽에 칸막이를 설치하거나 물건을 쌓아 차음한다. 외부의 소음이 잘 들리면 이중창 설치 등의 방음대책을 강구한다. 밤 시간에 외부 소음이나 거실 소음이 침실에 유입되는 것은 창호에 방음커튼 등을 설치하여 저감한다. 소음이 심한 경우는 귀마개를 쓰거나 이어플러그를 꽂는다. 클래식 등과 같은 좋아하는 장르의 음악이나 방송을 듣거나 저주파음인 빗소리 등의 자연음을 틀어 소음을 마스킹한다. 필요한 경우는 이어폰을 꽂고 음악 등을 듣는 방법으로 소음에 의한 스트레스를 받지 않도록 노력한다.

2.3 소음 노출수준과 불쾌함 반응

2.3.1 2000년 전후(유럽연합)

　소음의 사전적 의미는 시끄럽게 들리어 불쾌감(不快感)을 자아내는 소리의 총칭이다. 개념적으로, 소음의 음의 크기(loudness)는 음압과 주파수 스펙트럼 등에 의해 결정되는 가장 기본적인 감각이고, 시끄러움(noisiness)은 음의 크기에 순음성, 충격성, 간헐성 등이 부가된 귀에 거슬리는 것까지의 감각을 말한다. 이들은 소음 특유의 직접적인 영향이지만, 이것에 의해 일어나는 불쾌, 초조, 분노, 걱정과 같은 정서적, 정신적, 신체적 등의 간접적 영향도 발생한다.

　불쾌함, 혹은 성가심(annoyance)은 생활방해를 포함하여 소음으로 인한 직접적, 간접적 영향을 총괄하는 귀찮음, 방해감, 번거로움 등과 같은 소음에 대한 심리적 태도를 말한다. 때문에 소음의 감각적 반응(loudness나 noisiness)을 조사하는 청감실험과는 거리가 있다.

　이러한 의미에서 소음영향 중 불쾌함과 관련한 소음원별 소음수준에 따른 주민 반응을 살펴볼 필요가 있다. 소음수준은 도로소음을 배경소음으로 한 환경소음을 청감특성에 모사한 A특성 청감보정회로가 내장된 소음계로 측정하고 dB(A)라는 단위로 나타냈다. 같은 소음원일 경우 소음수준이 10 dB(A) 증가할 때마다 2배씩 크게 느끼기 때문에 불쾌함도 그만큼 높아진다. 그러나, 소음원마다 고유의 음압 및 스펙트럼과 발생형태 등과 같은 소음특성이 있고, 사람마다 이에 대한 노출경험이나 생활방해의 형태와 정도 등과 이해관계 등이 다르기 때문에 소음계로 측정한 소음수준이 같다 할지라도 소음원별로 불쾌함

2.3 소음 노출수준과 불쾌함 반응

의 정도에는 차이가 있다.

이러한 관계를 나타내는 대표적인 방법의 하나가 거주지의 소음원별 소음 노출수준(dB(A))과 거주민 대상의 설문 조사를 통한 매우 불쾌함의 응답률(%)의 관계를 나타낸 소음 노출 - 반응 곡선이다.

노출 - 반응 곡선은 1963년에 영국에서 항공기소음을 대상으로 처음 작성되어 기준 및 대책 등을 세우는 데 활용되기 시작하였다.

<그림 2.4>는 유럽에서 가장 많이 인용되고 있는 교통소음 관련 소음 노출수준에 대한 매우 불쾌함의 반응 곡선으로 2002년에 Miedema 등이 발표한 것이다. 불쾌함의 역치인 42 dB(A)부터 작성되었고, 여기에 풍력발전소음에 대한 것까지를 포함하여 나타냈다.

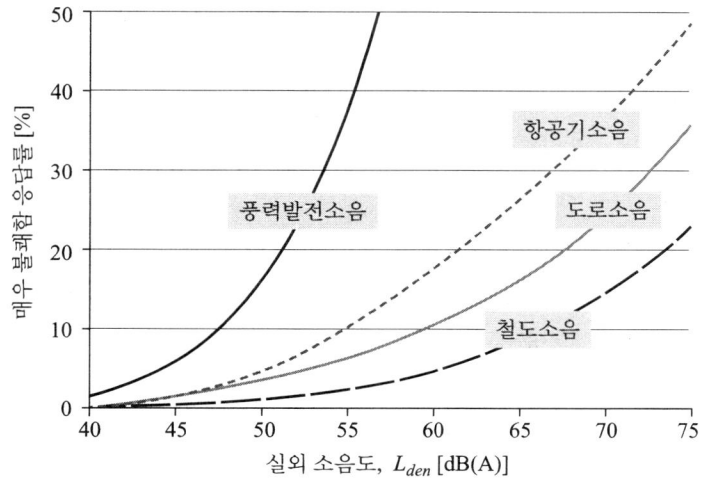

그림 2.4 소음원별 소음 노출수준과 매우 불쾌함의 관계

Chapter 2 소음 영향

그림에서 소음 노출수준이 커질수록 매우 불쾌함의 응답률도 높아진다. 소음수준이 같을 때 매우 불쾌함의 응답률이 가장 큰 소음원은 풍력발전(풍속 : 8 m/s)이고, 다음으로 항공기, 도로, 철도 등의 순서다. 매우 불쾌함의 응답률이 20%일 때 풍력발전소음은 도로소음에 비해 대략 15 dB(A) 낮다. 다시 말해서 관리기준을 그만큼 낮게 해야 한다는 의미다. 그림에는 나타내지 않았지만 소음특성을 고려할 때 공장소음은 도로소음과 유사하고 공사장소음은 항공기소음을 다소 상회할 것으로 생각한다.

국제표준화기구(ISO)는 소음원별로 이러한 특성을 반영하여 도로소음을 기준으로 삼아 항공기소음은 −5 dB(A), 철도소음은 +5 dB(A) 내외를 보정하여 관리기준을 설정할 수 있도록 제안했다.

참고로, 1960~70년대에 유럽에서 조사된 5건의 항공기소음에 대한 노출-반응 곡선의 평균은 <그림 2.4>의 항공기소음 곡선과 유사하고, 미국의 Schultz가 1978년에 제시한 교통소음(도로, 철도, 항공기 소음을 통합)에 대한 노출-반응 곡선은 <그림 2.4>의 도로소음 곡선과 거의 같다.

우리나라를 포함한 선진국의 주거지역 소음 관리기준을 매우 불쾌함의 응답률에 견주어 보면 소음원별로 대부분 15~25% 범위에서 설정되어 있다. 국내에서도 일부 소음원에 대한 불쾌함의 응답률을 조사한 사례가 있으나 종합적으로 조사하고, 이를 바탕으로 풍력발전 등의 신규 소음원에 대한 기준의 제정이나 현행 관리기준의 개정 시에 상호 연계하여 적정성을 확인하면서 국제적 수준으로 정합시켜 나갈 필요가 있다.

2.3.2 2018년(WHO, 환경소음 가이드라인 개정)

일상에서 접하는 환경소음에 의한 대표적 건강피해는 불쾌함이나 수면방해 등과 이에 유래하는 심혈관계 질병이다. 불쾌함은 가장 일반적인 것으로 짜증이 나는 정신상태를 말하며 이로 인해 스트레스 호르몬 분비가 촉진되고 우울증과 불안감 등도 나타날 수 있다. 수면방해는 신체는 잠들었더라도 뇌가 소음을 감지하여 활동하게 되어 스트레스를 느낄 때와 같은 호르몬이 분비되고 소음이 더 심해지면 얕은 잠으로 전이되거나 잠을 깨게 되어 수면부족에 시달린다.

특히, 소음에 장기간 노출되면 이러한 영향이 가중되어 심혈관계 질병(고혈압, 심근경색, 뇌졸중 등)으로 사망에 이르기도 한다.

2017년, 유럽환경청(EU 33개국)은 인구 10만 명 이상의 도시, 교외의 주요 도로(교통량 : 연간 3백만 대 이상) 및 철도(교통량 : 연간 3만 대 이상)와 공항(운항횟수 : 연간 5만 대 이상) 주변의 소음으로 연간 16,600명이 조기사망하고 성인 32백만 명이 불쾌함에, 12백만 명이 수면방해에 시달리고, 공항 주변의 어린 학생 13천 명이 인지장애를 받는 것으로 추계했다.

소음에 의한 이러한 피해에 대응하기 위해 WHO 유럽사무국은 1999년도에 환경소음 가이드라인을 공표한 후 업데이트하여 도로, 철도, 항공기, 풍력발전, 레저 소음에 관한 최신 환경소음 가이드라인을 2018년 10월에 공표했다.

이전의 소음 가이드라인과의 큰 차이는 ① 환경소음에 의한 심혈관 및 대사에 미치는 영향에 대한 구체적 증거에 근거하고, ② 교통소음(도로, 철도, 항공기) 이외에 풍력발전과 레저 소음(클럽 음악, 스포츠 이벤트와 콘서트의 음악, 단말기로 듣는 음악 등)을 새로이 추가하고,

③ 표준화된 방식으로 증거를 평가하고, ④ 소음노출이 건강에 미치는 부정적 영향의 위험을 정의하기 위해 증거를 체계적으로 검토하고, ⑤ 건강의 영향 예측 개선을 위해 장기간의 평균 소음도를 평가척으로 채택한 것이다.

구체적으로 살펴보면, 유럽지역에서 환경요인에 의한 신체와 정신 건강 및 웰빙에 대한 강한 증거를 바탕으로 '건강에 대한 환경 리스크'가 가장 큰 것 중의 하나로 환경소음을 들고 건강에 부정적 영향이 일어나지 않는 수준의 하루 동안의 L_{den} 및 수면에 부정적 영향을 미치지 않는 수준의 야간 L_n 소음도에 대한 허용범위를 각각 설정했다.

실외 교통소음 노출수준(L_{den})과 매우 불쾌함의 응답률(%)에 대한 그간의 많은 연구자료를 메타 분석하여 제시한 노출 - 반응 곡선은 <그림 2.5>와 같다.

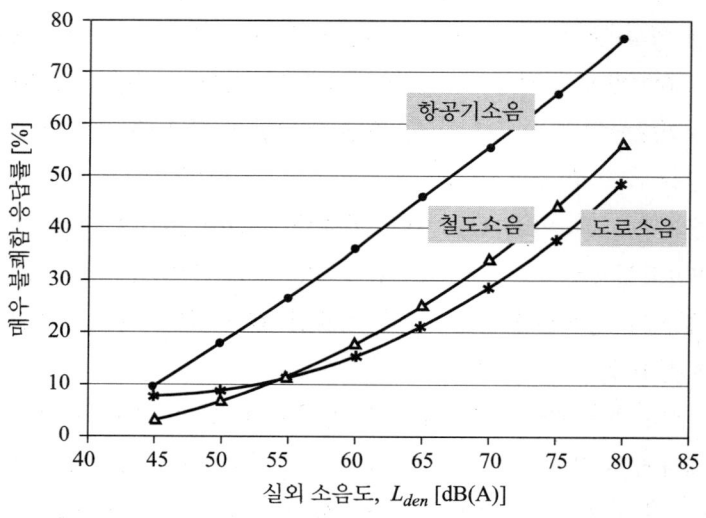

그림 2.5 소음원별 소음 노출수준과 매우 불쾌함의 관계

그림의 노출 - 반응 곡선을 <그림 2.4>의 Miedema 등의 곡선과 비교하면 항공기소음은 1.5배 정도 높아졌고, 철도소음이 도로소음과 역전된 현상을 보인다. 소음수준에 따른 매우 불쾌함의 응답률은 도로와 철도 소음은 유사하나 항공기소음은 도로와 철도 소음에 비해 10~15 dB(A) 낮은 조건에서 유사하다. 이는 항공기소음을 더 시끄럽게 느낀다는 의미며 관리기준을 도로와 철도 소음에 비해 그만큼 엄격하게 해야 한다는 뜻이기도 하다.

한편, 소음원별 야간 실외 소음수준과 고도 수면방해 응답률의 관계는 <표 2.3>에서 보는 바와 같다. 소음이 클수록 고도 수면방해 응답률도 높다. 그리고, 도로와 철도 소음의 고도 수면방해 응답률은 유사한 반면 항공기소음은 이들보다 2배 이상 높다.

● 표 2.3 소음원별 야간 소음 노출수준과 고도 수면방해 관계

L_n [dB(A)] (실외)	고도 수면방해 응답률 [%]		
	도로소음	철도소음	항공기소음
40	2.0	2.1	11.3
45	2.9	3.7	15.0
50	4.2	6.3	19.7
55	6.0	10.4	25.5
60	8.5	17.0	32.3
65	12.0	26.3	40.0

소음원별 실외소음에 대한 이상의 영향 분석자료를 바탕으로 WHO가 설정한 가이드라인은 다음과 같다. 도로소음은 L_{den} 53 및 L_n 45 dB(A), 철도소음은 L_{den} 54 및 L_n 44 dB(A), 항공기소음은 L_{den} 45 및 L_n 40 dB(A), 풍력발전소음은 L_{den} 45 dB(A), 그리고 레저소음은

24시간 $L_{eq(24h)}$로 70 dB(A) 이하다.

가이드라인 설정의 주요 근거로 도로소음의 경우는 L_{den} 평가척으로 매우 불쾌함의 응답률(절대위험도, AR; absolute risk) 10%에 해당하는 53 dB(A)를 기준으로 삼았다. L_n 45 dB(A)는 고도 수면방해 응답률(AR)이 3%인 점을 기준으로 정했다.

철도소음의 경우는 L_{den} 평가척으로 매우 불쾌함 응답률 10%에 해당하는 54 dB(A)를 기준으로 삼았고, L_n 44 dB(A)는 고도 수면방해 응답률이 3%인 점을 기준으로 했다. 항공기소음의 경우는 L_{den} 평가척으로 매우 불쾌함 응답률이 10%에 해당하는 45 dB(A)를 기준으로 삼았고, L_n 40 dB(A)는 고도 수면방해 응답률이 11%인 점을 기준으로 했다.

국내 주거지역 소음기준을 L_{den}으로 환산하면 도로소음 환경기준은 65, 철도소음 관리기준은 70, 항공기소음 관리기준은 61, 풍력발전소음 관리기준은 55 dB(A) 정도에 상당한다. 이를 WHO 가이드라인과 비교하면 도로소음은 16배, 철도소음은 40배, 항공기소음은 50배, 풍력발전소음은 10배 높은 수준이다. 선진 사례를 참고하고 국내 실태를 반영하여 소음 관리기준을 점진적으로 개선할 필요가 있다.

주목할 점은 실제 도로변이나 공항 주변의 소음현황은 소음 관리기준을 크게 초과한 지역도 많기 때문에 주민의 건강보호를 위해 이들 지역은 보다 적극적인 소음대책이 필요하다.

2.4 소음의 수면방해와 침실 조건

2.4.1 소음 수면방해

수면은 신체와 뇌·자율신경의 휴식과 각종 면역기능의 항진을 제공한다. 현저한 수면부족이 계속되면 고혈압, 허혈성심장질병, 뇌혈관질병 등이 증가한다. 또한, 졸음·피로·집중력 저하 등으로 사고위험이 증가하고 작업능률이 저하한다. 수면의 깊이는 깸(覺醒), 수면단계 1~4, 렘(REM; rapid eye movement) 등 6종류가 있다. 수면단계 1~4는 뇌의 휴식기로 숫자가 클수록 깊은 수면이고, 렘수면은 뇌는 활동(꿈 시간 등)하지만 신체는 휴식기다. 정상적인 조건에서 성인의 총 수면시간 중 수면단계 1이 5%, 2가 50%, 3+4가 20%, REM이 25% 정도로 알려져 있다. 그러나 침실의 환경조건이 나쁘면 얕은 수면단계의 비율이 증가한다.

수면에 영향을 미치는 환경요인은 크게 온도와 습도, 빛, 공기질, 냄새 및 소음 등이 있다. 환경요인은 개인차가 있고 침구와 침의(寢衣)의 특성 등에 따라 다르다. 일반적으로 좋은 잠자리의 온도는 32~34℃, 습도는 50±5% 정도이고, 침실 내의 이상적인 온도는 26℃, 습도는 40~60% 정도다. 습도가 40% 이하가 되면 눈이나 피부, 목이 건조함을 느낄 뿐만 아니라 인플루엔자 바이러스가 활동하기 쉽다. 반대로 60% 이상이 되면 진드기나 곰팡이가 발생하게 된다. 침실의 빛의 조도는 0.3럭스 정도가 좋다. 0.3럭스는 보름달 빛이 드는 창문에 레이스 커튼을 친 수준의 밝기다. 0.1럭스는 구름이 보름달을 반 정도 가린 상태이고, 1럭스는 땅거미 수준이다. 30럭스 이상이 되면 REM

Chapter 2 소음 영향

수면과 깊은 수면이 감소한다.

공기질 성분은 미세먼지, 이산화탄소, 휘발성유기화합물질 등이 있다. 미세먼지는 대기 중의 먼지에 취사 등의 실내 활동으로 발생한 먼지가 함께 잔존하고, 이산화탄소는 호흡 등으로 발생한다. 포름알데히드 등의 휘발성유기화합물질은 새로 지은 집이나 리모델링 시에 사용한 벽지나 바닥재, 접착제 및 페인트(새 가구 포함) 등에서 발생한다. 농도가 심하면 두통, 눈·코·목의 자극, 기침 등의 새집증후군이 나타난다. 잠자리에 들기 전에 창문을 열어 충분히 환기하고 필요한 경우는 환기설비를 가동한다.

냄새는 악취는 물론이고 향기도 수면에 영향을 미친다. 라벤더와 카모마일, 노송나무 등의 향기는 진정작용이 있어 입면(入眠)을 용이하게 한다. 반면에 재스민과 박하 등의 향기를 맡으면 오히려 정신이 들기 때문에 주의해야 한다.

이상의 환경요인들은 자체적으로 해결할 가능성이 크지만 소음은 외적 영향이 크다. 침실에서 35~40 dB(A) 이상의 간헐소음 최대치가 지속되면 각성과 얕은 수면단계의 수면이 증가한다.

<그림 2.6>은 소음 여부에 따른 수면 깊이별 시간율을 나타낸 것으로 정상 수면 시에 비해 소음이 존재하면, 깸과 얕은 수면의 시간율이 증가하고 렘수면과 깊은 수면의 시간율이 감소함을 볼 수 있다.

일본에서는 소음에 의해 일주일에 2, 3회의 입면 곤란이나, 중도 각성이나 이른 아침 각성 등이 있고, 낮에 피로감과 집중력 저하와 졸음과 두통·위장장애 증상이 있으면 수면장애라는 질환으로 진단한다. 소음에 의한 수면방해의 피해를 화폐가치로 나타낸 영국 환경식품농림부 자료에 의하면 서유럽 국가에서 연간 사회적 비용이 600~1,000억 파운드에 이른다고 한다. 일본의 경우는 도시 거주민의 30% 이상

이 육상 교통소음으로 수면방해를 받고 있다고 한다. 두 사례에서 소음에 의한 수면방해가 상상 이상으로 큰 문제임을 알 수 있다.

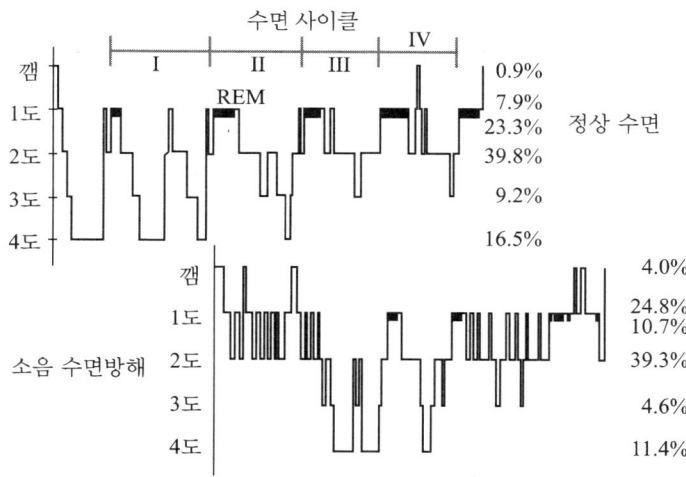

그림 2.6 소음 여부와 수면 깊이별 시간율 예(출처: Maschke et al., 2000)

2.4.2 침실 소음수준

침실의 소음은 외부소음과 내부소음이 혼재한 경우가 많다. 외부소음은 교통소음, 공사장소음, 스포츠소음 등이 창문이나 환기구 등을 통해 들리는 공기전달 소음이다. 내부소음은 자기 집에서 발생하는 것과 공동주택의 경우 이웃집에서 발생한 소음이 공기나 건물의 진동을 통해 전해오는 층간소음이 있다.

외부소음에 대해 WHO 유럽사무국은 소음과 고혈압이나 허혈성심질병 등과의 관계가 입증된 역학조사 결과에 따라, 건강에의 악영향을 방지하기 위한 야간 8시간의 침실 밖 실외 등가소음도(L_{eq})로 <표 2.4>와 같은 가이드라인을 제시했다.

● 표 2.4 건강 수면을 위한 침실 밖 야간 소음도(EU WHO)

야간 실외소음	주민에의 건강영향
< 30 dB(A)	실질적으로 거의 영향이 나타나지 않음. 30 dB(A)는 영향이 일어나지 않는 레벨(NOAEL)임.
30~40 dB(A)	수면에 많은 영향 미치나 영향 정도는 그다지 크지 않음. 40 dB(A)는 나쁜 영향 발생하는 하한 레벨(LOAEL)임.
40~55 dB(A)	건강에 나쁜 영향 생김. 많은 주민은 야간소음 적응 위해 생활을 변경해야 함. 고감수성군은 중증 영향을 받음.
> 55 dB(A)	높은 빈도로 건강영향이 생겨 상당수 주민이 불쾌함이나 수면방해를 호소함. 심질병의 리스크가 증가한 지견 있음.

(출처: WHO, Night Noise Guidelines for Europe, 2009)

표에서 침실 밖 실외의 야간소음 가이드라인은 40 dB(A), 잠정 목표치는 55 dB(A)이다. 잠정치는 40 dB(A)를 즉시 달성할 수 없는 지역에 대해 정책적 사유로 적용되지만, 높은 감수성 군(영유아, 환자 등)까지는 건강보호를 할 수 없다고 되어 있다.

또한, WHO는 좋은 수면을 위한 침실 내의 야간소음 가이드라인을 <표 2.5>와 같이 제시했다.

● 표 2.5 WHO 침실 내의 소음 가이드라인(1999)

환경조건	중요한 건강영향	L_{eq} [dB(A)]	시간구분 [시간]	$L_{A\max}$ [dB(A)]
침실(실내)	수면방해(야간)	30	8	45
침실(실외)	창을 약간 연 상태에서 수면방해	45	8	60

표에서 야간 8시간 동안의 등가소음도(L_{eq})로 30 dB(A) 이하를, 항공기소음 등과 같이 외부에서 간헐적으로 발생하여 유입되는 공기전달 소음은 최대치 45 dB(A) 정도에서 발생횟수 10~15회 이하를 권장하고 있다. 침실 밖의 야간 실외소음 기준은 창문을 약간 연 상태의 차음량 15 dB을 침실 내의 소음에 보정한 값이다.

외부에서 간헐적으로 발생해 유입되는 침실 내의 최대소음도와 발생횟수 관련해서는 Spreng(2002)이 제시한 <그림 2.7>과도 유사하다.

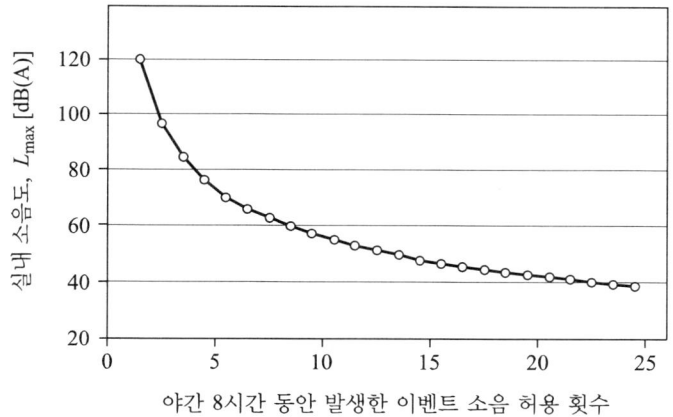

그림 2.7 야간 침실에서 허용되는 최대소음도와 발생횟수

그림은 침실 내의 최대소음도와 발생횟수의 평가에 활용할 수 있다. 공기전달 소음의 최대치가 70 dB(A) 정도인 경우는 5회, 40 dB(A) 정도인 경우는 20회 정도가 허용된다는 의미이다. 반면에 층간소음 중의 바닥충격 소음은 진동에 기인하기 때문에 그림보다 5 dB(A) 정도 낮은 수준에서 검토할 수 있다.

침실의 소음이 이러한 권장치에 부합하는 지는 전문가에게 분석을 요청하면 평가받을 수 있다. 평균 소음도와 관련해서는 탁상시계의 찰각거리는 초침소리와 청감각을 이용하여 대략적으로 평가할 수 있다.

사람의 청감각은 두 소음의 소음도 차이가 3 dB(A)이면 그 차이를 겨우 느끼고, 5 dB(A)이면 그 차이를 뚜렷이 느끼며, 10 dB(A) 이상이면 거의 큰 쪽의 소음만을 듣는다. 야간에 잘 들리는 탁상시계의 초침소리가 주간에는 거의 들리지 않는데, 이는 그만큼 배경소음이 높아졌기 때문이다.

통상 탁상시계의 초침소리는 30 cm 떨어진 거리에서 30 dB(A) 수준이다. 찰각거리는 소리가 잘 들리면 침실의 음환경이 양호한 상태이다. 초침소리가 작게라도 들리는 경우는 소음에 의한 수면방해를 걱정할 수준이 아니다.

초침소리가 들리지 않는 경우에는 주택 외부의 교통기관 등의 소음인지, 아니면 주택 내부의 소음인지 파악한다. 내부소음 중 자기 집에서 발생하는 소음인 경우는 냉장고, 환풍기 등이 원인일 때가 많다. 원인을 찾아 설치위치를 바꾸거나 저소음형을 구입하거나 전문가를 불러 점검·수리하는 등 필요한 조치를 한다. 공동주택의 경우는 이웃집에서 발생하는 아이의 뛰는 소리와 어른의 발자국 소리 등의 층간소음인 경우일 때가 많다.

이웃의 층간소음일 경우는 소음 고충일지를 작성(언제, 어떤 유형의 소음으로 어떤 피해를 입었는지 등을 육하원칙으로 서술함)하여 이웃에게 협조를 구하고, 더 나아가 관리사무소에 중재를 요청한다. 필요한 경우는 층간소음 이웃사이센터의 진단, 환경분쟁조정위원회에 분쟁조정 등을 신청한다.

외부의 교통소음인 경우는 소음에 대한 회피노력으로 두꺼운 커튼을 치고, 필요한 경우는 창호를 에너지소비효율 등급표지 제도에 정한 "기밀성능 2급" 이상의 창호로 개수한다. 그리고 관할 행정관청에 교통소음 대책을 요청한다.

숙면을 위해 침실의 환경요인을 적절히 유지하고 회피하는 노력을 기울여 건강한 수면을 영위하길 기대한다.

2.5 소음의 위해성 평가

2.5.1 건강 위해 기작

일반적으로 스트레스를 유발하는 요인에 의해 혈압 등이 상승한다. 소음도 스트레스의 요인으로 그 스트레스에 의한 건강영향 반응 기작(機作)은 <그림 2.8>과 같다.

그림에서 소음 노출에 따른 스트레스의 사슬은 불쾌함 - 생리적 각성(스트레스 지표) - (생체)리스크 요인 - 명백한 장애(질병)에 이어 조기 사망으로 이어진다.

소음의 직·간접적인 영향에 의한 생리적 스트레스가 교감신경과 뇌하수체 전엽에 작용하여 부신피질계를 활성화하고 교감신경 기능을 항진함으로써 소동맥이 수축하고 심박수가 증가하여 혈압, 당질 상승 등으로 이어지고 심하면 심혈관질병이 발생한다.

Chapter 2 소음 영향

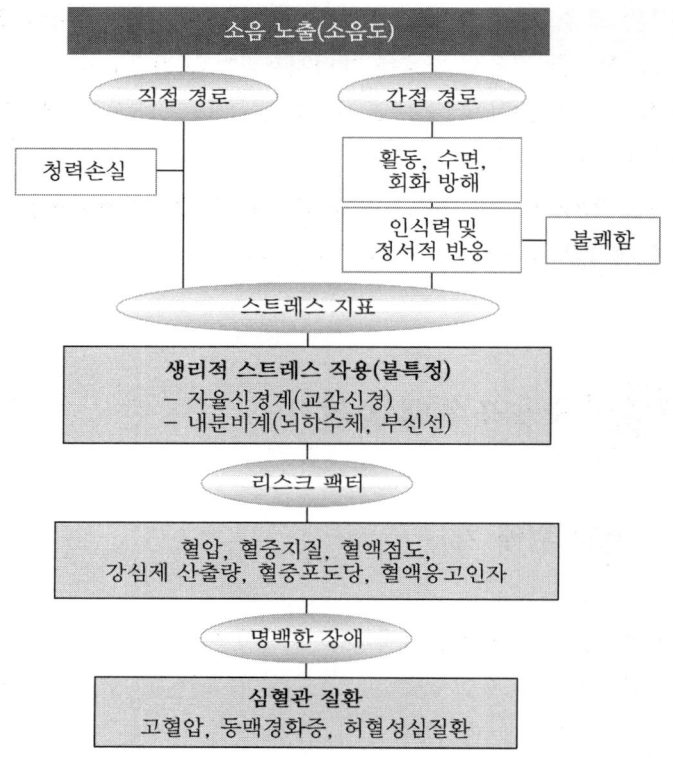

그림 2.8 소음에 의한 건강영향 반응 기작(출처: Babisch, 2002)

소음의 건강영향은 노출소음의 수준이나 기간, 개인적 민감도 등에 따라 다르다. <그림 2.9>는 피라미드식으로 전개되는 소음의 건강영향을 나타낸 것이다.

그림에서 내부 폭로 단계는 축적효과 없이 단지 영향을 받은 것이다. 두 번째 단계는 병리학적 이상이나 질병 및 사망, 수명과 관련하여 알 수 없는 의미의 생리학적 변화의 영향을 받은 단계다. 세 번째 단계에서부터 악영향이 시작되고 실용적으로 소음기준이 채택되지만

2.5 소음의 위해성 평가

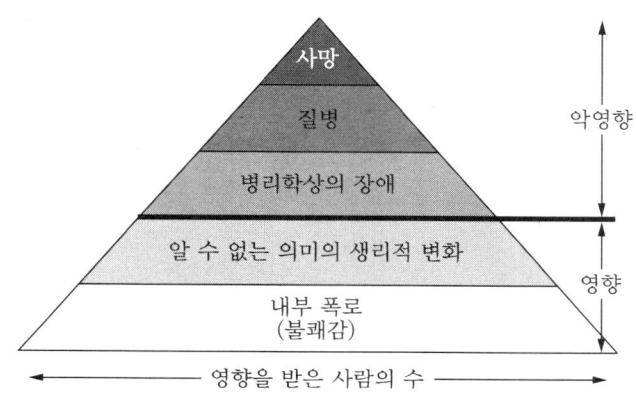

그림 2.9 _ 피라미드식 소음의 건강영향 전개(출처: Babisch, 2002)

불쾌함의 응답률이나 매우 불쾌함의 응답률에 근거한 명확한 정량적 수치는 없다.

이 단계에서부터 소음 노출수준과 건강에 대한 위해성 평가를 적용할 수 있다.

2.5.2 건강 위해성 평가기법

소음의 건강 위해성 평가의 대표적 사례는 독일 환경청 Babisch 박사의 '도로소음과 관련한 심근경색의 발병률 리스크'에 대한 보고서다. 그는 소음에 의해 고혈압이나 허혈성심장질병의 발병 등의 유해성이 충분함을 확인하고, 주간 도로소음과 심근경색 발병률에 관한 선행연구논문을 바탕으로 메타분석하여 노출-반응 관계인 소음수준과 급성심근경색 발병률의 관계를 <그림 2.10>과 같이 교차비(OR; odds ratio)로 제시했다.

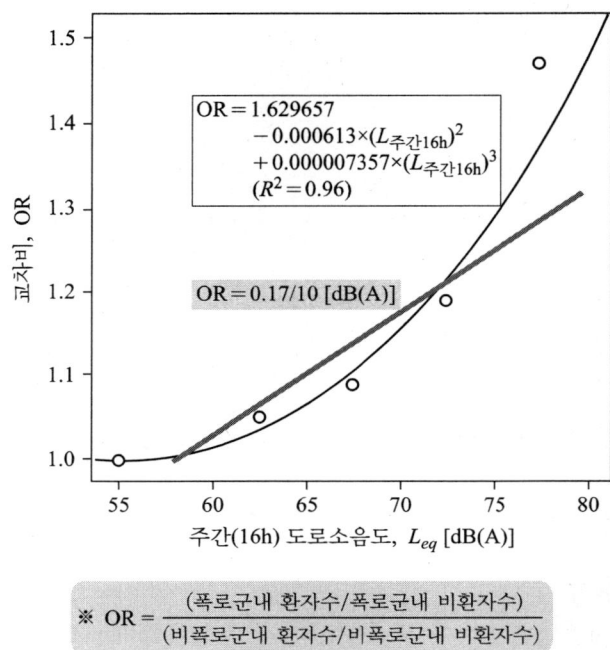

그림 2.10 주간 도로소음 수준과 급성심근경색 발병률 교차비 관계

그림에서 곡선은 교차비를 고차방정식으로, 직선은 1차방정식으로 단순하게 나타낸 것이다. 곡선으로 본 급성심근경색의 발병률의 교차비는 소음수준 60 dB(A) 이하에 비해 60～65 dB(A)에서는 5%, 65～70 dB(A)에서는 9%, 70～75 dB(A)에서는 19%로 증가한다. 직선으로는 급성심근경색 발병률의 교차비가 10 dB(A) 증가할 때마다 17%씩 증가함을 보인다.

그는 이 교차비와 독일의 도로소음 수준별 노출 인구비율 및 1999년도의 급성심근경색 발생건수(133,115건) 등을 기초로 인구 기여분율에 따른 소음성 급성심근경색의 발생건수를 위해성 평가방법으로 추계하여 <표 2.6>과 같이 제시했다.

● 표 2.6 도로소음 기인 급성심근경색 발생리스크 예(1999년)

주간 평균 소음도 [dB(A)]	노출 인구비율 [%]	RR	PAR%	연간 발생건수
≤ 60	69.1	1.00	0.00	0
> 60 ~ 65	15.3	1.031	0.47	626
> 65 ~ 70	9.0	1.099	0.88	1,172
> 70 ~ 75	5.1	1.211	1.06	1,411
> 75	1.5	1.372	0.55	732
합계	-	-	2.96	3,941

- 인구 기여분율, PAR% = $[(P_e/100)\times(RR-1)] / [\{(P_e/100)\times(RR-1)\}+1]\times 100$
- 연간 발생건수 = (PAR%/100) × N_d

여기서, RR : 상대위험도(OR을 수정), P_e : 소음의 노출 인구비율, N_d : 관련 질병의 연간 발생건수다.

주간 도로소음에 기인한 급성심근경색 건수는 3,941건으로 전체 급성심근경색 건수의 2.96% 수준이다. 급성심근경색으로 급사하는 비율이 당시에 66%에 상당했기 때문에 이는 조기사망으로, 나머지는 관련 질병을 앓고 여생을 사는 것으로 분류했다.

또 다른 소음 관련 노출 - 반응의 사례로 독일 Gutenberg University Medical Center의 Münzel 등이 도로 및 항공기 소음에 기인한 고혈압 및 관상동맥성 심장질병과 관련한 연구논문을 메타분석하여, 2018년 3월에 발표한 L_{den} 소음수준별 상대위험도(RR; relative risk)는 <그림 2.11>과 같다.

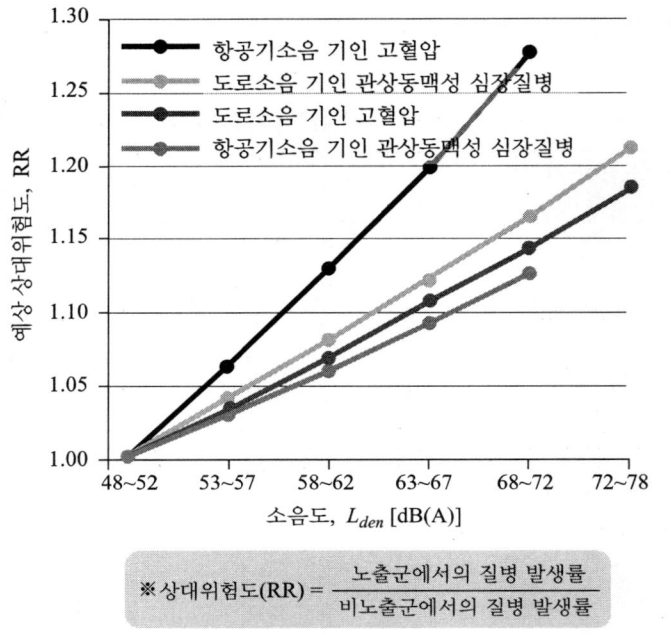

그림 2.11 교통소음 수준과 심혈관질병의 유병률 관계

그림에서 심혈관질병 유병률의 상대위험도 증가는 L_{den} 소음도 10 dB(A)당 0.06~0.14 정도이다. 고혈압 유병률의 상대위험도는 도로소음보다 항공기소음 쪽이 크고, 관상동맥성 심장질병의 경우는 도로소음 쪽이 다소 크다.

또한, WHO의 환경소음 가이드라인 개정판(2018.10)에는 소음 노출 - 반응 관계로 소음수준과 허혈성심장질병의 유병률 관계를 상대위험도로 제시했다. 이를 도시하면 <그림 2.12>와 같다. 도로소음에 대해서는 신뢰도가 매우 크지만, 항공기소음은 저소음 영역에서는 신뢰도가 낮고 고소음 영역에서는 높다는 의견을 달았다.

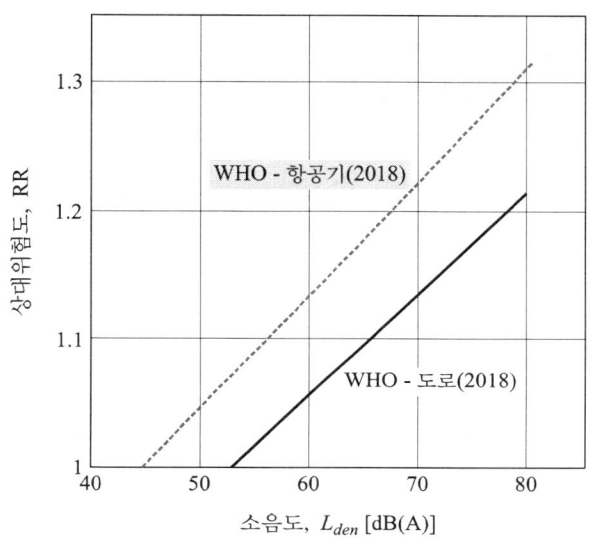

그림 2.12 교통소음 수준과 허혈성심장질병 유병률 관계

그림에서 소음수준이 10 dB(A) 증가할 때마다 도로소음에 대해서는 허혈성심장질병의 유병률의 상대위험도가 8%씩, 항공기소음은 9%씩 증가한다. 항공기소음 쪽이 도로소음에 비해 더 낮은 소음도부터 발병되고 상대위험도도 더 높다.

이상으로 임의의 지역의 소음수준에 따른 노출인구를 알면, 지역 주민의 소음성 고혈압이나 관상동맥성 심장질병, 허혈성심장질병 등의 리스크를 <표 2.6> 예와 같이 추계할 수 있다.

Lim et al. and Murray et al.의 전 세계적인 질병부담과 사망률 추계 자료에 의하면 사망률이 가장 높은 질병의 순서는 고혈압 > 허혈성심장질병 > 흡연 > 뇌혈관질병 등이며, 각각의 사망률은 10% 이상이다. 이러한 관점에서 교통소음에 기인한 부분을 줄이기 위해서는 소음대책의 적극적 추진이 필요하다.

2.5.3 건강피해 계량
- 유럽의 소음성 장애보정생존연수(DALYs) -

장애보정생존연수(DALY; disability adjusted life year)는 질병으로 조기사망해 손실된 수명과 질병을 가지고 살아가는 기간을 합한 것으로, 손실수명연수(YLL; years of life lost)와 장애생활연수(YLD; years lived with disability)를 더해 산출한다.

건강하게 살 수 있는 기간이 어떤 질병으로 인해 얼마만큼 사라졌는지를 측정하는 지표로, 세계 각국에서 이를 활용해 국가적 차원의 질병부담을 산출하고 있다. 1990년대에 고안된 개념으로 세계보건기구(WHO)에서 국가 간 건강수준을 비교하는 지표로 인정하고 있다.

소음에 의한 DALY의 산출방법은 다른 질병과 마찬가지로 다음 식으로 산출한다.

$$\text{DALY} = \text{YLL} + \text{YLD} \tag{2.1}$$

여기서 YLL = $N \times L$로, N은 소음에 기인한 조기사망자 수, L은 표준 기대수명과 조기사망자 연령의 차(년)이고, YLD = $I \times D_W \times L$로, I는 소음에 기인한 질병의 발생건수, D_W는 장애 가중치, L은 평균 장애기간(년)이다. L은 한 해로 한정한 것으로 1년을 의미한다.

WHO 유럽사무국이 2011년에 출간한 환경소음에 의한 질병부담에 의하면, 서유럽 국가의 인구 407백만 명 중에서 교통소음에 기인한 질병부담은 <표 2.7>에 나타낸 바와 같이 1백만~1.6백만 DALYs/년이다.

2.5 소음의 위해성 평가

● 표 2.7 소음에 의한 질병별 장애보정생존연수(2011)

질병 종류	장애보정생존연수 [DALYs]	비고
수면방해	903,000	5만 명 이상의 도시에 거주하는 서유럽 인구 407백만 명 중 교통소음에 기인 : 1백만~1.6백만 DALYs/년
불쾌함	654,000	
허혈성심장질병	61,000	
인지장해	45,000	
이명	22,000	

환경소음에 의한 수면방해 관련 장애는 5 dB(A) 등급별 소음원별 노출 인구수에 해당 소음등급에서의 고도 수면방해 응답률과 장애 가중치를 곱하여 산출하고 전체를 합산한다.

도로소음에 대한 사례만을 나타내면 <표 2.8>과 같다.

● 표 2.8 EU의 도로소음 기인 수면방해 DALYs 예

소음등급 L_n [dB(A)]	노출 인구비율 [%]	고도 수면방해 응답률 [%]	백만 명당 건수	장애 가중치 $D_W = 0.07$
< 45	44	-	-	-
≥ 45 ~ < 49	20	4.5	8,906	177,670
≥ 50 ~ < 54	20	6.6	13,266	264,652
≥ 55 ~ < 59	10	9.6	9,556	190,640
≥ 60 ~ < 64	5	13.2	6,611	131,888
≥ 65 ~ < 69	1	17.6	1,732	35,174
계	100		40,102	800,023

- L_n : 야간의 실외 평균 소음도를 나타냄
- 도로소음에 의한 고도 수면방해 응답률(%) = $20.8 - 1.05 \cdot L_n + 0.01486 \cdot L_n^2$

표에서 EU의 도로소음에 기인하는 고도 수면방해 관련 장애는 80만 DALYs 수준이다. 소음원별 고도 수면방해 응답률은 유럽환경청이나 WHO에서 제안한 수식을 활용할 수 있다. 장애 가중치는 0.02, 0.07, 0.1 중에서 선택 적용하는데, 유럽은 0.07을 적용한 사례다.

환경소음에 의한 불쾌함의 장애도 수면방해와 같은 방법으로 산출한다. 장애 가중치는 0.01, 0.02, 0.12 중에서 선택 적용하는데, 유럽은 0.02를 적용했다. 매우 불쾌함의 응답률은 유럽환경청이나 WHO에서 제안한 수식을 활용할 수 있다.

환경소음에 의한 허혈성심장질병(IHD; ischemic heart disease)은 서유럽 국가의 소음등급별 노출인구와 상대위해도를 바탕으로 인구기여분율(PAR%) 1.8%를 구하고, 이를 WHO가 출간한 세계질병부담(2008년) 중의 서유럽 국가의 총 허혈성심장질병 데이터 3,376,000 DALYs에 곱하여 산출했다.

국내의 적용은 IHD 질병의 연간 발생건수와 당해 연도 사망자 수 등으로부터 구하거나 유럽 방식으로 총 허혈성심장질병의 DALY에 소음에 의한 인구 기여분율을 곱하여 산출할 수 있을 것이다.

2.6 난청의 예방

소음성 난청(難聽)이란 일상에서 소음에 오랫동안 노출되어 대화음을 잘 들을 수 없는 상태를 말한다. 난청의 정도는 20대의 건강한 사람의 최소 가청치와 청력을 손실한 사람의 최소 가청치의 차(dB)로 표현하며 이를 청력손실이라 한다. 청력손실은 청력계(audiometer)로 측정한다.

2.6 난청의 예방

WHO는 옥타브 밴드 중심주파수 0.5, 1, 2 및 4 kHz의 청력손실의 평균값이 25 dB을 초과하면 대화에 지장을 받을 수 있는 난청이라 한다. 난청의 종류는 <표 2.9>와 같이 청력손실의 수준에 따라 경도, 중등도, 고도, 중도 난청으로 구분한다.

● 표 2.9 WHO의 난청 등급별 평균 청력손실

난청등급	평균 청력손실 [dB]	비고
0(정상)	25 이하	정상 또는 매우 경미한 청취상 문제. 속삭임 소리 들을 수 있음
1(경도)	26~40	정상 음성의 말을 듣거나 되풀이하면 들을 수 있음(1 m 거리)
2(중등도)	41~60	큰 음성의 말을 듣거나 되풀이하면 들을 수 있음(1 m 거리)
3(고도)	61~80	매우 큰 음성의 말을 일부 들을 수 있음
4(중도)	≥ 81	매우 큰 음성의 말을 듣지 못하거나 이해하지 못함

(출처: WHO, Prevention of blindness and deafness)

표에서 정상청력이란 청력손실이 25 dB 이하인 경우이고, 이를 초과하면 대화 음을 부분적으로나 전부를 이해하지 못하게 된다.

소음성 청력손실은 <그림 2.13>에서 보는 바와 같이 청감이 가장 예민한 4,000 Hz 밴드(帶域)부터 시작하여 대화의 중심주파수 밴드인 1,000 Hz 부근으로 확대된다.

그림에서 4,000 Hz의 청취레벨이 70 dB이란 것은 정상의 사람에 비해 청력손실이 70 dB 발생했다는 의미다.

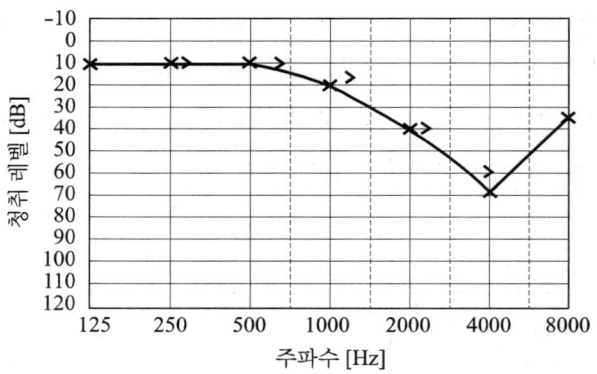

그림 2.13 옥타브 밴드 중심주파수별 청력손실

(출처: Waleed B. Alshuaib et al.)

이러한 청력손실은 일시성의 것과 영구성의 것이 있다. 전자는 사격 후나 폭죽이 터진 뒤에 일시적으로 귀가 먹먹한 현상으로 시간이 지나면 회복된다. 후자는 일정 크기 이상의 소음에 장기간 노출되거나 일시성 청력손실이 반복되면 나타난다.

청력손실에 의한 소음성 난청을 예방하기 위해 WHO가 제시한 가이드라인은 다음과 같다.

개인적 취향에 따른 사항이지만 콘서트장이나 디스코장, 게임장 등은 큰 소음이 발생하기 때문에 이러한 시설에 빈번히 다니는 사람은 청력보호를 위해 하루 4시간의 등가소음도가 100 dB(A)를 넘으면 연간 4회 이상은 그 곳에 가는 것을 삼가야 한다. 총기·완구 등의 충격소음에 의한 내이(內耳)의 급성적인 기계적 손상을 막기 위해서는 성인의 경우는 피크음압레벨(음압 순시치 중의 피크치를 대상으로 한 레벨로 청감보정·시정수 등은 적용되지 않음)이 140 dB, 소아의 경우는 120 dB을 넘어서는 안 된다. 헤드폰에 의한 음악 청취로부터 청력손실을 막기 위해서는 24시간의 등가소음도로 70 dB(A) 이하를 설정하여야 한다. 이것은 1일 1시간 청취의 경우에 85 dB(A) 이하로 설정하는 것을 의미한다.

공업지역이나 상업지역, 도로변 등과 같은 공공장소에서는 24시간 등가소음도로 70 dB(A) 이하를, 확성기를 통한 방송음은 1시간 등가소음도로 85 dB(A) 이하를 설정해야 한다. 그리고, 급성 청력손실을 막기 위해서는 최대소음도를 항상 110 dB(A) 미만으로 설정해야 한다.

작업환경 측면에서는 산업안전보건법 시행규칙 제81조의2에 의거해 고용노동부 고시(제2016-41호)로 정한 「화학물질 및 물리적 인자의 노출기준」상의 소음 노출기준을 준수해야 하며, 이는 미국 산업안전보건청(OSHA)의 노출기준과 동등한 <표 2.10>과 같다.

◎ 표 2.10 소음 노출기준(1일 8시간 주당 5일 근무)

소음도 [dB(A)]	90	95	100	105	110	115
1일 노출시간 [hr]	8	4	2	1	0.5	0.25

※ 충격소음 : 최대 음압수준 140 dB(A) 초과해서 노출되어서는 안 됨

한편, 충격소음은 최대 음압수준으로 140 dB(A)를 정하고 있는데, OSHA나 WHO 등은 dB(A)가 아닌 피크음압레벨인 dB로 정하고 있다. 일반적으로 dB(A)는 dB보다 10 이상 낮은 경우가 많기 때문에 과소평가될 수 있고 국제 기준과도 부합하지 않는바 정정하여야 한다.

노년까지 건강한 청력을 유지하기 위해서는 가능한 큰 소음에의 노출을 삼가하고 헤드폰은 음량을 낮게 조정하여 듣고 필요한 경우는 청력보호기구를 착용한다.

Chapter 2 소음 영향

2.7 교통소음의 건강피해와 한계가치

환경소음에 의한 비청각 분야의 건강영향은 1956년 Lehmann 등이 소음에 노출된 사람의 혈액순환 변화를 조사한 이후 고혈압, 관상동맥 심장질병, 뇌혈관 질병 등과 관련한 연구가 있었고, 그 유해성이 확인되었다.

<그림 2.14>는 Maschke가 소음성 스트레스의 신경기작과 이에 기인한 교감신경의 이상으로 나타날 수 있는 질병을 표기한 것에 최근의 연구에서 밝혀진 뇌졸중, 심근경색 등의 질병을 필자가 부기한 것이다.

특별히 관심의 대상이 되는 부분은 심장 및 뇌와 관련된 순환기계 질병과 우울증 등의 정신질환 분야다.

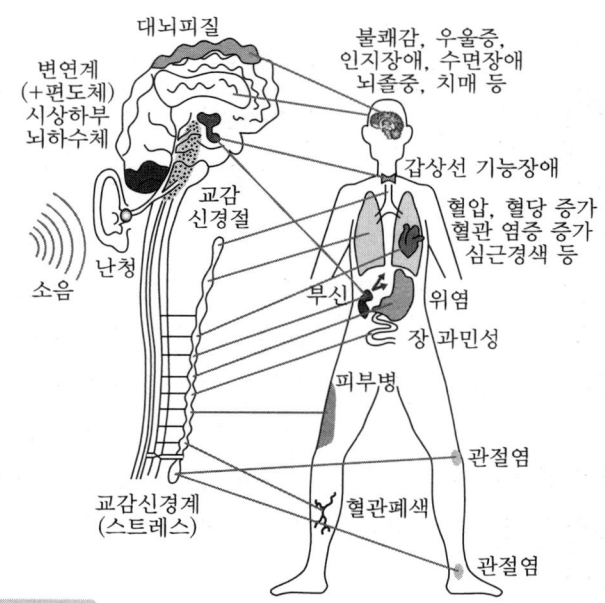

그림 2.14 소음 스트레스의 신경기작과 교감신경 이상 질병

최근의 연구사례로, 2018년 2월에 독일 마인츠대학 연구진은 간선도로변이나 공항 등과 같이 소음이 끊이지 않는 곳에 사는 사람들은 그렇지 않은 곳의 사람들에 비해 스트레스 호르몬인 코르티솔이나 공격적 성향을 증폭시킬 수 있는 아드레날린 분비량이 급증하는 것을 확인했다고 발표했다.

이러한 반응이 나타나면 심장 박동수가 갑자기 높아지고 혈류량도 증폭되는데, 이러한 과정이 심장의 세포와 혈관에 극심한 부담을 끼쳐 심장질병을 유발할 수 있다는 것이다. 반면 소음으로 인한 스트레스가 적은 사람들은 시끄러운 곳에 사는 사람들에 비해 콜레스테롤 수치가 더 낮고 면역력이 더 높았으며, 혈액 내 노화방지 물질이 더 많은 것도 확인했다 한다.

또한, 2018년 10월에는 미국 매사추세츠 종합병원 연구진이 시끄러운 도로나 공항 근처에 사는 사람들이 덜 시끄러운 곳에 사는 사람들에 비해 심장마비나 뇌졸중 등이 생길 위험이 3배 이상 높다는 결과를 밝혔다. 이는 평균 나이 56세의 건강한 중년 남녀 499명의 참가자를 대상으로 평균 3.7년간의 추적 조사로 나타난 결과다.

연구진은 참가자 각각에 대한 PET 및 CT 검사로 뇌의 단층사진을 분석하고, 교통부가 발표한 소음지도를 바탕으로 거주지의 소음수준을 조사했다. 소음수준이 높은 환경에 장시간 노출되면 스트레스 반응을 일으키는 뇌의 편도체(<그림 2.14> 참고) 활동이 더 높고 동맥에 더 많은 염증이 있음을 밝혔다. 연구를 이끈 Azar Radfar 박사는 이번 연구는 소음과 관련한 심혈관질병의 기작의 일단을 밝힌 것으로 '시끄러운 소음으로 인해 편도체가 혈관 염증을 항진하는 호르몬의 분비를 촉진하기 때문에 심근경색이나 뇌졸중의 위험을 증가시킬 수 있다'고 강조했다.

다른 한편, 영국 환경식품농림부는 관련부처 합동 TF를 구성하여 교통소음에 기인한 요인별 한계가치(marginal values)를 2014년에 발표했다. <표 2.11>은 도로소음에 의한 급성심근경색, 뇌졸중, 치매와 수면방해와 불쾌함을 화폐가치로 나타낸 것을 축약한 것이다.

표 2.11 도로소음($L_{10(18시간)}$)과 한계가치(£/가구/년) 예(영국)

소음 [dB(A)]	건강피해			웰빙		합계
	급성 심근경색	뇌졸중	치매	수면 방해	불쾌함	
45~46	0.0	0.0	0.0	0.0	11.3	11.3
50~51	0.0	5.2	7.9	0.0	69.5	82.6
55~56	0.0	18.4	27.8	53.8	142.5	242.5
60~61	9.0	31.7	47.9	228.8	246.2	563.6
65~66	51.3	45.2	68.2	462.0	396.5	1023.2
70~71	131.5	58.8	88.8	753.3	609.2	1641.7
75~76	254.6	72.7	109.6	1102.8	900.4	2440.0
80~81	425.5	86.6	130.5	1487.2	1261.1	3390.9

표에서 도로소음을 70~71 dB(A)에서 5 dB(A) 낮추면 한계가치가 연간 가구당 약 620파운드 줄어든다. 이는 소음 저감으로 주민들에게 그만큼 편익을 공여한다는 의미다.

이외에 2018년 8월에 독일 막스플랑크 조류학연구소와 미국 노스다코타 주립대 연구팀은 알에서 부화한 뒤 둥지에 남은 금화조(錦花鳥)와 둥지를 떠나 도시소음에 노출된 금화조를 비교한 결과, 도시소음에 노출된 금화조의 텔로미어가 더 빠르게 짧아지는 것을 밝히고, 이는 도시소음이 다른 요인들과 별개로 텔로미어 단축을 가속화해 노화를 촉진할 가능성이 있음을 시사한다고 말했다.

또한, 2020년 4월, 독일 마인츠대학 연구진은 실험용 건강한 쥐를 항공기가 이·착륙할 때 발생하는 소음에 4일간 노출시킨 결과, 혈압이 높아져 고혈압 증상을 보이기 시작했고 이 고혈압 증상을 보이는 쥐를 다시 항공기소음에 노출시킨 결과, 심혈관계 및 신경계에 염증과 스트레스 상호작용으로 인해 심장에 이상 증상이 나타났으며, 특히 DNA 손상에도 영향을 미친 사실을 확인했다. 연구진은 고혈압 및 DNA 손상은 암의 위험을 높일 수 있는 중요한 인자이며, 결과적으로 소음이 심한 지역에 거주하는 사람들은 암에 걸릴 위험이 더 높다는 것을 의미한다고 밝혔다.

이상의 결과에서 소음은 사람의 생명과 건강을 갉아먹는 정서적 발암요인이라 할 수 있다.

2.8 소음의 동물 영향

2.8.1 가축을 중심으로

종종 매스컴을 통해 공사장소음이나 교통소음으로 인하여 가축이 유산하거나 폐사하여 그 피해를 배상한 분쟁심판을 접하곤 한다. 동물이 들을 수 있는 소음의 주파수 범위를 보면 소는 23~35,000 Hz, 돼지는 40~40,000 Hz, 닭은 125~2,000 Hz, 개는 67~45,000 Hz 수준이다. 닭을 제외하고는 사람(20~20,000 Hz)이 들을 수 없는 초음파음을 듣고, 개는 사람보다 청력이 5배 정도 우수하다. 여타 동물의 가청 주파수 범위는 <그림 2.15>와 같다.

Chapter 2 소음 영향

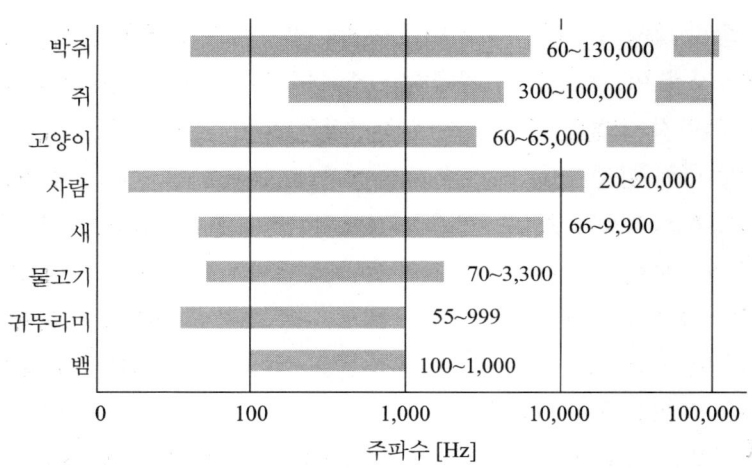

그림 2.15 일부 동물의 가청주파수 범위
(출처: Encyclopædia Britannica, Inc., 2012)

동물이나 가축에 대한 소음 영향은 국제적으로 통일된 기준이 없고 연구 또한 미흡하다. 여기서는 일부 선진국의 소음지침이나 관련 연구 사례 등을 중심으로 소음측면에서 동물을 건강하게 사육하는 조건들을 소개한다.

가축은 소음에 민감하여 과도한 소음에 노출되면 먹이 섭취가 감소하여 목적물의 생산량이 저하한다. 또한, 갑작스럽게 큰 소음에 노출되면 놀라서 급격하게 행동하기 때문에 충돌 등으로 골절, 유산, 폐사 등의 피해를 가져올 수도 있다. 이때 시각적인 자극이 부가되면 반응이 더욱 커진다. 반면, 소음의 자극에 대한 적응성도 빨라 피해를 재차 확인하기는 어렵다. 예를 들어 방목하는 소의 경우 발파소음이 있을 때 처음에는 놀라서 10~20 m 정도 날뛰지만 곧 풀을 뜯는다. 두 번째는 머리를 드는 정도이고 세 번째는 특정한 반응이 거의 없다. 일반적으로 갑작스럽게 발생한 소음의 최대치와 관련한 동물의 영향은 60

dB(A) 이하에서는 거의 반응이 없고 60 dB(A)를 넘으면 경계를 하고, 75 dB(A)를 넘으면 놀라기 시작하며, 85 dB(A)를 넘으면 부정적 영향이 나타날 수 있다. 물론, 이러한 반응의 정도는 배경소음의 수준과 노출경험이나 사육환경 등과의 관련성도 크다.

미국의 주택도시개발부가 토지이용 가이드라인에 정한 가축 사육지의 등가소음도는 주간 75(야간 65) dB(A)까지다. 미국 연방철도청은 가축 사육장 주변에 대한 열차 통과 시의 1초간 단발소음 노출레벨로 100(최대소음도 : 약 90) dB(A)를 잠정 가이드라인으로 제시했다.

영국이나 EU의 동물복지 지침에는 사육장의 소음을 가능한 최소화하도록 하고 있고, 돼지 사육장은 갑작스럽게 발생한 최대소음의 크기를 85 dB(A) 이하로 정하고 있다. 스웨덴은 동물복지 규정에 사육장의 환기시스템 소음을 75 dB(A) 이하로 정하고 있다.

가축에 대한 소음피해를 인정한 판례의 사례를 보면, 일본의 경우 수년간 공사장 건설기계 소음과 덤프트럭 소음의 최대치 77~99 dB(A)에 노출된 소와 돼지 사육장에서 발생한 부상, 유산, 폐사 및 생산량 저하 등에 대하여 피해를 인정하고 손해배상을 판시한 바 있다.

이상에서와 같이 가축은 연속적인 정상소음보다 갑작스럽게 발생한 높은 수준의 최대소음에 민감하게 반응함에 유의할 필요가 있다. 가능한 한 가축이 소음으로 놀라지 않게 하는 것이 중요하며 배경소음이 낮은 곳에서는 최대소음도가 75 dB(A)를 넘지 않도록 한다.

가축을 사육하는 곳에 공사장소음이나 도로소음 등이 영향을 주는 경우는 방음벽을 설치하거나 가마니나 볏짚 등을 쌓아 차음한다. 환기팬이나 착유기 등의 설비는 수시로 점검하여 소음 발생을 최소화한다. 특히, 분만 전후에 축사의 수리나 작업 등으로 큰 금속성 소음 등이 발생하면 분만시간이 지연되거나 스트레스로 젖의 양이 감소한다. 돼지의 경우는 심하면 갓 태어난 새끼를 물어 죽이는 등의 사고 원인이 되므로 주의가 필요하다. 평상시에도 갑작스런 큰 소음으로 가축이 자극을 받지 않도록 농기계 운전이나 경적음, 고성 등을 삼간다.

2.8.2 어류를 중심으로

물고기도 수중 소음에 영향을 받는다. 수중 소음은 자연적 혹은 인위적인 원인으로 발생한다. 전자는 해저 지진, 풍랑, 해양 생물의 활동 등이고, 후자는 선박 항해, 어업 조업, 해양 공사, 군사용 선박 활동 등이다. 선박은 대표적인 인위적 수중 소음원으로 기계소음과 유체소음이 있다. 전자는 선내에 설치된 각종 기계, 배관 등의 진동·소음이 선체 외판을 통해 수중으로 전파하는 것이고, 후자는 프로펠러가 회전함으로써 생기는 압력변동이나 캐비테이션 등에 의한 것이다.

해수 중 소음의 수준과 어류에 대한 영향 등을 해외 사례를 중심으로 소개한다. 수중 소음의 음압레벨 수준은 수조나 깊은 바다는 100 dB, 항구의 배경소음은 100~120 dB, 항공기(100 m 상공)나 굴착공사(100 m 거리) 또는 페리·선박(100 m 거리)은 120~130 dB, 고속정(100 m 거리)은 136 dB, 수중익선(100 m 거리)은 146 dB, 모래다짐기(26 m 거리)는 160 dB, 준설기(1 m 거리)는 160~180 dB, 항타기(10 m 거리)는 193 dB, 다이너마이트 폭발(약량 2,200 kg, 200 m 거리)은 212 dB 정도다. 항타작업 시의 수중 소음은 10 km 떨어진 곳에서도 120 dB을 넘는 경우도 많다.

청력은 담수어가 해수어에 비해 예민하다. 해양에 사는 어류와 포유류 등의 가청주파수와 역치를 나타내면 <그림 2.16>과 같다.

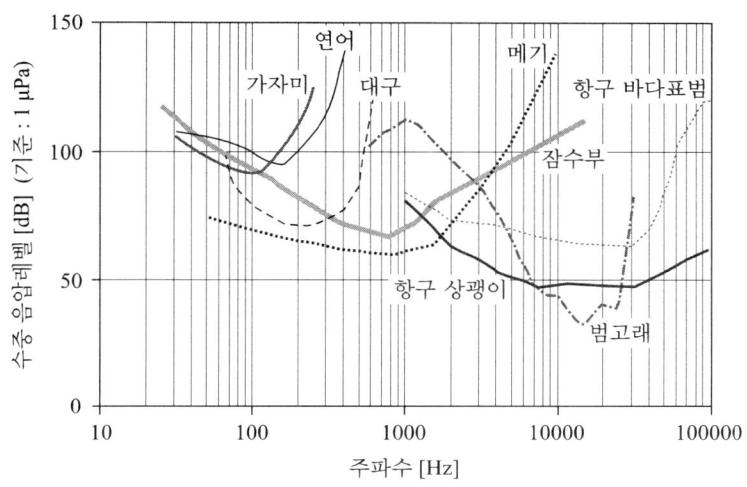

그림 2.16 _ 해양 동물의 가청주파수와 역치(출처: Dr Jeremy Nedwell)

그림에서 물고기의 가청주파수는 50~1,000 Hz 범위이고, 포유류는 1,000~100,000 Hz 범위다. 일본 수산자원보호협회 자료에 의하면, 청력의 역치레벨은 예민한 어종은 60~80 dB, 둔한 어종은 90~110 dB 범위다. 물고기가 편안해 하거나 음원방향으로 몰려드는 유치레벨은 110~130 dB이고, 놀라서 심해로 잠수하거나 음원에서 멀어지는 반응을 나타내는 위협레벨은 일반적으로 140~160 dB 정도다.

어종별로 행동에 영향을 미치는 수준의 예는 연어·고등어·참돔·농어는 150 dB, 전갱이·정어리는 145 dB, 멸치는 135 dB 정도다. 그리고, 부레 등에 손상을 주는 손상레벨은 어종과 몸무게 등에 따라 다르나 대략 210 dB 내외부터다.

미국 수산청은 인위적 수중 소음으로 인한 충격·고통·성가심 등으로부터 해양생물을 보호하는 한계치로 180 dB을 제안했고, 이동·먹이활동·번식 등의 행동에 변화를 주지 않는 한계치로 충격음은 160 dB,

Chapter 2 소음 영향

연속음은 120 dB을 제시했다.

해상 풍력발전기는 시공 시에는 충격음이 주가 되지만 운전 시에는 연속음이 주가 된다. 일본의 예에서 방파제 안쪽에 위치한 해상 풍력발전기(600 kW × 2개)의 기초부와 200 m 떨어진 지점의 수중 소음은 풍속 0~10 m/s의 범위에서 109~140 dB 범위였다. 해상 풍력발전의 개발은 운전 중의 수중 소음의 관리목표를 유치레벨의 상한인 130 dB로 삼고, 지지 구조를 인공어초로 조성하는 방안을 함께 검토한다.

해수어에 비해 소음에 더 민감한 담수어를 회피 공간이 좁은 양식장에서 사육하는 경우는 유치레벨이나 위협레벨이 더욱 낮을 것으로 생각한다.

공기 중의 소음도 수중으로 전달되는데 입사각이 13.7도를 넘으면 수중으로 들어가지 못하고 모두 공기 중으로 반사한다. 수직으로 입사한 경우는 임피던스 차이에 따라 수중 소음의 음압레벨은 대기 중의 음압레벨에 비해 약 30 dB 낮다. 그러나, 수중은 대기 중보다 음압레벨을 26 dB 높게 표현하기 때문에 수면 위의 음압레벨과 수중의 음압레벨은 대동소이하게 된다.

이상에서와 같이 어류도 소음에 영향을 받기 때문에 양식장 내에서의 수중 공사 시에는 버블커튼 등의 방지대책이나 선박 출입 시에는 저속 운항 등 소음·진동에 유의할 필요가 있다.

> ※ 음압레벨 [dB] = 20·log(소음원의 음압실효치/기준값).
> 기준값은 대기 중은 2×10^{-5}, 수중은 1×10^{-6} N/m^{2}이다.
> 수중의 음압레벨이 대기 중보다 26 dB 높게 표현된다.

Chapter 3

진동 영향

3.1 진동의 체감

통상 진동의 인체 영향은 실효치(RMS)로 평가하고, 건물피해는 피크치(PPV)로 평가하는 경우가 많다. 진동속도 실효치로 나타낸 건물의 진동수준에 따라 거주자가 느끼는 체감(體感) 및 진동에 기인한 구조물 전달소음에 대한 인지(認知) 반응의 사례는 <그림 3.1>과 같다.

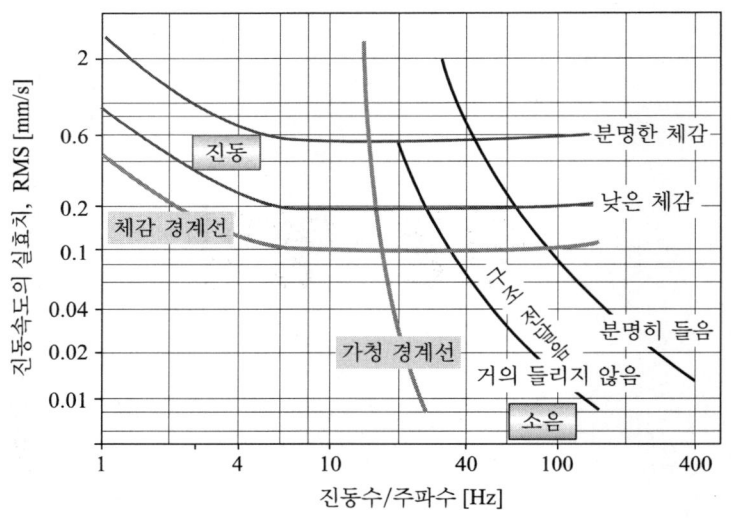

그림 3.1 건물의 진동속도 실효치와 체감 및 인지 정도

(출처: Hansjoerg Schmid, 2009)

그림에서 진동의 체감 경계선은 진동속도 실효치로 0.1 mm/s 정도고, 낮게 체감하는 수준은 0.2 mm/s다. 진동에 의한 구조물 전달소음을 거의 들리지 않을 정도로 인지하는 수준은 20 Hz에서 0.6 mm/s부터 150 Hz에서 0.01 mm/s 범위다.

3.1 진동의 체감

건물의 진동이 진동수 20 Hz 이상에서 일정 크기 이상이면 진동과 전달소음에 동시에 노출되어 영향이 가중될 수 있다.

한편, Johnson의 진동속도 피크치(PPV)에 대한 체감 반응을 나타낸 것은 <그림 3.2>와 같다.

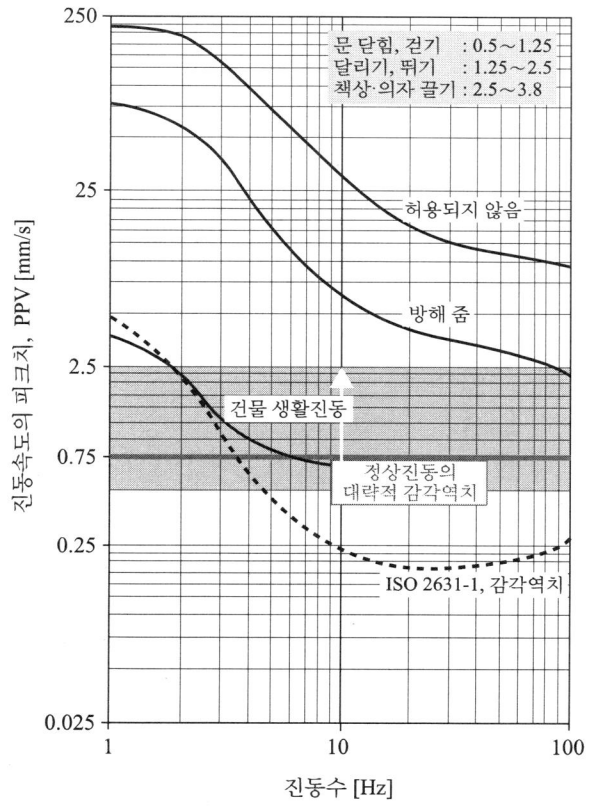

그림 3.2 진동속도 피크치와 체감(출처: Arne P. Johnson, 2015)

Chapter 3 진동 영향

그림에서 정상진동의 PPV에 대한 감각역치는 0.75 mm/s지만 ISO 2631-1에 정한 감각역치는 0.15 mm/s 정도로 다소 차이가 있다. 방해를 주는 PPV 수준은 3 mm/s 정도이고, 층간소음의 원인이 되는 달리기, 걷기 등으로 발생하는 생활진동은 PPV로 0.5~2.5 mm/s 정도다.

이상에서 진동속도로 본 체감의 역치는 RMS로 0.1, PPV로 0.15~0.75 mm/s 범위다. 발파진동의 역치를 blaster' handbook에서 PPV로 0.5 mm/s로 제시하고 있는데 이와 유사하다.

한편, 신체의 부위별 고유진동수는 머리가 20~40 Hz, 척추가 8 Hz, 흉곽이 60 Hz, 어깨가 4~8 Hz, 손과 팔이 20~70 Hz 정도다. 그리고, 앉은 자세에서 상하방향 진동을 참을 수 있을 때까지 가했을 때의 진동수별로 나타난 증상은 <그림 3.3>과 같다.

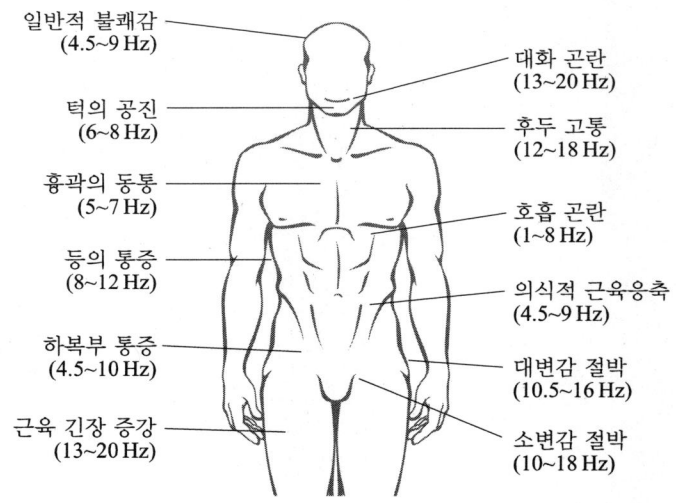

그림 3.3 앉은 자세에서 상하방향 진동을 참을 수 있을 때까지 가했을 때의 증상(출처: Edward B. Magid 등)

그림에서 보면 공진이나 동통(疼痛), 호흡 곤란 등은 10 Hz 이하이고, 대화(對話) 곤란이나 소변감 등은 10 Hz 이상으로 대부분의 나쁜 증상은 4~20 Hz 범위에서 나타난다.

3.2 국내의 진동 평가

일상에서 가장 흔히 접하는 진동은 버스나 열차 등을 탓을 때 느끼는 떨림으로 승차감으로 표현한다. 반면에 버스나 열차가 지나가면 도로나 철도 주변의 지반이나 건축물 등에서 진동을 느끼는 데 이를 통상 환경진동이라 한다. 이러한 환경진동은 공장이나 공사장 등에서 기계를 운전할 때나 발파 등이 있을 때도 발생하여 신체나 건축물 등에 악영향을 미친다.

구미(歐美)에서는 건물의 기초나 실내 바닥의 진동을 측정·평가 대상으로 하여 건물 용도별에 따라 적정한 평가척과 기준을 설정하고 있다. 반면, 국내는 지반의 진동을 측정·평가의 대상으로 하며 용도지역별로 기준을 달리하고 있다.

전신으로 느끼는 환경진동의 진동수 범위는 1~80 Hz 정도다. 환경진동의 진폭크기는 진동레벨이나 절대단위로 나타내는데, 우리나라는 지반에서 진동가속도 기반의 진동레벨을 측정하여 관리하는 일본의 규정을 벤치마킹하여 소음·진동관리법 상의 진동기준과 공정시험기준에 반영하였다.

Chapter 3 진동 영향

　생활 속에서 접하는 진동레벨 수준은 달리는 차량에 타고 있을 때는 70~90 dB(V) 범위이지만, 도로변 지반은 50~60 dB(V)가 일반적이고 차량이 적은 경우는 40 dB(V) 이하다. 실내에서 매달린 전등(電燈)이 약간 흔들리는 수준이면 70 dB(V) 정도고, 미닫이문이 흔들리면서 덜컹거리는 소리를 내면 80 dB(V) 정도다.

　진동의 신체 영향 중 정서적 영향은 진동을 감각함에 따른 불편함이나 번거로움, 또는 참기 힘든 감정 등의 불쾌함이다. 50%의 사람이 감지하는 역치는 55 dB(V) 수준이며, 60 dB(V) 이상이 되면 불쾌함이나 민원을 제기하는 주민이 늘어난다. 생리적 영향은 85 dB(V) 이상의 진동에 노출될 경우 교감신경계의 흥분에 의해 혈압상승, 위장기능 저하 등이 나타난다.

　자동차 등을 탓을 때 경험하는 멀미는 전신진동에 의한 생리적 영향의 대표적 사례로 0.1~0.3 Hz 범위의 진동이 내이(內耳)의 평형 감각기관에 작용하여 발생하는 자율신경계 장애다. 수면방해는 낮은 진동수준에서도 영향을 미치기 때문에 불만의 원인이 되기 쉽다. 진동체 위에서 자는 건강한 사람을 대상으로 수면영향을 조사한 자료에 의하면, 수면깊이 1도에서는 60 dB(V)일 때 각성률(覺醒率)이 0%지만 65 dB(V)가 되면 71%에 이른다. 즉, 건강한 수면을 위한 진동수준은 60 dB(V) 이하가 바람직함을 알 수 있다. 물론 입면(入眠) 단계에서는 이 보다 더 낮은 수준에서도 영향을 받을 수 있다.

　우리나라의 소음진동공정시험기준에 정한 진동 측정지점은 공장의 경우는 그 공장의 부지경계선, 공사장과 도로 및 철도의 경우는 피해자의 부지경계선 상의 지면이다. 소음·진동관리법 상의 주거지역 진동기준(평가척 : L_{10})은 주간 65(발파 : 75), 야간 60 dB(V)이다.

3.3 해외의 진동 평가

해외 사례에서는 진동속도의 상하 혹은 수평 방향 성분이나, 아니면 전체 합성성분(PVS)의 RMS나 PPV를 진동계로 측정하거나 예측하여 인체의 감각특성을 보정한 후에 mm/s나 dB 단위 등으로 나타내는 경우가 많다.

3.3.1 노르웨이 규격기준

여러 나라가 자국의 건물 진동의 가이드라인 설정 시에 인용하고 있는 기준이 노르웨이의 국가 규격인 NS 8176이다. 이 규격은 도로의 대형차(≥ 3.5톤) 및 다양한 노면 전철 등에 의해 발생한 건물 내 진동에 대한 거주민들의 반응을 바탕으로 하고 있다.

측정은 진동수 범위 1～80 Hz의 합성치를 대상으로 하며 시정수를 1초로 하고 감각보정은 ISO 2631-2의 W_m으로 하였다. 진동이 발생할 때마다 적어도 15회 이상 측정하고, 결과의 정리는 감각보정한 진동속도 실효치의 최대치($V_{W_m, \max}$)를 취하여 다음 식으로 통계적 한도치($V_{W_m, 95}$)를 구한다.

$$V_{W_m, 95} = \overline{V_{W_m, \max}} + 1.8\sigma \quad [\text{mm/s}] \qquad (3.1)$$

여기서 $\overline{V_{W_m, \max}}$는 최대치의 평균값이고, σ는 표준편차다. 이 통계적 한도치에 근거한 거주 공간의 진동 가이드라인은 <표 3.1>과 같다.

Chapter 3 진동 영향

표 3.1 거주 공간의 진동 가이드라인(NS 8176; 1999)

구 분	A등급	B등급	C등급	D등급
진동속도, $V_{W_m,95}$[mm/s]	0.1	0.15	0.3	0.6
진동가속도, $\alpha_{W_m,95}$[mm/s^2]	3.6	5.4	11	21

A : 매우 좋은 진동 조건(단지 감지할 정도이지 주의를 끌 정도는 아님).
B : 상대적으로 좋은 진동 조건(진동으로 약간 방해를 받을 것으로 예상할 수 있는 정도).
C : 신축 주거용 건물의 진동 권장치(<그림 3.4>에서 약 15%가 보통 및 매우 불쾌함을 나타낸 수준임).
D : 기존 주거용 건물에서 유지되어야 할 진동 조건(<그림 3.4>에서 약 25%가 보통 및 매우 불쾌함을 나타낸 수준이며, 진동으로 방해를 받을 것으로 예상).

이 가이드라인은 $V_{W_m,95}$의 크기와 불쾌함 반응의 응답률 관계를 나타낸 <그림 3.4>의 진동 노출-반응 곡선에 근거했음을 <표 3.1>에 기술했다.

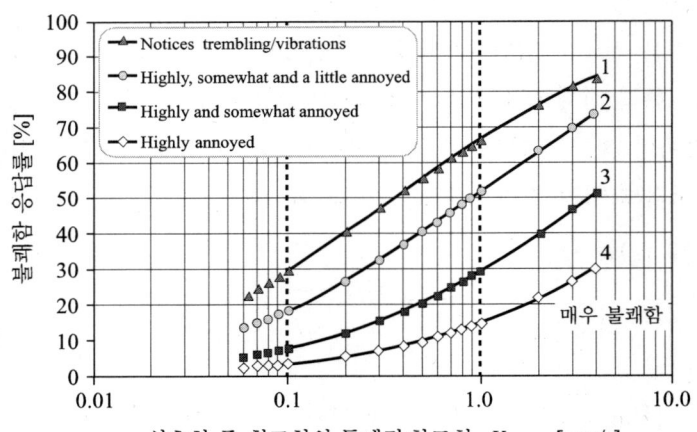

그림 3.4 교통 진동 노출수준과 불쾌함 응답률 관계
(출처: Ronny Klæboe, Aslak Fyhri, 1999)

그림에서 3번 곡선은 보통 및 매우 불쾌함의 응답률을 나타내는데, 신축 주거용 건물의 권장치인 C등급의 $V_{W_m,95}$ 0.3 mm/s를 3번 곡선에 프로팅하면 응답률이 15% 정도다. 반면, 매우 불쾌함을 나타낸 4번 곡선에 프로팅하면 8% 정도다.

우리나라의 환경진동 기준과의 비교는 측정위치의 차이, 감각 보정치의 차이, 대표치 결정방법과 시정수 등이 상이하여 직접 비교에는 무리가 있으나, C등급의 진동가속도 11 mm/s²를 진동레벨로 환산하면 60 dB(V) 정도일 것으로 추정된다.

3.3.2 미국 연방철도청 가이드라인

미국 연방철도청(FTA)에서는 철도 주변지역 건물에서 열차 통과 시마다 시정수를 1초로 놓고 측정한 진동속도 실효치의 최대치를 다음 식으로 진동속도레벨 L_v를 구한 후에 하루 동안의 값들로 데시벨 평균치를 구한다.

$$L_v = 20 \cdot \log(\text{진동속도 실효치의 최대치/기준치}) \quad [\text{VdB}] \tag{3.2}$$

여기서, 기준치는 10^{-6} inch/s이다.

그리고, 건물 내의 진동속도레벨의 데시벨 평균치 수준과 주민의 불쾌함 응답률 관계를 조사하여 <그림 3.5>와 같이 진동 노출 - 반응 곡선을 작성하고 매우 불쾌함을 나타낸 검은색 곡선의 10% 점인 72 VdB을 주거용 건물의 진동기준으로 삼았다.

Chapter 3 진동 영향

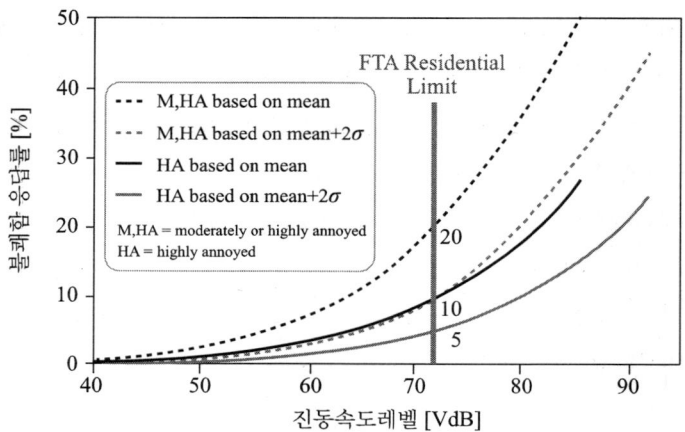

그림 3.5 열차 운행에 기인한 진동 노출수준과 불쾌함 응답률 관계
(출처: Jeffrey A. Zapfe, Hugh Saurenman, 2011)

표 3.2 열차 운행에 기인한 실내 진동 및 소음 가이드라인

구 분	실내 진동속도레벨 [VdB] (실효치, mm/s)			실내 소음도 [dB(A)]		
	빈번	가끔	드문	빈번	가끔	드문
범주 1 (실내작업이 진동으로 영향을 받는 건물)	65 (0.045)			N/A		
범주 2 (정상적으로 수면을 취하는 주택이나 건물)	72 (0.101)	75 (0.143)	80 (0.254)	35	38	43
범주 3 (제도적 주로 주간에 사용하는 용도의 건물)	75 (0.143)	78 (0.202)	83 (0.359)	40	43	48

- 빈번 : 하루에 같은 진동원의 이벤트가 70회 초과한 경우
- 가끔 : 하루에 같은 진동원의 이벤트가 30~70회인 경우
- 드문 : 하루에 같은 진동원의 이벤트가 30회 미만의 경우

진동에 기인한 실내 구조물 전달소음의 기준도 같은 방법으로 소음 노출 - 반응 곡선을 작성하고 매우 불쾌함 응답률이 8%인 35 dB(A)를 기준으로 삼았다. 여기에 하루 중의 열차 운행횟수와 건물 용도를 반영하여 <표 3.2>와 같은 가이드라인을 마련하고, 교통 소음·진동의 영향평가에 활용한다.

표에서 범주 2에 해당하는 주택의 경우, 진동의 1일 발생횟수가 70회를 초과한 경우 72 VdB, 30회 미만인 경우 80 VdB이다. 그리고, 진동에 기인한 구조물 전달소음은 각각 35 및 43 dB(A)이다.

참고로 이 측정·평가방법에 의한 진동수준은 노르웨이의 측정·평가방법에 비해 2 dB 정도 낮은 수준으로 조사되었다.

3.3.3 일본 건축학회 지침

일본 건축학회는 사람의 활동 및 설비와 교통 진동에 대해 건물을 설계할 때 참고할 수 있도록 건축물의 진동에 대한 거주성능 평가지침을 제시했다. 그 내용은 실내 바닥의 진동가속도 실효치를 바탕으로 주민들의 감지(感知) 정도에 따라 상하 및 수평 진동에 대한 거주성능 평가곡선을 설정했으며, 그 중에서 상하진동의 사례는 <그림 3.6>과 같다.

그림에서 V-10은 10%의 사람이 진동을 감지하는 수준이고 V-90은 90%의 사람이 감지하는 수준이란 의미다. 표준을 V-50이라 하면 숫자가 낮을수록 진동측면에서 우수한 주거환경이다.

측정·평가는 바닥의 진동가속도 실효치를 1/3옥타브 밴드로 분석하고 그 중의 최대치를 <그림 3.6>에 프로팅하여 평가한다. 수평진동도 또한 같은 요령이다.

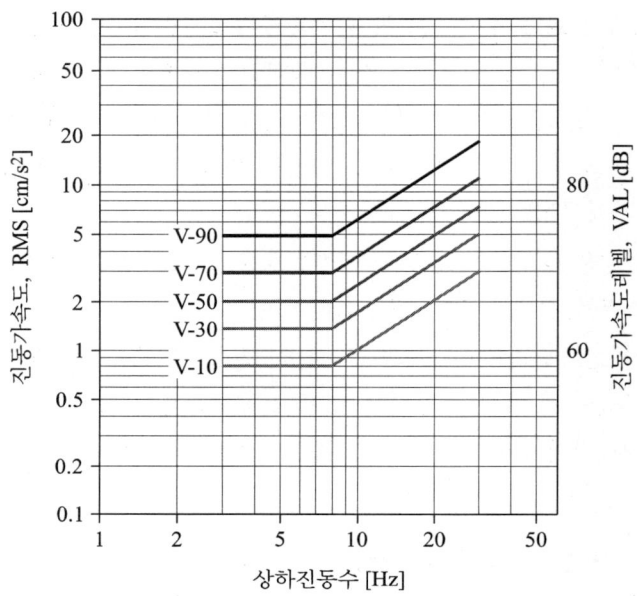

그림 3.6 건물의 상하진동에 대한 거주성능 평가곡선

진동가속도 α와 진동속도 v의 관계는 $\alpha = 2\pi f v$가 성립한다. 이를 바탕으로 V-50의 진동가속도 실효치 2 cm/s²에 해당하는 3~8 Hz 구간을 진동속도 실효치로 환산하면 1~0.4 mm/s 범위가 된다.

주거지역에서 지면의 상하진동 규제기준이 진동레벨(VL)로 65 dB(V)임에 견주어 실내 바닥의 상하진동 V-50은 진동가속도레벨(VAL)로 66 dB 수준이다. 상하진동의 경우, 전자는 후자에 비해 9 dB 정도 낮은 경우가 많기 때문에 이 규제기준을 실내 거주기준으로 바로 적용하는 데는 상당히 무리가 있다.

3.3.4 정밀기기의 진동기준

국제표준화기구(ISO)의 건물 용도별 권장기준과 미국환경과학기술협회(IEST)의 정밀기기를 설치할 바닥의 진동 가이드라인을 진동속도 RMS로 나타내면 <표 3.3>과 같다.

표에서 ISO의 건물 용도별 권장기준은 진동속도 RMS로 주택은 주간에 0.2, 수술실은 0.1 mm/s다. 정밀기기의 경우는 배율 400배인 광학현미경은 0.05 mm/s(VC-A), 전자현미경(TEMs 및 SEMs)은 0.00625 mm/s(VC-D)다. 정밀기기는 사람의 거주 기준보다 매우 낮은 경우가 많다.

● 표 3.3 건물·정밀기기에 대한 바닥 진동속도 가이드라인

기준	진동속도 RMS (μm/s)	내 용
거주공간 (ISO)	200	거의 인식할 수 없는 진동. 컴퓨터 장비, 프로브 테스트 장비 및 배율 20 이하의 현미경에 적절
수술실 (ISO)	100	알 수 없는 진동(대부분의 경우), 배율 100 이하의 현미경에 적절
VC-A	50	배율 400 이하의 대부분 광학 현미경, 마이크로 천칭, 광학 천칭, 근접 및 투영 노광장치에 적절
VC-B	25	배율 1000 이하의 광학 현미경 검사, 선폭 3 μm까지의 스테퍼를 포함한 리소그래피에 적절
VC-C	12.5	리소그래피 및 상세 치수가 1 μm까지의 검사장치에 적절
VC-D	6.25	전자현미경(투과형과 주사형)과 전자빔시스템을 포함한 가장 까다로운 설비에 적절
VC-E	3.12	대부분 달성 어려운 평가기준. 광로가 긴 레이저를 이용한 간섭계, 뛰어난 동적 안정성을 필요로 하는 다른 시스템에 적합

그리고, <표 3.3>의 기준을 진동수별 진동속도 RMS로 나타낸 기준곡선은 <그림 3.7>과 같다.

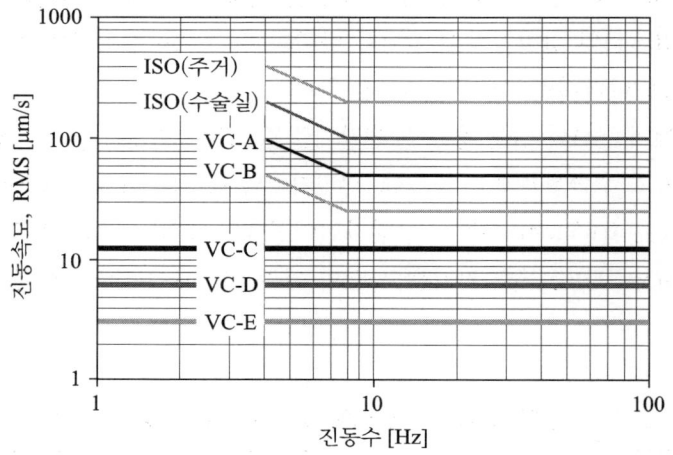

그림 3.7 건물 바닥에 대한 진동 기준곡선 예

그림에서 ISO와 VC-A 및 B 기준곡선은 8 Hz를 초과한 영역에서는 평탄하지만 8 Hz에서 4 Hz까지는 순차적으로 높아진다. 반면에 VC-C, D, E 기준곡선은 모든 진동수에서 평탄하다.

교통이나 공사장 등의 주변에 이들 기기를 보유한 병원, 대학교, 연구소 등이 있는지 유의할 필요가 있다.

이상에서 육상 교통수단 등의 운용에 수반되는 주거 건물의 진동에 따른 거주민의 불쾌함에 기초한 기준은 진동 발생빈도를 고려할 때 주택 실내에서 진동속도 RMS로 0.1~0.3 mm/s, 진동에 의한 구조물 전달소음은 35~43 dB(A) 범위이다.

3.4 지반 진동의 건물 전달

지반 진동이 건물로 전달되는 과정상에서 진동수준에 영향을 미치는 요인은 지반과 건물로 구분하여 검토할 수 있다.

지반 요인에 따른 진동 감쇠는 일반적으로 느슨한 모래 토양이 딱딱한 점토질 토양보다 크다(감쇠의 크기 : 자갈층 > 모래층 > 점토층 > 암반). 토양층은 각 층이 상당히 다른 동적특성을 가지고 있기 때문에 진동수준에 상이한 영향을 미칠 수 있다. 지하수면의 존재는 진동에 상당한 영향을 미칠 수 있지만 명확한 관계는 확립되지 않았다.

다음은 건물 요인으로, 건물 기초가 무거울수록 진동이 지반에서 건물로 전파할 때 전달손실이 크다. 건물층의 바닥과 벽의 최대 진동진폭은 종종 건물 구성 요소의 공진진동수에서 발생한다. 수음실에 흡음물질이 많을수록 지반 진동에 기인한 구조물 전달소음은 낮아진다.

3.4.1 미국 연방철도청의 사례

철도 진동에 기인한 지반 진동이 건물 기초를 통해 거주 공간의 바닥으로 전파하는 과정상의 예측을 위한 진동의 전달손실과 증폭 사례를 보면 다음과 같다.

지반과 건물 기초 사이의 진동 전달손실은 건물의 종류에 따라 <표 3.4>와 같다.

표에서 파일 기초나 직접 기초의 형태를 갖춘 대형 건물의 전달손실은 저층의 목조나 벽돌조 건물에 비해 2배 정도 크다. 다시 말해서 지반 진동이 그만큼 많이 차단된다는 의미다.

Chapter 3 진동 영향

● 표 3.4 건물 유형별 지반에서 기초로의 진동 전달손실

건물 유형	전달손실 [dB]	비고
목조 주택	−5	
1~2층 벽돌조	−7	
3~4층 벽돌조	−10	일반적으로 건물이 무거울수록 전달손실이 커짐
파일 기초의 대형 벽돌조	−10	
직접 기초의 대형 벽돌조	−13	
암반 기초	0	

다음으로 건물 기초의 진동이 거주 공간 바닥(층)으로 전달되는데, 일반적으로 층이 높아질수록 감쇠가 커진다. 거주 공간의 바닥 진동수준은 바닥과 벽, 천장 등의 공진에 의해 진동이 증폭되는데 예측에 적용되는 값은 <표 3.5>와 같다.

● 표 3.5 진동의 건물 층간 감쇠 및 바닥 증폭

거주 공간 요인	보정치		비고
층간 감쇠치	지상 1~5층	−2 dB/층	층과 층의 감쇠는 지하실이 있는 건물을 가정한 것임
	지상 6~10층	−1 dB/층	
바닥, 벽, 천장의 공진에 따른 증폭	+6 dB		실제 증폭은 구성 유형에 따라 크게 다름. 증폭은 벽과 바닥, 벽과 천장의 교차점 근처에서 더 낮음

표에서 층간 감쇠치는 1~2 dB 정도이고 실내 바닥, 벽 등의 공진에 따른 증폭은 6 dB 정도다.

이상에서 일반적으로 공진이 없다면 지반 진동보다 건물의 바닥 진동이 낮을 개연성이 클 것임을 예상할 수 있다.

3.4.2 유럽의 사례

열차의 통행에 따른 지반 진동이 건물의 기초와 기초에서 건물 바닥으로 전달되는 상대적 진동레벨을 유럽의 SBB 모델로 시뮬레이션한 결과는 <그림 3.8>과 같다. 모델의 입력자료는 독일, 프랑스, 스페인의 데이터를 기반으로 한 것이다.

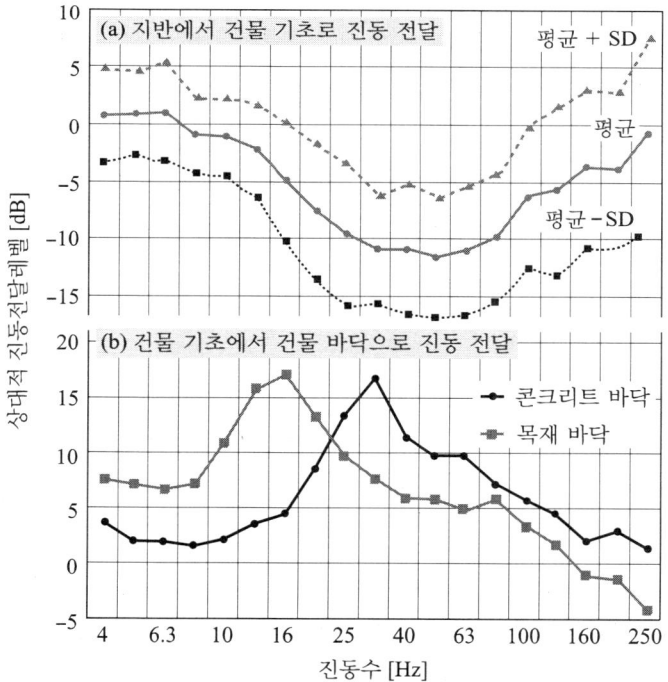

그림 3.8 지반 진동의 건물 기초 및 바닥으로 전달특성

(출처: Simon Bailhache et al., SBB model)

그림 중의 (a)는 지반 진동이 건물의 기초로 전달될 때의 진동 전달 레벨을 나타낸 것으로 표준편차는 5 dB 정도고, 전달레벨의 평균치는 진동수에 따라 0 ~ -10 dB 범위다. 건물의 형식에 따른 전달레벨의 적용은, 정상적인 지반에 지하 1층의 연립주택인 경우는 평균치를, 연약 지반에 있는 경우는 평균치에 +5 dB을 보정한다. 지면 슬래브 형식의 단독주택으로 목재 바닥인 경우는 연립주택의 평균치에 +3 dB을 보정한다. 지하 2층 이상의 아파트는 연립주택의 평균치에 -5 dB을 보정한다.

그림 중의 (b)는 건물 기초의 진동이 건물 바닥으로 전달될 때로 전달레벨의 표준편차는 4 ~ 8 dB 수준이고, 전달레벨은 바닥의 재질과 진동수에 따라 +5 ~ +15 dB 범위다.

이상에서 지면 슬래브 기초의 목조나 소형 건물은 지반보다 건물 바닥의 진동이 더 클 것임을 예상할 수 있다.

3.4.3 기타 사례

일본 중앙건철주식회사의 자료에 의하면 중장비로 건설작업 시에 주변의 지표면과 건물 층간 바닥면의 진동가속도 증폭배율(바닥면 가속도/지표면 가속도)은 <그림 3.9>와 같다.

그림에서 증폭배율은 목조 건물의 경우 0 ~ 4범위(평균 2 정도)지만, RC조(철근콘크리트조)와 S조(강철조)는 0 ~ 2범위다. 증폭배율이 1보다 큰 원인의 하나는 건물이나 바닥 층 등이 공진의 영향을 받았다는 것이다. 목조 건물의 평균 증폭배율은 2인데, 이는 6 dB에 상당하고, 타 건물에 비해 진동에 민감하다는 의미다.

3.4 지반 진동의 건물 전달

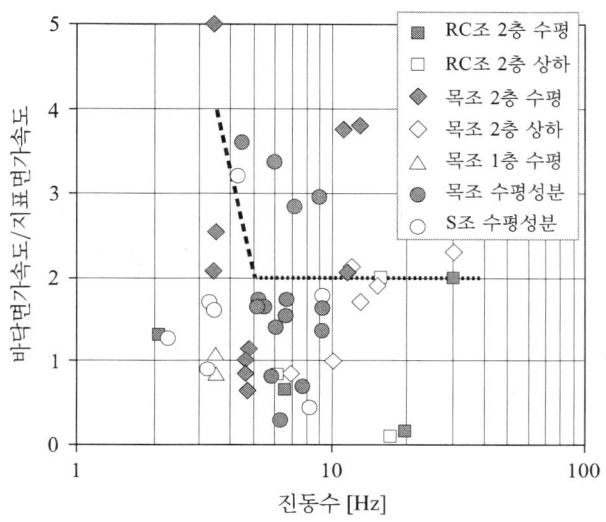

그림 3.9 중장비 작업 시 건물의 진동가속도 증폭배율 예

몬트리올 시에서의 노후 도로 포장면에 의한 도로진동으로 민원이 제기된 지역의 2~3층 건물 7채를 대상으로 한 대형차 통행 시의 도로진동 측정에 따른 증폭배율 사례는 <표 3.6>과 같다.

표 3.6 대형차 통행 시 건물의 증폭배율 예

구분	1층 바닥/지면	1층 바닥/기초 벽	2층 바닥/1층 바닥
범위	0.41~1.39	0.96~1.81	0.63~2.98
평균	0.87	1.18	1.65

지면은 건물 정면에서 도로 측으로 1 m 떨어진 곳

(출처: Osama Hunaidi and Martin Tremblay)

Chapter 3 진동 영향

표에서 건물 개체별로는 기초나 건축 구조 및 고유진동수 등이 다르기 때문에 증폭배율은 상이하다. 다만, 평균적으로 보면 기초의 진동은 지면의 0.73배 정도며, 1층 및 2층 바닥은 기초보다 증폭되었고, 2층 바닥은 1층 바닥보다 증폭되었다.

그리고, 노후 포장면의 재포장으로 대형차 통행 시에 주변 지면의 진동가속도 증폭배율은 1/5~1/10(14~20 dB 감소) 수준으로 낮아졌다.

<표 1.11>에 제시한 건물의 고유진동수와 진동원에 의해 지반을 타고 건물에 전달된 탁월진동수가 겹치는 공진이 일어나면 <그림 3.10>에서 보는 바와 같이 건물의 진동이 증폭된다.

그림 3.10 공진에 의한 건물 진동의 증폭

이상의 사례에서 일반적으로 거주 공간의 바닥 진동수준은 건물 기초가 튼튼한 대형 건물이면 지반의 진동수준보다 낮고, 기초가 취약한 저층의 목조나 벽돌조 건물은 높을 개연성이 크다. 다만, 지질, 건물의 기초 및 구조, 고유진동수와 진동원의 강제진동수 등에 따라 진동수준이 상이하기 때문에 정확한 평가를 위해서는 해당 거주 공간에 대한 상세한 측정이 필요하다.

3.5 공사장의 진동

3.5.1 지표 공사의 진동

미국 연방철도청의 교통 소음·진동 영향평가 매뉴얼에 따른 공사장 건설기계의 진동을 예측하여 건물의 손상과 불쾌함을 평가하는 방법은 다음과 같다.

(1) 건물 손상

건설기계로부터 임의의 거리 D(ft) 떨어진 지점 P의 진동속도 피크치 PPV_p를 다음 식으로 산정한다.

$$PPV_p = PPV_r \times (25/D)^{1.5} \quad [\text{inch/s}] \quad (3.3)$$

여기서, PPV_r은 건설기계에서 25 ft 지점의 지반 진동속도 피크치 (inch/s)로 <표 3.7>과 같다.

● 표 3.7 건설기계로부터 25 ft 지점의 PPV_r

건설기계 종류		PPV_r [inch/s]
항타기(충격)	상위	1.518
	평균	0.644
항타기(진동)	상위	0.734
	평균	0.17
크램셔블 낙하(슬러리 월)		0.202
하이드로 밀(슬러리 월)	토양	0.008
	암반	0.017

표 3.7 (계속)

건설기계 종류	PPV_r [inch/s]
진동 롤러	0.21
브레이커	0.089
대형 불도저	0.089
캐이션 드릴링	0.089
덤프트럭	0.076
휴대용 착암기	0.035
소형 불도저	0.003

산정한 PPV_p와 <표 3.8>의 가이드라인(발파진동을 포함한다.)을 비교하여 건물의 손상 가능 여부를 평가하고 진동대책을 강구한다.

표 3.8 진동에 의한 건물의 손상 가이드라인

건물/구조 종류	PPV [inch/s]
철근콘크리트, 강철 또는 목재 건물(플라스터 없음)	0.5
공학적 콘크리트 및 조적 건물(플라스터 없음)	0.3
비 공학적 목재 및 조적 건물	0.2
진동 손상에 매우 민감한 건물	0.12

표에서 손상에 매우 민감한 건물의 PPV는 0.12 inch/s(3 mm/s)이고, 비 공학적 목재 및 조적 건물은 0.2 inch/s(5 mm/s)다.

참고로 많은 나라에서 건물의 손상 여부를 평가하는데 적용하고 있는 독일의 DIN 규격은 <표 3.9>와 같다.

● 표 3.9 건물 진동 손상 평가기준(DIN 4150-3, 1999)

건물 종류	구조 손상의 진동 역치, PPV [mm/s]				장기
	단기			최상층 바닥	
	기초			모든 진동수	
	0~10 Hz	10→50 Hz	50→100 Hz		
상업·산업	20	20→40	40→50	40	10
주거	5	5→15	15→20	15	5
민감·역사	3	3→8	8→10	8	2.5

표에서 건물의 기초 및 최상층 바닥의 PPV 값은 민감하거나 역사적 건축물인 경우 단기 3 및 10 mm/s, 장기 2.5 mm/s다. 단기는 발파나 항타기(진동식 제외) 진동에, 장기는 건설기계 작업 진동에 주로 적용한다.

이상에서 발파를 포함한 건설기계 작업 시에 발생한 진동에 의한 민감 건물의 손상 기준은 PPV로 3 mm/s를 기본 기준으로 설정하는 것이 적절하다.

(2) 불쾌함

건설기계로부터 임의의 거리 D(ft) 떨어진 수진점 P의 진동속도레벨 L_{vp}를 다음 식으로 구한다.

$$L_{vp} = L_{vr} - 30 \cdot \log(D/25) \quad [\text{VdB}] \tag{3.4}$$

여기서, L_{vr}은 건설기계에서 25 ft 떨어진 지점의 진동속도레벨(VdB)로 다음 식으로 구한다.

$$L_{vr} = 20 \cdot \log(V_{\text{rms}}/V_r) = 20 \cdot \log\{(\text{PPV}_{25\text{ft}}/4)/V_r\} \tag{3.5}$$

여기서, V_{rms}는 수진점 P의 진동속도 실효치(inch/s)로 기계로부터 25 ft 떨어진 지점의 진동속도 피크치인 PPV_{25ft}를 파고율 4(건설기계 및 철도 등의 지반 진동의 경우)로 나눈 값이고, V_r은 10^{-6} inch/s이다.

건물의 바닥 진동을 측정한 경우나 계산으로 구한 L_{vp}를 <표 3.2>의 진동 가이드라인과 비교하여 거주자의 불쾌함 여부를 평가하고 저감대책을 강구한다. 다만, 지반의 진동을 측정한 경우라면 앞에 설명한 지반 진동의 건물 전달과정 상의 전달손실과 보정치를 적용하여 평가한다.

한편, 영국의 BS 5228-2(2009)에 제시된 공사장의 건물 철거 및 시공(발파 제외) 시의 진동속도 PPV에 대한 주민의 반응을 나타낸 자료는 <표 3.10>과 같다.

● 표 3.10 공사장 진동에 대한 주민 영향(BS 5228-2)

PPV [mm/s]	영 향
0.14	가장 민감한 상황에서 진동을 감지할 수 있음
0.3	주거 환경에서 진동을 감지할 수 있음
1.0	주거 환경에서 이 수준의 진동은 불만을 야기할 가능성 있지만, 주민에게 사전 설명할 경우는 허용될 수 있음

표에서 불쾌함에 대한 진동 관리의 목표치는 PPV로 1 mm/s 내외가 될 것임을 예상할 수 있다.

(3) 뉴질랜드 사례

근래에 뉴질랜드 교통청은 '고속도로 건설·유지관리 상의 소음진동 가이드(2013)'에서 진동 관리에 참조할 수 있는 참고기준을 영국 BS

5228-2(2009), 독일 DIN 4150-3(1999) 및 노르웨이 NS 8176(2005) 등의 규격 기준을 바탕으로 <표 3.11>과 같이 제시했다.

● 표 3.11 교통청의 공사장 진동 등 참고기준

구분		위치	내용	범주 A	범주 B
				PPV [mm/s]	
생활 환경	주택	건물 내	주간(06~20)	1	5
			야간(20~06)	0.3	1
			발파	5	10
		자유 음장	폭발음[dB(L)]	120	-
	기타 주거건물	건물 내	주간(06~20)	2	10
건물 손상	모든 건물	건물 기초	순간(발파 포함) 및 정상 진동	5	영국 BS 5228-2
		자유 음장	폭발음[dB(L)]	-	133

주1) 범주 A기준이 준수되도록 관리되어야 함. 만약 범주 A기준을 초과하는 경우는 자격을 갖춘 전문가가 가능한 한 범주 A기준을 준수하기 위해 건설 진동을 평가하고 관리해야 함. 범주 B기준을 초과하는 경우 자격을 갖춘 전문가가 범주 B기준을 초과할 위험 있는 건물에 대한 진동수준과 영향을 적절히 모니터링하는 경우에만 진행함
주2) 발파, 건설기계 중 항타기는 95퍼센타일 값, 기타 건설기계는 80퍼센타일 값을 적용함
주3) dB(L) : 청감보정 등이 없는 피크음압레벨의 단위로 dBP와 같은 의미임

표에서 건설기계 진동에 대한 실내 생활환경은 주간에 PPV로 1 mm/s(발파 5 mm/s) 정도, 건물손상은 모든 건물 기초에서 발파까지를 포함해서 PPV로 5 mm/s 수준이다.

이상의 공사장 건설기계 진동과 관련한 불쾌함은 주택의 실내에서 주간은 PPV로 1 mm/s 수준을, 진동에 기인한 구조물 전달 실내소음은 40 dB(A) 수준을 기본 기준으로 설정하는 것이 적절한 것으로 판단한다.

3.5.2 터널 공사의 진동 예측

도회지에서 지하 터널 공사 시 TBM(tunnel boring machine) 공법이 많이 사용된다. TBM 공사 시의 진동과 소음 수준을 Wilson Acoustics Limited 사가 측정을 통해 수집한 자료를 정리한 결과는 <표 3.12>와 같다.

● 표 3.12 지하 깊이별 TBM 공사 시의 진동 및 소음

깊이 [m]	평균적 진동		지반 진동 유래 소음 [dB(A)]
	RMS [mm/s]	PPV [mm/s]	
5	0.1~1	-	~65~75
10	0.05~0.6	0.3~3.0	~55~70
20	0.025~0.4	0.1~1.5	~40~60
30	0.015~0.3	0.06~1.0	~30~50
50	0.012~0.25	0.04~0.8	~25~45

- TBM 헤드가 암반 면에 접하는 순간에는 더 클 수도 있고, 매우 연약 토사에 위치하면 더 낮을 수도 있음
- 진동수는 일반적으로 100 Hz 이하

표에서 보면, 지하 30 m 이하의 깊이에서 TBM 공사가 이루어지면 진동은 PPV로 1 mm/s, 구조물 전달소음은 50 dB(A) 이하일 것으로 예상된다.

또한, Hiller 등이 기계식 터널 보링작업(TBM)과 발파 등에 의한 보링작업(NATM) 시의 지질별 PPV의 측정치들을 회귀직선으로 나타낸 결과는 <그림 3.11>과 같다.

3.5 공사장의 진동

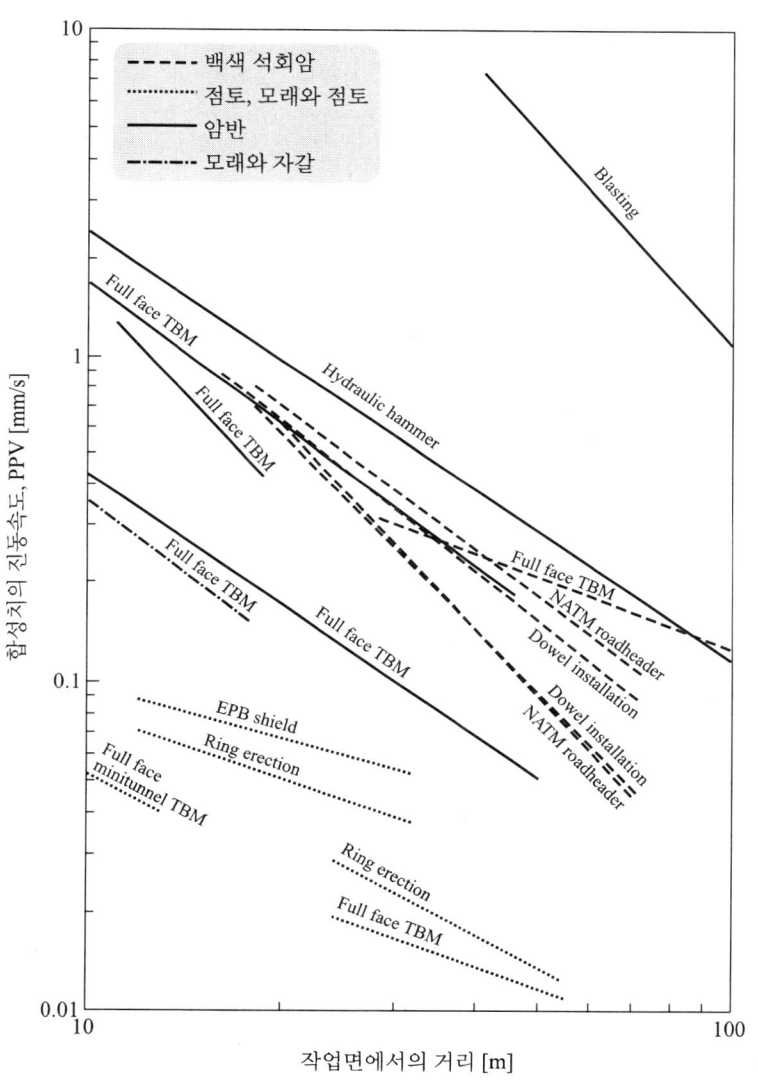

그림 3.11   지질별 기계식 터널 보링작업 시의 진동속도
(출처: TRL REPORT 429, 2000)

그림에서 기계식 터널 보링작업 시에 발생하는 진동 합성치(PVS)의 PPV는 암반 보링 시에 가장 크고 점토나 모래일 때 가장 낮다. 기계 굴착면에서 20 m 떨어지면 어떤 지질이든 PPV가 1 mm/s 이하임을 볼 수 있다. 다만, PPV의 95% 신뢰구간의 상단치는 그림의 회귀직선 값 보다 수 배 이상 큰 경우가 많다. 95% 신뢰구간 상단치를 예측하는 식 중의 하나로 Godio 등(1992)이 제안한 것은 다음 식과 같다.

$$PPV = 180 \cdot r^{-1.3} \quad [\text{mm/s}] \tag{3.6}$$

여기서 r은 진동원에서 예측지점까지의 직선거리(m)다.

한편, 지반 진동에 기인한 실내 구조물 전달소음의 예측치 L_r을 구하는 방법의 하나는 다음 식과 같다.

$$L_r = 127 - 54 \cdot \log(r) \quad [\text{dB(A)}] \tag{3.7}$$

기계식 터널 보링작업(TBM) 시에 발생하는 진동 및 소음의 예측치는 지질, 굴착속도 등에 따라 다르기 때문에 이상의 해외 사례를 참고하고, 국내 현장의 데이터를 취합하여 함께 검토할 필요가 있다.

3.5.3 열차 터널의 진동 예측

지하철도를 설계할 때의 진동 설계 목표기준은 야간의 철도 진동한도가 60 dB(V)인 점을 고려하고 안전율 5 dB을 반영한 55 dB(V)로 설정하는 것이 바람직하다.

지하철도에 의한 진동레벨을 지면에서 예측하는 방법 중의 하나로 일본에서 환경영향평가 등에 많이 사용하는 경험식의 사례를 소개한다.

(1) 원형 터널의 경우

$$VL_1 = K_1 - 12 \cdot \log(L_1) + 25 \cdot \log(V/50)$$
$$- 24 \cdot \log(W_1/30) + X \quad [\text{dB(V)}] \qquad (3.8)$$

(2) 박스형 터널의 경우

$$VL_2 = K_2 - 16 \cdot \log(L_2) + 25 \cdot \log(V/50)$$
$$- 24 \cdot \log(W_2/60) + X \quad [\text{dB(V)}] \qquad (3.9)$$

여기서 VL_1 및 VL_2는 예측지점 지면의 상하방향 진동레벨의 최대치의 평균치고, L_1 및 L_2는 <그림 3.12>에 나타낸 바와 같이 예측지점에서 터널 표면까지의 가장 가까운 직선거리(m)로 원형 터널은 $5 \leq L_1 \leq 50$, 박스형 터널은 $2 \leq L_2 \leq 50$ 조건이다.

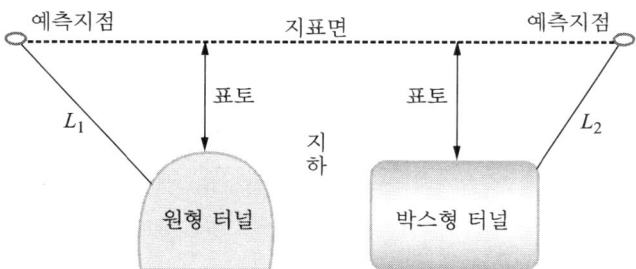

그림 3.12 지하철 터널 구조와 예측지점 모델

V는 열차의 속도(km/h)로 $30 \leq V \leq 75$ 범위이고, W_1 및 W_2는 터널의 콘크리트부 중량(톤/m)이며, K_1 및 K_2는 <그림 3.13>의 궤도 구조별 종류에 따른 정수(dB)로 <표 3.13>과 같다.

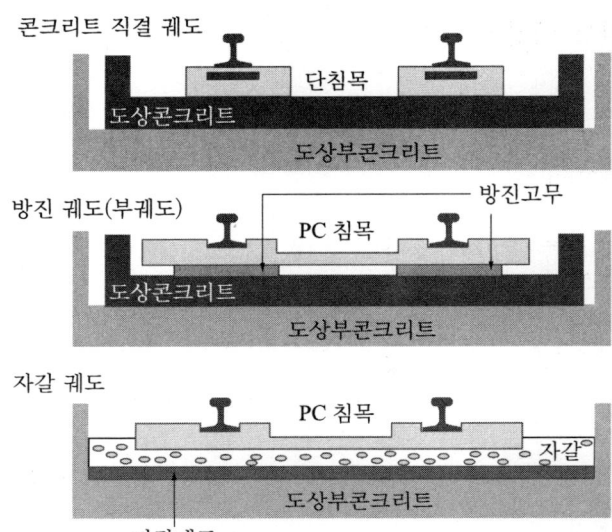

그림 3.13 콘크리트 궤도의 구조별 종류

● 표 3.13 궤도 구조와 K값 [단위: dB]

궤도 구조	콘크리트 궤도		자갈 궤도
	직결	방진 궤도(부궤도)	
K_1	63	53	56
K_2	74	64	67

X는 차량 중량 등에 따른 보정치로 소형은 -5 dB을 적용한다.

3.6 발파진동의 관리

3.6.1 국내 관리기준

건설공사 시의 구조물 해체나 연암이나 경암을 절취하는 방법의 하나가 발파다. 발파작업은 크게 동시발파와 지발발파로 나뉘는데, 전자는 주로 산악지대와 같이 개활지형으로 피해반경이 수백 미터 이상 되는 경우에 적용하며, 지발발파는 도심지 건축의 터파기나 터널 등과 같이 발파진동으로 건강이나 구조물에 피해를 줄 우려가 예상되는 경우에 적용한다. 지발발파는 공(孔)과 공 사이, 열과 열 사이에 적당한 시차를 두고 발파하는 방법이다. 그 중의 MS(milli second) 발파는 지발 시차가 수십 밀리 초 단위이고, DS(deci second) 발파는 수백 밀리 초 단위의 것을 말한다. <그림 3.14>에 나타낸 바와 같이 지발 시차 25 ms이면 진폭의 오버랩이 1% 미만이지만 8 ms이면 20%가 오버랩됨으로 적정 지발 시차를 유지할 필요가 있다.

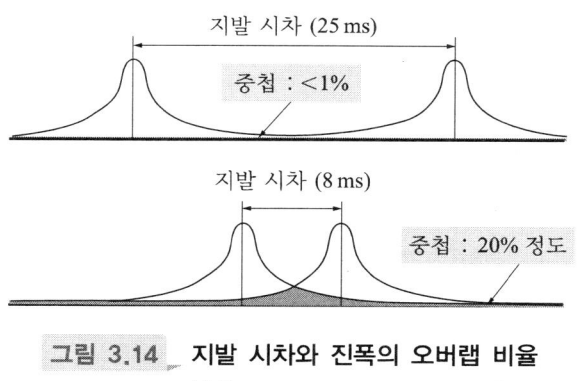

그림 3.14 　지발 시차와 진폭의 오버랩 비율

(출처: Pierre Vuillaume et al., 2014)

Chapter 3 진동 영향

발파에 의한 환경영향은 소음과 진동 및 폭발음 등이다. 국내 주거지역의 발파 소음·진동의 규제기준은 주간에 발파가 이루어질 경우 소음은 75 dB(A), 진동은 75 dB(V)이다. 용도지역이나 시간에 따라서도 기준이 차별화되어 있다.

그리고, 측정 당일의 발파에 따른 소음 또는 진동의 크기가 60 dB 이상인 경우는 발파횟수(N)를 고려한 보정치를 계산(=10·log(N); $N>1$)하여 기준에서 감하여 평가한다. 다만, 보정 후의 값이 주거지역에서 65 dB(V) 미만이 되지 않도록 개선해야 한다.

국토부의 '도로공사 노천발파 설계·시공지침(2006)'에는 진동속도 피크치의 95% 신뢰구간 상단치인 $PPV_{,95}$를 구하는 다음의 설계발파 추정진동식과 이 식에 근거한 이격거리별 지발당 장약량 조견표가 제시되어 있다.

$$PPV_{,95} = K \cdot (D/W^{1/2})^{-n} \quad [mm/s] \quad (3.10)$$

여기서, K는 현장 상수, W는 지발당 최대 장약량(kg), D는 발파원에서 피해지점까지의 이격거리(m), n은 현장 지수다. 국토부 지침은 위 식의 K를 2,000, n을 1.6으로 설정하고 있으며, 현장 상황이 허락하는 한 실제 시공과 비슷한 조건에서 시험발파를 시행하여 설계발파 추정진동식 중의 K와 n을 구하여 발파설계를 수정·보완토록 하고 있다.

발파 시에 발생하는 자유음장 내의 소음도와 지반 진동레벨을 예측하는 식의 하나를 소개한다. 발파 조건이 상이하기 때문에 정확도에는 한계가 있지만 경향을 파악하는 데 참고할 수 있다.

(1) 예측 소음도(L_b, dB(A)) / (미국 광무국)

$$L_b \fallingdotseq 0.94 \times \left[20 \cdot \log\{186.36(D/W^{1/3})^{-1.2}/P_o\}\right] + 3.42 \quad (3.11)$$

여기서, D는 발파원에서 예측지점까지의 거리(m)이고, W는 지발당 최대 장약량(kg)이며, P_o는 최저 가청음압으로 2×10^{-4}(dyne/cm²)이다.

(2) 예측 진동레벨(VL, dB(V)) / (Vanmarcke 등)

$$VL \fallingdotseq 20 \cdot \log(PPV) + 10 \cdot \log\{1 - e^{(-T_d/0.63)}\} + 85 \quad (3.12)$$

여기서, PPV는 예측지점의 진동속도 피크치(cm/s)이며, T_d는 발파진동파형의 연속시간(s)으로 측정치가 없을 경우는 1을 적용한다.

일반적으로 발파진동에 따른 지반의 진동수는 1~100 Hz 범위(중장비의 경우 : 10~50 Hz)가 많다.

3.6.2 진동 노출수준 - 반응 사례 등

발파진동의 노출수준과 주민 반응에 대해서는 노르웨이에서 공사장(터널 포함) 및 채석장 주변을 대상으로 조사하여 <그림 3.15>와 같이 제시했다.

노출수준 $PPV_{f,95}$는 발파가 있을 때마다 건물 기초에서 측정한 PPV의 95% 신뢰구간의 상단치며, 주민(75%가 목조 주택에 거주자로 노르웨이의 평균적 상황임) 반응은 발파 시의 진동 및 소음, 창호의 덜컹거림, 건물 손상 우려 등에 대해 설문을 조사하여 불쾌함으로 나타낸 응답률이다.

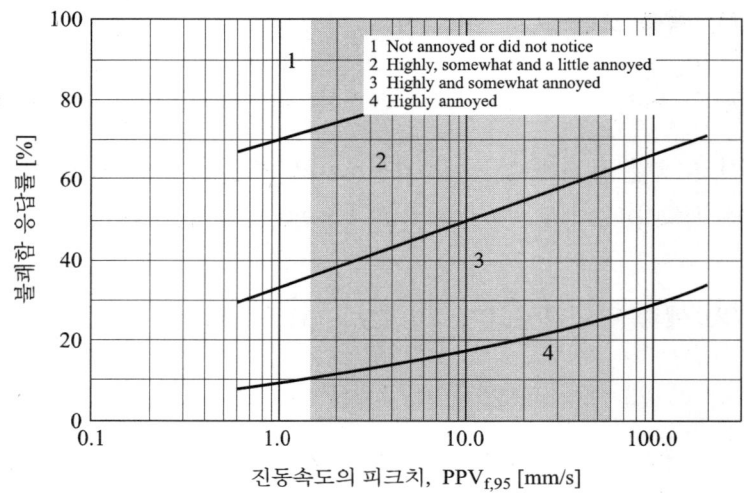

그림 3.15 발파진동에 대한 노출수준과 불쾌함 응답률 관계
(출처: Iiris Turunen-Rindel, Ronny Klæboe, 2017)

그림에서 4번 곡선은 매우 불쾌함의 응답률을 나타내는 데 $PPV_{f,95}$ 가 0.6~3 mm/s일 때 10% 정도다.

이외에 Alan B. Richards & Adrian J. Moore는 발파 시의 진동수준이 2 mm/s이고 폭발음이 110 dB(L) 수준이면 주민들이 불평을 시작하고, 그 수준이 5 mm/s와 115~120 dB(L)을 초과하면 불평이 증가한다고 밝혔다.

호주·뉴질랜드 환경협회는 발파에 따른 주민들의 불쾌함을 최소화하기 위해 폭발음은 115 dB(L) 이하, 최대 발파진동치인 PPV_{max}는 5 mm/s 이하를 권장하고 있다. 그리고, 장기간의 관리 목표치로 PPV 2 mm/s 이하를 고려할 것을 권장하고 있다.

일본의 경우 발파진동의 관리치는 조례(동경도 : 75 dB)나 화약학회 제안치, 보안물건의 안전기준 등에 의한다. 일본 화약학회 제안치는 사람을 대상으로 진동수 분석없이 평가할 경우는 주간에 73 dB 혹은 배경진동레벨+30 dB 중에서 낮은 것을 적용토록 하고 있다. 방향성 분은 Z성분인 상하진동이 큰 경우가 많지만 X, Y의 수평진동도 측정하여 평가할 것을 권장하고 있다. 민가 건물을 대상으로 관리치를 PPV로 한 경우는 0.5~2 mm/s(57~69 dB), 진동레벨로 한 경우는 55~75 dB(0.4~4 mm/s) 범위였다(진동레벨과 PPV의 변환식은 $VL = 20 \cdot \log(PPV) + 83$ dB을 사용했다.).

뉴질랜드 교통청은 '고속도로 건설·유지관리 상의 소음진동 가이드'에서 발파진동 관리에 참조할 수 있는 참고기준으로 건물 손상은 건물 기초에서 <표 3.11>에 나타낸 바와 같이 PPV로 5 mm/s를 설정하고 있다.

이상에서 발파진동에 대한 불쾌함은 PPV로 2 mm/s를 기본 기준으로 설정하는 것이 적절하다. 다만, 발파의 빈도 및 형식, 지질 및 건물 구조, 거주형태 및 민감시설 여부 등을 감안하여 제시한 기본 기준을 적절히 가감한 후에 관리의 목표치로 삼는 것이 바람직하다.

3.6.3 고려 사항

발파에 의한 영향을 최소화하기 위해 공사 전의 설계 및 공사 시에 확인할 착안점을 들면 다음과 같다.
① 진동 관리 목표치는 발파 현장 주변의 보안물건(가옥, 상가, 축사, 아파트 등)을 대상으로 생활진동 규제기준과 진동속도 피크치($PPV_{,95}$) 등으로 설정한다. 보안물건 내의 거주자들의 불쾌함이나 건물의 손상을 평가하는 목표치는 법정 기준이나 판례, 해외 사례 등을 참고하고 안전율 등을 감안하여 조정한다. 발파횟

Chapter 3 진동 영향

수를 감안할 때 생활진동 규제기준은 65~75 dB(V) 범위이고, 소음은 65~75 dB(A) 범위다. PPV로는 대개 불쾌함의 경우 2 mm/s, 건물 손상에 대해서는 민감 건물이나 유적·문화재의 경우 3 mm/s, 가옥의 경우 5 mm/s 등이다.

이외에 미국 국립보건원은 시험동물에 대한 진동 가이드라인으로 사육동 건물은 0.1 mm/s, 행동연구실은 0.05 mm/s로 정하고 있고, 호주는 브리즈번 강 개발 시의 수중생물 보호 등을 위해 진동 가이드라인을 0.1 mm/s로 설정한 예가 있다.

<그림 3.16>은 현장 상수 1,140, 현장 지수 1.6인 공사장에서의 지발당 장약량과 이격거리별 발파진동의 진동속도 피크치($PPV_{,95}$)를 나타낸 것이다.

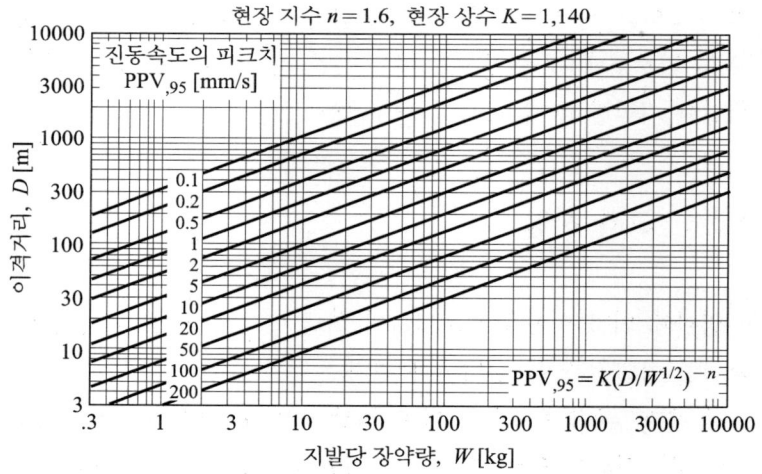

그림 3.16 지발당 장약량과 거리별 발파진동 크기 예
(출처: Alan B. Richards, Adrian J. Moore)

그림에서 지발당 장약량이 1 kg일 때 PPV 0.1 mm/s가 되기 위해서는 약 300 m, 1 mm/s가 되기 위해서는 약 100 m 이격거리를 두어야 한다. 물론 현장마다 암질이나 지형조건 등 발파조건이 상이하기 때문에 시험발파를 통해서 추정진동식을 확립한 후에 적정의 장약량을 결정한다.
② 이격거리는 발파원으로부터 보안물건까지의 사거리를 기준으로 측정하여 적용한다.
③ 동시발파 대신에 지발발파를 택하고 지발당 장약량은 시험발파를 통해서 마련한 추정진동식을 이용하여 보안물건별 발파진동 목표치와 이격거리에 부합하게 산출한다.
④ 시험발파를 발파공사 시행 전에 실제 시공과 비슷한 조건에서 충분히 행하여 추정진동식의 상수 및 지수를 구하여 발파 설계를 수정·보완한다.
⑤ 시공 발파 시는 보안건물의 실내와 건물 기초 등에서 소음·진동을 모니터링하고 민원 및 물건의 손상 여부, 지하수위 등을 확인하면서 시공하여야 한다.

3.7 문화재의 진동관리

오래된 석조나 목조 문화재 등은 구조적 문제뿐만 아니라 물리적, 화학적, 생물학적 및 인위적 요인 등으로 훼손된다. 특히, 이들은 인위적 요인인 진동에도 민감하다. 문화재 등에 작용하는 진동은 도로·철도 및 공장 등의 운용에 따른 연속진동과 공사 중의 발파 및 건설기계의 사용 등으로 발생한 간헐진동이 지반으로 전파하는 것과 항공기의 폭음 등에 의한 공기압이 전파하는 것 등을 들 수 있다.

플랫폼에서 KTX 등의 열차가 지나갈 때나 대형 트럭이 지나가는 도로변에서 진동을 느껴본 적이 있을 것이고, 제트기의 폭음으로 창호(窓戶)가 흔들리는 현상도 경험했을 것이다. 이러한 것이 대표적인 지반과 공기에 의한 진동의 전파현상이다. 마찬가지로 문화재에도 똑같은 현상으로 진동이 전파되며 이로 인한 영향으로 훼손될 수 있다.

문화재 등의 훼손에 미치는 진동영향은 진동수가 낮을수록 크고, 진동이 상하방향보다 수평방향으로 흔들릴 때가 크며, 간헐진동보다는 연속진동일 때가 크다. 건설공사나 철도 등에 따른 지반진동과 비행기 소음에 기인한 공기진동에 의한 문화재 훼손을 방지하기 위해 설정된 진동 관리치의 국내외 사례를 진동속도 피크치(PPV)로 나타내면 <표 3.14>와 같다.

● 표 3.14 문화재·고 건축물 등의 진동 관리치(PPV)

진동속도 [mm/s]	보호 대상 문화재 등	비고
0.1	• 미국 : 건설공사 시 호번위프 유적지 관리치	느끼지 못함
0.2	• 그리스 : 아테네 유적지, 박물관 지역의 지하철 운영, 테싸로니키 유적지의 지하철공사 • 중국 유물관리국 : 시안 종루 및 성벽(수평진동 : 0.15~0.2)	겨우 느낌
1.3	미국 : 유타주 롱하우스 유물의 비행소음의 진동	강하게 느낌
2.0	• 미국 캘리포니아 교통청 : 문화재류 • 미국 : 차코캐년, 푸에블로그란데 유적지 • 한국 : 지하철 1호선 공사 시의 동대문 구간 ※ 기념물, 유적지 등의 관리치로 많이 설정됨	
3.0	• 독일(DIN 4150) : 단기/기초(장기 : 2.5/최상층) • 스위스 : 간헐진동(도로, 공장 등 연속진동 : 1.5)	

공사 시의 진동과 관련해서 호번위프국립천연기념물은 사람이 거의 느끼지 못하는 수준인 0.1 mm/s로 정했다. 이 관리치는 훼손의 직접적인 인과관계보다는 만약을 대비한 것이다. 차코캐넌 유적지나 동대문 구간 지하철 공사 시에는 2 mm/s로 관리했다. 아테네는 지하철이 유적지를 통과할 때 0.2 mm/s로, 롱하우스는 비행기 소음으로 발생하는 진동을 1.3 mm/s로 관리하고 있다.

진동 관리치가 서로 상이한 것은 문화재나 유적지 등의 가치와 상태 및 내구성, 문화적 관심의 정도, 만일에 대한 대비 등에 따라 다르다.

공사 중의 덤프트럭이나 불도저, 굴착기의 진동속도 피크치(PPV)는 대체적으로 5 m 거리에서 2 mm/s, 50 m에서 0.1 mm/s 정도며, 열차의 진동 수준도 이 범위에 속한다. 물론, 진동의 수준은 건설기계 종류나 투입대수, 지반의 특성 등에 따라서 다르기 때문에 세심한 주의가 필요하다. 문화재에 대해 적정한 진동 관리치를 설정하여 철도 등의 운용에 따라 안전하게 보존되는 지를 평가하고 건설공사 시에 이를 준수토록 하는 등 문화재 안전관리에 관심을 기울여야 한다.

3.8 지진의 규모와 진도

2016년 9월 12일 경주시 남남서쪽 8 km 지점에서 규모 5.8의 지진이 발생하였고, 피해의 대부분은 오래된 기와의 파손이었다. 2019년 4월에 정부는 지진 긴급재난문자 송출 기준에 실제 흔들림 정도를 나타내는 진도(震度)를 추가하는 방안을 추진한다고 밝혔다.

지진은 세계 어느 지역에서나 발생하는 것은 아니고 플레이트가 충돌·침몰 효과를 일으키는 지역에 집중되어 발생한다.

지진의 정도는 리히터 규모나 진도 등으로 표현한다. 리히터 규모는 진원지에서의 지진 자체의 에너지의 크기를 나타내는 데 반해, 진도는 각 관측지점에서의 지반의 진동크기를 나타낸다. 같은 규모의 지진이라도 진원지로부터의 거리의 차이와 지반의 차이 등에 따라 진도는 다르다.

일반적으로 관측지점이 진원지에 가까우면 진도는 크고, 멀리 떨어지면 진도는 작다. 리히터 규모와 진도의 관계는 태풍의 규모와 지역별 비바람의 강도로 대체하면 이해하기 쉽다.

리히터 규모의 지진은 센서를 지하 백여 미터 깊이에 매입하고 지진파를 측정하여 <그림 3.17>의 도표에 프로팅하여 산출한다. 우선

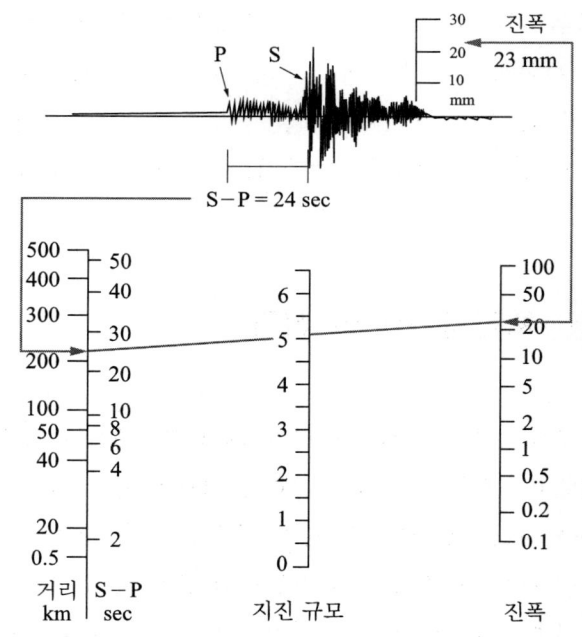

그림 3.17 리히터 규모 지진의 계산 선도(출처: Bolt, 1987)

지진파의 최대 진폭(mm)과 P파(종파)와 S파(횡파)의 도달 시간의 차(초)를 판독하여 그림의 도표에 프로팅하여 선을 그으면 그 지진 규모를 알 수 있다. 그리고, P파와 S파의 도달 시간 차에 의해 진원지까지의 거리(km)를 추정할 수 있다. 그림에서 지진의 규모는 5 정도이고, 진원까지의 거리는 220 km 정도이다.

규모가 1 증가하면 지진파의 에너지는 약 30배, 2 증가하면 약 1,000배가 되며, 지진파의 진동수는 0.5~10 Hz 범위가 많고 상하방향 성분보다 수평방향 성분이 강하다.

지진의 규모와 진원지 근처의 영향 및 인위적 진동원과의 관계는 <표 3.15>와 같다.

● 표 3.15 지진의 리히터 규모와 영향 등

리히터 규모	진원지 근처 영향	비고
2 미만	느끼지 못함	1: TNT → 32 kg(공사장)
2.0~2.9	거의 느끼지 못함, 기록은 됨	2: TNT → 1톤
3.0~3.9	일부 느낌, 거의 파손 없음	3: TNT → 32톤(슈퍼폭탄)
4.0~4.9	대부분 느낌, 실내 물건의 흔들림, 현저한 손상 거의 없음	4: TNT → 1 k톤(소형원폭)
5.0~5.9	불량 건축물의 주된 파손 있음, 잘 설계된 건축물 경미한 파손	5: 나가사키 원폭
6.0~6.9	백마일 이하 거주지의 파손	-
7.0~7.9	광범위한 지역에 심각한 파손	-
8.0~8.9	수백 마일 지역에 심각한 파손	-
9.0 이상	수천 마일 지역에 엄청난 파손	-

표에서 보면 규모 5 미만에서는 현저한 건축물의 손상은 없고 규모 5 이상이면 불량 건축물의 파손 등이 발생한다. 그러나 큰 규모의 지진이라도 진원지에서 충분히 먼 곳이라면 영향은 없다.

진도는 진원지에서 임의의 거리 떨어진 곳에서 느끼는 신체적 감각과 건축물의 손상 등의 수준을 나타낼 때 사용한다. 기상청 홈페이지에 게시된 진도 등급별 피해 현상은 <표 3.16>과 같다.

표 3.16 기상청의 진도 등급별 현상(일부)

등급	진도 등급별 현상	최대속도 V [cm/s]
I	대부분 사람들은 느낄 수 없으나, 지진계에는 기록됨	< 0.03
II	조용한 상태나 건물 위층에 있는 소수의 사람만 느낌	0.03~0.07
III	특히 건물 위층에 있는 사람이 현저히 느끼며, 정지하고 있는 차가 약간 흔들림	0.07~0.19
IV	실내의 많은 사람이 느끼며, 밤에는 잠을 깨기도 하며, 그릇과 창문 등이 흔들림	0.19~0.54
V	거의 모든 사람이 느끼고, 그릇, 창문 등이 깨지기도 하며, 불안정한 물체는 넘어짐	0.54~1.46
VI	모든 사람이 느끼고, 일부 무거운 가구가 움직이며, 벽의 석회가 떨어지기도 함	1.46~3.7

VII~XII 등급은 기상청 홈페이지를 참조 바람

표에서 지진의 진도 등급 III은 진동속도 최대치(PPV에 해당함)로 0.7~1.9 mm/s이고, 등급 IV는 1.9~5.4 mm/s다. 이 수준은 인근 공사장 등의 건설기계나 발파 시에 접하는 진동수준과 비교하면, 등급 III 이내의 경우는 환경진동의 기준을 달성한 수준이고, 등급 IV의 경우는 기준을 초과할 가능성이 크다. 다만, 진동속도의 계측 결과(PPV

혹은 PVS)와 감각 보정치의 적용 여부 등에 따라 다소 차이가 있을 수 있다.

지진에 의한 물적 피해는 공진에 기인한 경우가 많다. 지진파는 각기 다른 진동수의 파동이 여럿 섞여 있으며 그중 가장 우세한 파동의 지반진동수(탁월진동수)와 건물의 고유진동수가 일치하면 공진이 발생하여 그 건물은 다른 건물보다 심하게 흔들리거나 손상을 입는다.

1985년 멕시코 지진에서 14~25층 높이의 건물이 가장 많이 무너졌다. <그림 3.18>에서 20층 건물의 고유진동수는 약 0.5 Hz인데, 멕시코 지진 때의 지진파의 우세한 진동수도 0.5 Hz였다. 다시 말해서 건물에서 공진이 발생하여 무너진 것이 가장 큰 이유였다.

1995년 일본 고베 지진 때는 5, 6층의 건물이 주로 피해를 받았다. 이는 지진의 진동수가 3 Hz 정도였음을 추정할 수 있다.

건물 높이에 따른 1차 고유주기(s)의 조사결과의 사례는 <그림 3.18>과 같다.

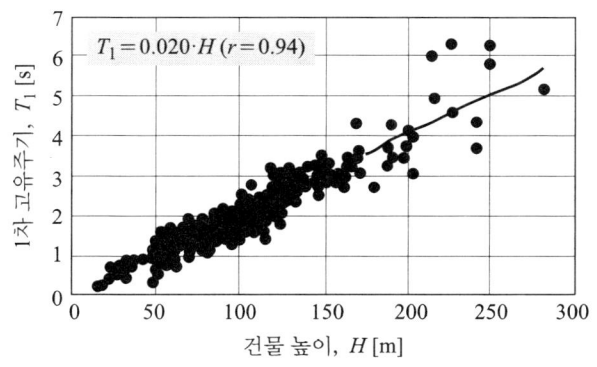

그림 3.18 건물 높이와 고유주기 조사 예(출처: 小野澈郎, 2005)

여기서 건물의 높이를 H(m)라 할 때 1차 고유주기의 역수인 1차 고유진동수 f_{n1}은 대략 $1/(0.02 \times H)$ Hz의 관계를 갖는다.

Chapter **4**

육상 교통소음 대책

Chapter 4 육상 교통소음 대책

4.1 도로소음의 실태와 관리

4.1.1 도로소음 실태

오늘날 일상에서 자동차를 떠난 생활은 생각할 수 없을 정도로 자동차의 홍수 속에 살고 있다. 자동차는 이동의 편의를 제공하는 대표적인 현대문명의 이기(利器) 중 하나지만 부수되는 소음은 도로 주변의 주민에게 큰 피해를 준다.

우리나라의 자동차 등록대수는 2017년 말 기준으로 2,250여만 대로 세계 15위다. 국토 1 km^2당으로 환산하면 우리나라는 224대로 가장 많고, 다음이 일본(213대), 독일(133대), 이태리(121대), 프랑스(58대) 등의 순서다. 등록대수 측면에서만 보면 자동차 소음의 에너지밀도가 우리나라가 가장 클 것이라는 것을 예상할 수 있다.

지난 30여년 사이에 자동차 개체(個體)의 소음수준은 차종별로 평균 10 dB(A) 정도 저감되었으나 자동차의 급속한 증가로 인해 도로상에서의 저감효과는 거의 나타나지 않고 있다. 더욱이 새로운 도로의 건설로 도로소음에 노출되는 인구는 증가했다. 환경부의 2017년도 환경소음 측정망 운영결과에 의하면, 서울 등 44개 도시의 주거지역 중 도로변지역(차선수 × 10 m 이내)의 소음 환경기준 초과율은 주간(기준 : 65 dB(A)) 34%, 야간(55 dB(A)) 64% 수준이었다. 그리고, 도로에 면한 지역은 주간에 70과 야간에 65 dB(A)를 초과하는 곳도 많았다.

이러한 소음수준은 제2장에서 설명한 바 있는 고혈압 및 심혈관계 질병의 역치가 50~60 dB(A)인 점을 감안할 때 생활방해는 물론 상당한 건강피해까지 우려된다. 유럽연합이 도로소음을 미세먼지 다음의

4.1 도로소음의 실태와 관리

두 번째로 건강에 유해한 환경요인으로 평가하고 관리하고 있는 점을 감안하면 우리나라도 도로소음 저감을 위해 적극적인 관심을 가져야 한다.

도로를 주행하는 자동차의 주 소음은 <그림 4.1> 사례에서 보는 바와 같이 엔진계 소음과 타이어 소음(노면과의 마찰에 의한 소음으로 롤링노이즈라고도 한다.)이다.

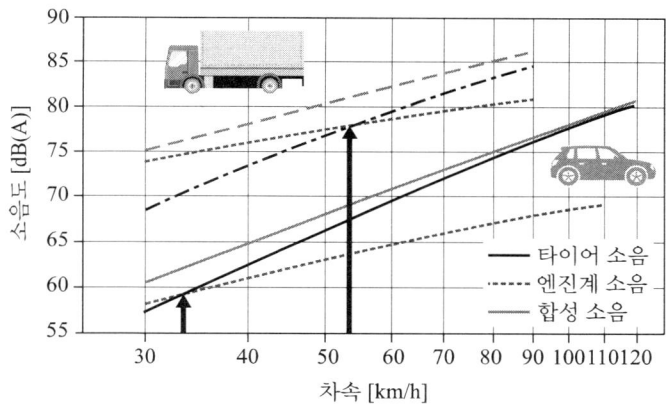

그림 4.1 _ 차속에 따른 엔진계 및 타이어 소음의 관계

(출처: Sandberg, U. & Ejsmont, J.A., 2002)

엔진계 소음은 승용차의 경우 35 km/h 이하, 대형 화물차의 경우 55 km/h 이하로 주행하거나 오르막길을 주행할 때는 타이어 소음보다 크다. 반면에 주행속도가 이보다 크게 되면 반대로 되기 때문에 야간이나 자동차 전용도로, 고속도로 등의 주변에 사는 주민들은 주로 타이어 소음을 듣게 된다.

4.1.2 도로소음 관리

제도적으로 보면, 자동차 개체에 대해서는 제작차(수입차를 포함한다.)는 제작사가 소음허용기준(차종에 따른 가속주행소음 : 74~80 dB(A) 이하)을, 운행차는 소유자가 소음허용기준(차종에 따른 배기소음 : 100~105 dB(A) 이하)을 준수토록 하고 있다.

가속주행소음 측정방법의 예는 <그림 4.2>의 A지점까지 50 km/h의 일정 속도로 진입하다가 A지점에서 순간적으로 가속페달을 전 깊이로 밟고 B지점까지 통과한 때 소음 측정위치에서의 최대소음도를 판독한다. 그리고, 이 최대소음도를 기준과 비교·평가한다.

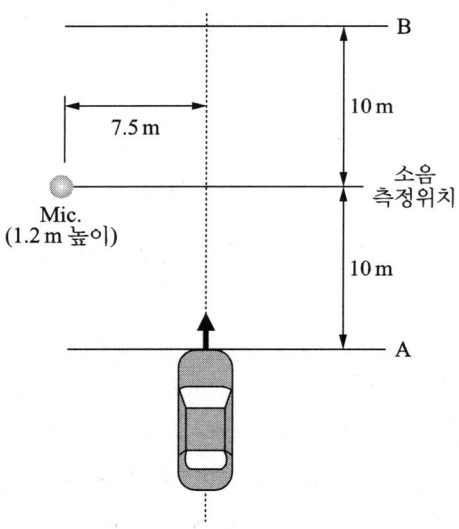

그림 4.2 가속주행소음 측정도

배기소음은 배기구에서 45도 각도로 0.5 m 떨어진 위치에서 자동차의 변속장치를 중립 위치로 하고 정지 가동상태에서 원동기의 최대출력 시의 75% 회전속도로 4초 동안 운전하면서 최대소음도를 판독하여 기준과 비교·평가한다.

주거지역 중 도로변지역의 소음수준이 주간 68, 야간 58 dB(A)를 넘으면 시·도지사가 소음 관리지역을 지정하여 차속 제한 등 교통류 관리와 방음대책을 강구할 수 있도록 하고 있다. 그리고, 환경영향평가 대상이 되는 대규모 공동주택을 건설하는 경우의 도로변 지역은 소음 환경기준 65 dB(A)를, 소규모 공동주택의 경우는 주택건설기준 등에 관한 규정에 정한 소음기준 65 dB(A)(실외 1층과 5층 측정치의 각각의 산술평균)와 거실 내 45 dB(A)(6층 이상)를 달성토록 하고 있다.

이상의 소음기준에 대한 측정위치 및 방법 등을 발췌 요약하면 <표 4.1>과 같다.

● 표 4.1 주거지역 도로변지역의 도로소음 측정방법 요약

구분	환경기준	주택건설기준
위치	소음으로 인하여 문제를 일으킬 우려가 있는 곳의 실외	• 1층 및 5층은 실외 • 6층 이상은 거실(창호 닫음)
방법	(주간 : 06~22) 평일에 2시간 이상 간격으로 4회 이상 측정하여 산술평균(매회 5분 이상 L_{eq} 측정) (야간) 평일에 2시간 이상 간격으로 2회 이상 측정하여 산술평균(〃)	원칙적으로 좌측과 동일 (주간) 출근(07~09)·퇴근(17~20) 시간 포함 (야간) 22~24시 포함 ※ 교통량이 많은 요일
범위	• 일반도로 : 도로단서 차선수 × 10 m 이내 • 자동차 전용도로·고속도로 : 150 m 이내	공동주택의 부지

이러한 규정에도 불구하고 도로소음 대책을 적극적으로 계획하지 않거나 간과하고 신도시나 도로를 건설하여 많은 사람들이 소음에 시달리고 있고 민원이 발생한 곳도 적지 않다.

참고로, 일반적 주거지역에서의 국내·외의 도로소음 기준을 살펴보면 <표 4.2>와 같고, 그 수준은 대략 5 dB(A) 정도의 차이가 있다. 이 기준은 도로나 주변 주택 등에 대한 대책기준으로 활용되고, 신설의 경우는 기설에 비해 수 dB(A) 낮으며 환경영향평가 등의 협의기준이나 대책기준으로 적용되고 있다.

● 표 4.2 주거지역의 간선 도로 등에 대한 소음기준, L_{eq} [dB(A)]

구분	신설		기설	
	주간	야간	주간	야간
한국	(환경기준)		(한도기준)	
	65	55	68	58
일본	(환경기준)		(요청한도)	
	- 일반 : 65 - 간선(근접)* : 70 (실내: 45)	60 65 (실내: 40)	75	70
	※ 도로단에서 15 m(2차선)~20 m(≥ 3차선) 이내			
미국	HUD → L_{dn} 65~75 (주택 건축 허가 가이드라인) FHWA → L_{eq}(1 hr) 67			
독일	64	54	69	59
프랑스	60	55	68	62
이태리	65	55	70	60
오스트리아	55	45	60	50
네델란드	L_{den} 58		L_{den} 65	
영국	L_{10}(06~24 hr) 68			

HUD : 주택도시개발부, FHWA : 연방도로청

4.2 도로소음 대책

4.2.1 발생 억제대책

도로소음 대책의 기본 개념은 <그림 4.3>에 나타낸 바와 같이 발생원, 전파경로 및 수음점 대책으로 나뉜다.

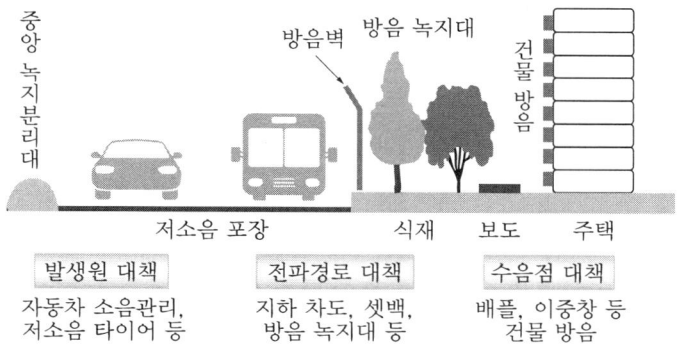

그림 4.3 도로소음 대책의 개념도(편도측)

그림에서 발생원 대책으로, 자동차 개체의 저소음화는 우선 제작차의 소음 허용기준을 단계적으로 강화하는 것이다. 유럽연합은 2016년부터 3단계에 걸쳐 8년간 평균 5 dB(A)를 강화하는 기준을 2014년에 의회의 승인을 받아 추진 중이다. 운행차의 배기소음과 관련해서는 그 소음을 저감하는 소음기(消音器)의 정품 인증제 도입을 검토하는 것이다. 유럽 일부 국가와 일본은 이미 이 제도를 시행하여 부정품에 의한 굉음의 발생을 억제하고 있다.

Chapter 4 육상 교통소음 대책

다음은 엔진계 소음이 상대적으로 작은 전기자동차나 하이브리드 자동차 등과 같은 저소음 자동차를 미세먼지 대책과 연계하여 개발·보급한다.

타이어 소음과 관련해서는 소음기준과 표지제도의 도입을 검토하는 것이다. 유럽연합은 2009년도에 기존에 비해 2~4 dB(A) 강화한 타이어 소음기준을 정하고 소음수준에 따라 3개 등급으로 구분한 소음표시제(EU tyre labelling)를 시행하고 있다.

저소음 도로포장은 유럽 일부 국가나 일본에서 인증제를 시행하고 있으며 3~5 dB(A)의 저감효과를 거두고 있다. 이들 나라의 간선도로나 고속도로 등은 소음저감과 안전운전 등의 목적으로 저소음 포장이 표준 도로포장으로 적용되고 있는 경우가 많다. 다만, 내구성이 취약한 문제점도 있지만 다공(多孔) 아스팔트를 사용한 경우는 우천 시에 배수가 잘 돼 물보라가 거의 생기지 않아 사고를 줄이는 장점도 있다.

교통류 대책으로는 카셰어링, 교통량 분산, 교통 규제, 여객 및 물류 수송의 합리화 등을 통해 교통량을 삭감하는 것이다. 교통량의 분산은 환상도로망 및 우회로의 지속적인 정비와 혼잡통행료 징수제나 교통정보판, SNS 등으로 교통상황을 미리 제공하여 분산을 유도한다. 교통량 분산에 따른 소음 저감량을 <그림 4.4>에서 보면, 교통량이 20% 줄어들면 1, 50% 줄어들면 3 dB(A) 수준이다.

교통 규제는 특정의 도로에 특정 차량의 출입이나 주행속도 등을 제한하는 것이다. 특히 승용차 10대 이상의 소음을 내뿜는 대형 화물차가 많이 다니는 경우는 정온시설이 없거나 적은 곳으로 우회로를 지정하여 소음피해를 줄인다. 대형차 혼입률 등에 따라 차이는 있으나 주행속도가 10 km/h 줄 때마다 소음은 약 1~2 dB(A)씩 감소함으로 <표 4.3>을 참고하여 지역의 특성에 맞게 주행속도 제한을 적절히 활용할 필요가 있다.

그리고, 버스는 가능한 보도에서 먼 중앙차로로 운행케 하여 소음의 거리감쇠를 도모한다. 버스가 중앙차로로 주행하면 갓차로로 주행할 때에 비해 소음을 수 dB(A) 낮출 수 있다.

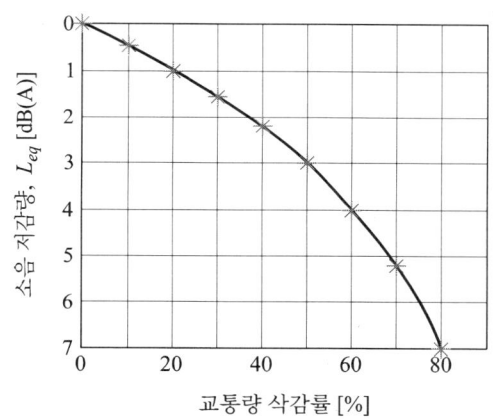

그림 4.4 교통량 삭감과 소음 저감량

● 표 4.3 차속 제한과 소음 저감량

차속[km/h]	소음 저감량, L_{eq} [dB(A)]
100 → 80	2
80 → 60	2.5
80 → 50	4
60 → 50	1.5
60 → 40	3.5
50 → 40	2
50 → 30	4

Chapter 4 육상 교통소음 대책

여객 및 물류 수송의 합리화 중에서 여객은 버스와 철도 등의 교통수단을 확충하고 합리적인 환승 등 대중교통기관의 정비를 촉진하고, 물류는 하드웨어 측면에서 물류거점의 정비와 적정 배치, 소프트웨어 측면에서 재고 및 배송의 합리화 등을 강구하여 불필요한 운행을 억제한다.

이외에 소음에 대한 인식을 고취하는 교육·홍보로 스무드한 운전의 에코 드라이브와 카-풀 및 자전거 타기 등의 활성화를 통해 자동차 운행의 억제와 소통의 원활화를 도모한다.

4.2.2 구조 개선대책

구조 개선 측면의 방음대책은 전파경로 및 수음점 대책으로 도로구조 개선과 방음시설 및 녹지대 설치 등을 들 수 있다. 도로구조는 주변 상황을 고려하여 지하화하거나 반지하화하고 교차로를 <그림 4.5>와 같이 입체화하여 신호에 따른 정차 및 가속 소음을 줄인다.

그림 4.5 입체 교차로의 사례

고가차도의 이면은 흡음처리하면 2 dB(A) 정도의 소음 저감을 기대할 수 있다.

도로변 대책으로는 완충공간의 확보 및 방음녹지대 조성, 완충건축물의 배치 등을 들 수 있다. 방음녹지대는 도로와 주택 등의 정온시설 사이에 공간을 확보하여 방음시설과 공원, 자전거 도로 등을 조성하는 것이다. 일본에서는 '도로환경보전을 위한 도로용지의 취득 및 관리에 관한 기준'에 의거 양호한 주거환경을 보전할 필요가 있는 지역을 대상으로 차도단에서 10~20 m 폭을 매입하여 녹지대와 방음기능을 하는 환경시설대(環境施設帶)를 조성하고 있다. 이렇게 하면 도로에 면한 건물은 도로로부터 입지가 멀어지게 되고 방음시설을 설치하게 되어 상당한 소음 저감효과를 기대할 수 있다.

방음벽이나 방음둑 등의 방음시설을 적정 규모로 설치하면 저층 주거지는 10~15 dB(A) 정도의 저감량이 나타난다. 이외에 용도지역을 적정하게 지정하거나 건축물의 용도나 구조를 재지정하는 방안도 있다. 그리고 토지구획의 정비나 재개발 등 도시개발 사업 등을 통해 완충공간을 확보해 나간다.

완충건물의 배치는 상가, 사무실 등 소음에 내성이 큰 건물을 배치하는 것이다.

일본은 '간선도로의 연도 정비에 관한 법률'에 따라 주간 70, 야간 65 dB(A) 이상인 지역에 완충건물을 조성하면 보조금을 지원한다. 완충건물은 차음효과를 높이기 위해 건물 높이는 5 m 이상, 간구율(間口率, 도로에 면한 부지의 길이에 대한 건물의 길이 비율)은 7/10 이상으로 정하고 있다.

주변 여건 및 소음대책의 상황 등에 따라 차이가 있을 수 있으나 도로구조 및 도로변의 소음대책에 따른 소음 저감량은 <표 4.4>와 같다.

Chapter 4 육상 교통소음 대책

소음이 심한 도로나 신규 도로의 소음대책 시에 참고한다.

● 표 4.4 도로구조 및 도로변의 소음대책과 저감량(일본 사례)

도로구조 및 도로변 소음대책	저감량 [dB(A)]
○ 도로구조(수음점 지면 1.2 m 위치)	
- 저소음 포장	3~5
- 절토(2 m)	5
- 방음터널·지하차도	10~30
○ 도로변	
- 환경시설대(편도 10 m)	5~7
- 방음벽(평탄지에 높이 5 m)	5~15
- 도로와 주택간 공지 확보	
도로단에서 10 m	5
도로단에서 20 m	8
- 완충건축물 설치(이면)	10~20

주택은 신축의 경우 주택건설기준에 따라 차음효과가 큰 구조로 하고, 국토부의 녹색건축 인증기준에 의한 음환경 평가를 받는다. 기존 주택의 경우는 이중창이나 기밀형 방음창에 대한 정보를 제공하여 수리를 유도하고, 취약지역은 정부 보조사업으로 방음공사를 시행하는 방안을 검토한다.

마지막으로 도로에 면하는 건물의 배치 및 건물 내의 용도 구분은 <그림 4.6>을 참고한다.

건물의 배치는 그림의 (a)방식 대신에 소음영향이 작은 (b)방식을 검토한다. 가능한 도로소음을 등지는 방식으로 건물을 배치하고, 건물 실내의 용도는 거주자들이 소음영향을 가능한 작게 받도록 도로에 면한 반대 측에 침실이나 사무실 공간을 배치한다.

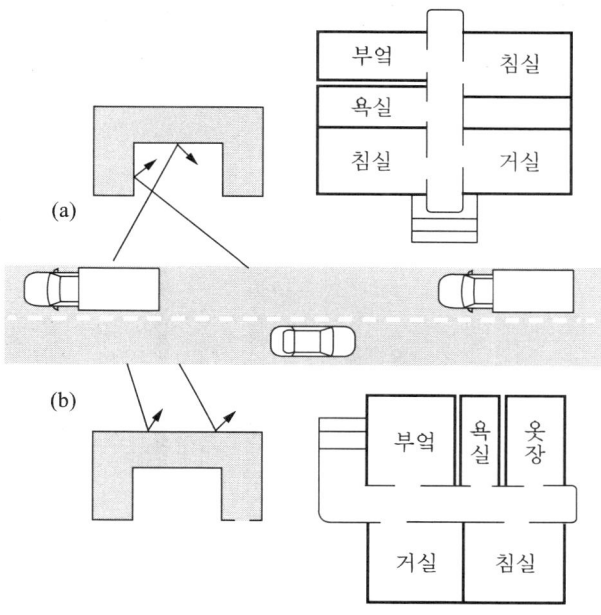

그림 4.6 도로변 건축물의 배치 및 실내 용도 구분

4.3 유럽의 도로소음 대책 장단점

　유럽에서 도시소음의 80% 정도는 도로소음이다. 유럽은 도로 관리 기관들이 SMILE 프로젝트를 통해 각 관리 주체가 소음대책을 하는데 참고할 수 있도록 도로소음 대책 가이드라인(2003)을 제시했다. 내용 중에서 소음대책들에 따른 주민의 저항과 비용/편익을 나타내면 <그림 4.7>과 같다.

Chapter 4 육상 교통소음 대책

주요 소음대책은 ① 교통량 감축, ② 대형차 혼입률 저감, ③ 차속 저감, ④ 저소음 대중교통 및 화물차 운행, ⑤ 노면 개선, ⑥ 방음벽, ⑦ 방음창, ⑧ 도시 개발 및 재개발 등이다.

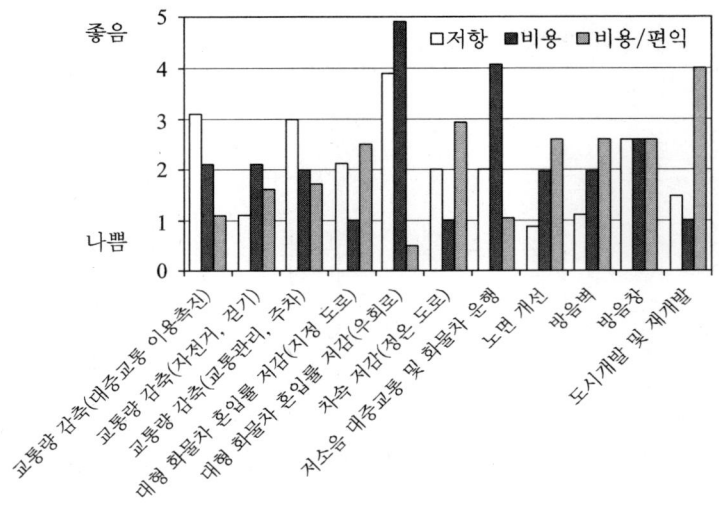

그림 4.7 도로소음 대책별 주민 저항, 비용/편익 등

그림에서 비용/편익이 가장 좋은 것은 도시의 개발이나 재개발 시에 소음대책을 반영한 것이고, 차속을 제한하는 정온도로 지정이 그 다음이다. 저소음 포장에 의한 노면 개선이나 방음벽 시공 등도 비교적 우수하다. 그러나, 우회로를 마련한 대형 화물차의 혼입률 저감은 주민 저항과 비용 측면에서 가장 바람직하지 않다.

그 이후 유럽연합 집행위원회(EC)가 2017년에 '10 ways to combat NOISE POLLUTION'으로 제시한 소음대책별 저감량 및 비용/효과의 점수는 <표 4.5>와 같다.

4.3 유럽의 도로소음 대책 장단점

● 표 4.5 소음대책별 저감량 및 비용/효과

소음대책 종류	저감량 [dB(A)]	비용/효과 점수
도시계획 및 디자인	가변적	☆☆☆☆
건물 차음대책	5~10	☆
건물 배치 및 디자인	2~15	☆☆☆
방음벽 설치	3~20	☆☆
저소음 포장도로	3~7	☆☆☆☆☆
저소음 타이어	3~4	☆☆
교통 관리	1~4	☆☆☆
운전 스타일 변경	5~7	☆☆☆
전기자동차	1	☆

표에서 비용/효과 측면에서 가장 우수한 소음대책은 저소음 포장도로이고 저감량도 큰 편이다. 기존 건물에 대한 차음대책이나 전기자동차 도입 등은 비용/효과가 가장 낮다. 그러나, 건물에 대한 차음대책은 소음 저감량이 상당히 큰 편이다.

다른 한편, 유럽도로이사회의(CEDR)가 2015년에 제시한 소음대책별 저감량은 <표 4.6>과 같다.

● 표 4.6 소음대책별 저감량

소음대책 종류	저감량 [dB(A)]
버스 중앙차선제 등 도로공간 재분배	1~2
대형 화물차 금지	1~3
정온지역의 차속 30 km/h 제한	2~3
저소음 차량 및 타이어 채택	2~3
저소음 포장도로	3
방음벽 시공	~15
방음창 시공	10
정숙 운전	~3

표에서 소음 저감량 측면에서 보면, 저층 주거지역이라면 방음벽이나 건물에 대한 방음창 등이 10 dB(A) 정도로 매우 높고, 다음이 차속 제한이나 저소음 타이어, 저소음 포장, 정숙 운전 등으로 2~3 dB(A) 정도다. 지역의 특성에 맞추어 이들을 잘 조합하면 5 dB(A) 이상의 저감량을 기대할 수 있다.

유럽은 우리나라와 비교해 도로구조와 교통류, 주변 주택의 공간분포 등이 상이하기 때문에 앞에 제시한 내용을 아이디어 차원에서 참고하여 도로소음 대책에 활용할 수 있을 것이다.

구슬이 서 말이라도 꿰어야 보배라는 속담이 있다. 정부는 각각의 소음대책들에 대해 조사 검토하여 관련 법률이나 지침에 반영하고, 우리 실정에 맞는 도로소음 대책에 대한 가이드라인과 시민들이 활용할 수 있는 홍보자료를 마련한다. 그리고, 각 도로관리 주체들은 이를 참고하여 정온한 도시 조성을 위한 합리적인 대책을 강구해야 한다.

4.4 독일의 도로소음 대책 사례

4.4.1 연방 정부

도시에서 흔히 접하는 환경소음은 도로소음이다. 다시 말해서 그물망 같이 연결된 도로를 이용하는 자동차들에 의한 도로소음이 광역적으로 분포하고 부분적으로 철도 및 항공기, 공장이나 공사장 소음 등이 추가된다. 물론, 각각의 소음원과의 거리에 따라 소음수준에 차이가 있으나 국내외를 막론하고 도시 소음의 대부분은 도로소음이고 이를 저감하는 것이 소음피해를 줄이는 지름길이다.

도로소음 대책을 잘 하고 있는 나라의 하나인 독일 사례 등을 중심으로 정온한 도시 조성 방안을 살펴본다. 도로소음 대책에 적극적인 것은 연간 발생한 심근경색건수 중의 4천여 건이 주간 실외 도로소음 65 dB(A) 이상에서, 불면증은 야간 실외 소음도 50 dB(A) 이상에서 나타난다는 연구사례와 부동산 가치손실 및 임대 감소는 50 dB(A)부터 1 dB(A)당 0.5% 및 0.9%라는 조사사례 등에 기초한 것이다. 또한 이러한 부정적인 영향은 비용/편익 평가에서 소음대책 비용이 매우 빠르게 회수된다는 분석에도 근거하였다.

독일은 2005년도에 유럽연합(EU)이 환경소음의 평가 및 극복을 위해 2002년에 제정한 EU지침을 연방임미션방지법 제47조에 반영했다. 주요 내용은 소음지도 작성 및 노출인구 산정, 환경소음 저감을 위한 단기적, 중기적, 장기적 대책의 완성, 소음지도 작성과 대책의 정보 및 공개, 참여 등이다. 소음대책의 목표치는 의무사항은 아니지만 <표 4.7>과 같이 제시하였다.

● 표 4.7 환경소음 대책의 목표치(2006년)

단기적	건강위험 방지	L_{dn} : 65 / L_n : 55 dB(A)
중기적	과도한 소음공해 감소	L_{dn} : 60 / L_n : 50 dB(A)
장기적	과도한 소음공해 방지	L_{dn} : 55 / L_n : 45 dB(A)

독일의 각 지자체는 법률에 따라 소음지도를 작성하고 소음대책을 수립·시행토록 되어 있다. 각 지자체가 작성한 소음지도는 2007년도에 처음 완성되었고 소음대책은 2008년에 발표되었다. 이러한 일련의 작업은 5년마다 업데이트를 실행하고 소음대책의 실행상황을 유럽연합에 보고한다. 그리고, 2013년도에는 연방의회의 결정에 따라 지방

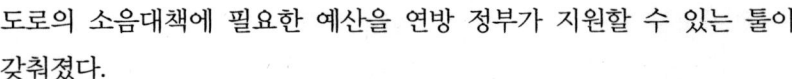

도로의 소음대책에 필요한 예산을 연방 정부가 지원할 수 있는 툴이 갖춰졌다.

4.4.2 베를린의 정온 도시 조성

베를린시는 법률의 규정에 따라 2007년도부터 소음지도 작성을 시행했다. 그 결과, 산정한 야간의 소음수준별 노출인구의 예는 <표 4.8>과 같다. 이 기초자료를 근거로 2008년부터 5년간의 소음대책을 수립·시행했다.

소음대책의 시급성에 따라 1단계는 우선적으로 건강위험 방지대책이 시행되어야 하는 주간 70, 야간 60 dB(A)를 초과한 경우이고, 2단계는 건강에 영향을 미치는 임계값으로 주간 65, 야간 55 dB(A)를 초과한 경우다. 12개의 자치구와 8개의 계획노선에 대해 총 92개의 권장 대책사항이 제안되었다. 권장사항은 다양한 기획과정을 통해 모든 담당기관과 함께 결정하고 투자계획이 보장되었다. 대책 도로의 우선순위를 결정하는 세부적 방법으로는 소위 '소음지수[= 피해 주민수 × (평균 소음도 - 임계값) / 도로길이 100 m(임계값 : 주간→65, 야간→55 dB(A))]'를 활용했다. 이 지수는 노출인구의 밀도가 높고 소음도가 클수록 크다.

물론, 소음대책 및 평가 등에 대한 시민의 의견수렴을 위해 '베를린이 조용해지고 있다 - 적극적 교통소음 대책이란'을 모토로 인터넷 플랫폼, 언론, 엽서 및 포스터 등을 통한 홍보, 기자 회견, 소음 워크숍, 소셜미디어, 대책계획에 대한 소음포럼, 대책 초안의 공개 등을 거쳤다.

세부적 대책으로 토지이용계획, 도시개발계획 및 전략 등과 연계하여 전 도시적 차원의 소음 저감계획을 통합했다. 차량의 가속 및 감속

4.4 독일의 도로소음 대책 사례

등에 의한 소음을 저감하고 소통의 안정을 위해 전자식 교통체계 개선이나 로터리 체계 보급, 자전거 도로 확대 등에 따른 효과분석을 위한 샘플 노선을 대상으로 시범사업도 추진했다. 도로 노면공간의 조정으로 소음을 2~3 dB(A) 줄일 수 있기 때문에 소통에 지장이 없는 범위에서 주행차선을 줄이고 자전거 도로를 신설하거나 버스 차선의 개선 및 확장 등을 시행했다.

최고 허용 주행속도를 저감시키는 것은 효율적이고 저렴한 소음대책이기 때문에 소음도가 주간 70 및 야간 60 dB(A)를 초과하는 주거지역의 도로를 대상으로 적용했다. 특히, 야간 차속의 제한은 수면보호에 중요하며 가능한 30 km/h 이하로 했다. 대상 도로는 다음의 3개 우선순위(1순위 : 임계값 5 dB(A) 초과 및 소음지수 500 이상, 2순위 : 임계값 2 dB(A) 초과 및 소음지수 350 이상, 3순위 : 임계값 초과 및 소음지수 250 이상)로 구분하여 확대했다.

도로 포장의 개선은 소음 최적화 아스팔트의 사용을 통해 3 dB(A)까지 저감할 수 있으나 10~15%의 추가비용이 소요됨으로 소음도가 높고 다른 대책으로 저감시킬 수 없는 도로에 시공했다. 이상의 소음대책을 위해 연방과 주 정부로부터 4억 유로를 지원받았다. 그리고, 대안이 없는 경우에 적용하는 소극적 대책인 주택 등의 방음창 프로그램은 임계값을 초과하는 경우에 침실 및 어린이 방에 대해 방음창과 환기장치의 설치를 지원하며 지원액은 투자비의 50~70% 수준이다. 또한, 연방 정부는 연방고속도로 소음에 대해서 주간 65, 야간 55 dB(A)를 달성토록 주정부에 방음벽 또는 저소음 포장의 시공과 방음창 및 환기장치의 설치를 위해 매년 5천만 유로를 지원하고 있다.

베를린시는 5년간의 소음대책으로 <표 4.8>에서 보는 바와 같이 야간에 55 dB(A)를 초과하여 소음피해를 받는 주민수를 4만여 명 줄였으나 아직도 약 30여만 명이 피해를 받고 있다. 그러나, 반복되는 5개년 소음대책 사업으로 그 피해인구가 감소할 것으로 예상한다.

● 표 4.8 야간의 평균소음도(L_n)와 노출인구(명)

L_n [dB(A)]	>50~55	>55~60	>60~65	>65~70	>70
2007	183,800	146,400	135,300	56,300	1,400
2012	168,200	150,100	121,600	24,300	300

우리나라도 소음지도 사업과 연계한 지자체의 소음대책 사업이 원활히 추진될 수 있도록 중앙정부가 예산을 지원하는 제도를 마련하고, 지자체는 선진국의 대책 사례 등을 반영한 종합대책을 시행하며, 고속도로와 철도는 해당 관리기관이 기준 달성에 노력하여 주민의 소음피해를 줄여나갈 필요가 있다.

4.5 타이어 소음 표시제 의의

타이어는 노면과 접하는 유일한 차량 부품으로 차량의 무게를 지지하고 구동력과 제동력을 전달하고, 진행 방향을 전환·유지하며 노면으로부터의 충격을 완화하는 네 가지 큰 기능을 갖고 있다. 통상, 승용차는 차속이 35 km/h를 넘으면 타이어 소음이 크게 된다.

노면과의 마찰에 의해 발생하는 타이어 소음은 노면이 같을 경우 타이어의 탄성, 타이어 폭 및 트레이드 패턴 등에 따라 증감된다. 소음 저감을 위해서는 탄성은 크고 폭은 좁아야 좋으나 안전성과 제동력 등은 불리하다. 타이어의 트레이드에는 여러 가지 홈 무늬가 있는데 이를 트레이드 패턴이라 하며 기본이 되는 트레이드 패턴과 특징을 <표 4.9>에 나타냈다.

표 4.9 타이어 종류별 트레이드 패턴과 특징

구분	리브형	러그형	리브러그형	블록형
트레이드 패턴				
형상	원주방향으로 연속한 모양	횡방향으로 연속한 모양	리브형·러그형을 조합한 모양	독립적인 블록을 배열한 모양
특징	조종 안정성 우수, 회전저항 작음, 소음 낮음, 배수 우수, 옆미끄러짐 작음	구동력 우수, 제동력 우수, 견인력 강함, 내절단성 우수	리브의 조종 안정성, 미끄럼 방지 도모, 러그의 구동력·제동력 발휘	구동력·제동력의 우수, 눈길·진흙길 지역의 조종 안정성 좋음

리브형은 조종 안정성이 우수하고 소음과 회전저항이 낮은 반면, 러그형과 블록형은 구동력과 제동력이 우수하다. 이는 전자가 후자에 비해 소음과 연비 측면에서 장점이 있다는 의미다.

금세기 들어 안전뿐만 아니라 도로 주변 생활환경과 지구환경 보호의 관점에서 소음과 CO_2 배출이 낮은 타이어가 요구되고 있다. 이는 타이어의 저소음화 및 회전저항 저감의 양립이 중요한 환경기술임을 의미한다.

독일의 조사에서 자국 내에서 유통되고 있는 승용차 타이어의 종류별 소음도의 차이는 <그림 4.8>에 나타낸 바와 같이 차속 80 km/h일 때 밀입도 포장도로(공극률 7% 이하)에서 10.2 dB(A), 다공 포장도로(공극률 20% 이상)에서 5.3 dB(A)에 이른다.

Chapter 4 육상 교통소음 대책

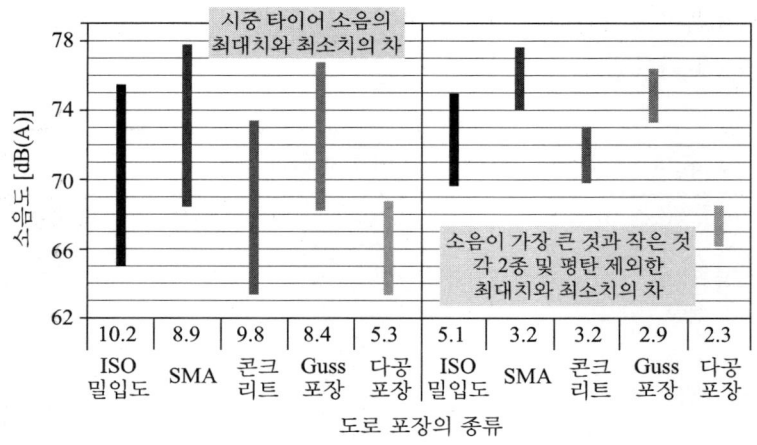

그림 4.8 도로 노면 및 승용차 타이어 종류별 소음도 차이
(출처: Klaus-Peter Glaeser, 2003)

이와 같이 동일 포장 노면에서 타이어의 종류에 따라 소음수준이 10 dB(A)까지 차이가 난다는 사실은 타이어 소음 관리의 필요성을 시사한다.

EU는 2003년에 타이어 소음 표시제를 시행하다가 2012년부터는 소음기준을 기존보다 3~4 dB(A) 강화하고 연비와 습윤 제동거리까지를 타이어에 표시토록 하는 제도를 시행하고 있다.

소음기준은 승용차의 경우 7.5 m 떨어진 거리에서 주행속도 80 km/h일 때 타이어 폭에 따라 70~74 dB(A) 범위다.

EU는 타이어 표시제 시행으로 소음·연비, 안전 등이 최고 등급 (AAA)에 이르면 EU 전체에서 얻어지는 잠재이득이 소음 저감으로 연간 110억 유로, 연료 절약으로 연간 130억 유로에 이를 것으로 추계하고 있다.

일본도 2009년도에 타이어 소음 규제를 위한 실태조사에서 50

km/h로 주행 시에 타이어 소음의 기여율이 승용차는 82~97%, 상용차는 45~96%에 상당함을 확인하고 2018년부터 EU의 소음기준을 적용하여 관리하고 있다.

우리나라도 EU 제도를 도입하여 타이어의 연비와 제동력은 2012년 12월부터 시행하고 있고, 소음은 2017년 9월부터 자율표시제를 운영한 후에 2020년부터 본격 시행하고 있다. EU의 타이어 소음 등 표시제에 의한 잠재이득을 감안할 때 국내에서도 그 이득이 상당할 것으로 기대한다.

4.6 저소음 포장도로의 효과

도로소음 저감대책의 하나인 저소음 포장도로가 소음 우심지역에 부분적으로 시공되고 있다. 저소음 포장도로란 공극률이 수 %인 일반 밀입도(密粒度) 아스팔트 포장도로에 비해 수 dB(A) 이상 타이어 소음이 저감되는 도로를 말한다.

타이어 소음은 노면과 타이어 간의 마찰과 충격 등 상호작용으로 발생하는 소음이다. 이 소음은 평탄 도로에서 자동차가 일정 속도 이상으로 주행할 때 지배적이다. 가속 및 감속이 많은 저속도로나 긴 오르막길에서는 엔진계 소음이 지배적이다. 따라서 저소음 포장도로는 타이어 소음이 지배적인 중·고속의 정속도 주행도로에 적용하면 저감 효과가 상대적으로 크다.

타이어 소음은 노면의 불균일성에 의한 타이어의 충격, 노면과 타이어 사이의 에어펌핑, 노면과 타이어 사이의 흡착력 등과 접촉부의 혼효과(horn effect)에 의해 발생한다. 그 저감 원리는 ① 노면을 평탄하고 거칠기를 작게 하거나, ② 에어펌핑 및 혼효과를 줄이는 다공(多孔) 노면으로 하거나, ③ 접촉부의 충격을 완화하는 연성(軟性) 노면으로 하는 것이다.

이상의 세 가지 원리 중의 하나 이상을 적용하여 소음을 줄이는 것을 저소음 포장도로라 한다. 여기서는 두 번째에 해당하는 공극률 20% 이상의 다공 아스팔트 포장을 중심으로 살펴본다.

<그림 4.9>는 밀입도 아스팔트 포장도로와 대비한 다공 단층 및 복층 아스팔트 포장과 다공 탄성 포장도로에서의 소음 저감효과 추이의 사례를 보인 것이다.

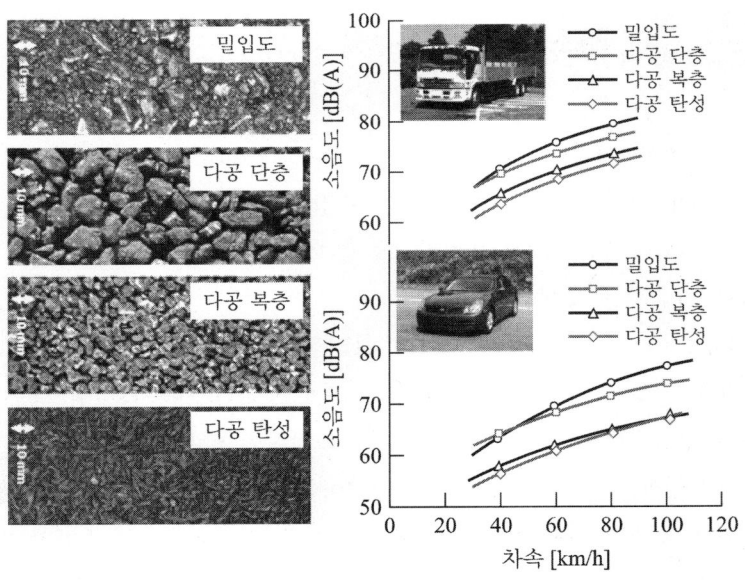

그림 4.9 저소음 포장도로 종류와 소음 저감효과 추이 예

(출처: 45th GRB, 20-22 February 2007 agenda item 7.)

4.6 저소음 포장도로의 효과

그림에서 다공 탄성 포장이 소음 저감효과가 가장 크고, 다음이 다공 복층, 다공 단층 아스팔트 포장의 순서다. 다공 탄성 포장은 내구성의 문제로 시험적으로 연구되는 상황이다.

다공 아스팔트 포장은 공극 유지를 위해 밀입도 아스팔트 포장에 비해 낮은 압축강도로 마감한 것과 공극에서 물이 어는 원인 등으로 내구성이 취약하다. 공극 망가짐은 타이어에 의해 바인더나 모르타르 분이 유동하여 공극이 막히는 현상이 일어나기 때문에 고내구성의 폴리머 개질 아스팔트를 채용해야 한다. 이외에도 빗물 및 차량에 의한 모래, 오니 등이 퇴적되어 소음 저감이나 배수기능을 저하시키기 때문에 관리에도 신경을 써야 한다.

국가별 고속도로의 소재별 포장비율을 보면 우리나라는 아스팔트 포장이 40% 정도이나 프랑스·독일·영국은 80%, 일본은 95% 수준이며, 그 외는 콘크리트 포장이다. 소재의 종류에 따른 타이어 소음의 차이는 일반적으로 밀입도 아스팔트 포장에 비해 콘크리트 포장은 2~4 dB(A) 높고, 다공 포장은 3~5 dB(A) 낮다. 따라서 콘크리트 포장 고속도로를 다공 아스팔트 포장으로 대체할 경우 소음 저감량은 그만큼 크게 된다.

다공 아스팔트 포장에는 단층과 복층 방식이 있다. 노면의 흡음률은 단층은 1,000 Hz 역에서, 복층은 500 Hz와 1,000~2,000 Hz 역에서 각각 피크를 갖도록 하여 소음을 저감한 구조다. 또한, 밀입도 아스팔트 포장은 비에 젖으면 타이어 소음(롤링노이즈)이 4 dB(A) 정도 증가하는데, 다공 아스팔트 포장은 배수가 잘 되기 때문에 우천 시에도 소음이 증가하지 않는 장점이 있다.

네덜란드는 다공 아스팔트 포장이 가장 발달한 나라 중의 하나로 1980년대 말에 고속도로의 최대속도를 100 km/h에서 120 km/h로 높이면서 소음 증가에 대한 보상책으로 이를 표준으로 삼아 보급했다.

2013년도 세계도로협회 보고서에 제시된 저소음 포장도로의 소음 저감량은 <표 4.10>과 같다.

◎ 표 4.10 저소음 포장도로의 소음 저감량 및 기대수명

포장 종류	기대수명 [년]	소음 저감량 [dB(A)]	
		초기	말기(최소)
밀입도 포장(DAC)	다양함	0	−2
다공 포장(PA)	10~12	4	<3
다공 복층 포장(TPA)	9	6	4
SMA 기반 저소음 박층 포장	9.5	4.7	3
다공성 저소음 박층 포장	8.5	5	3

DAC : dense asphalt concrete,   PA : porous asphalt concrete,
TPA : two-layer porous asphalt concrete, SMA : stone mastic asphalt

(출처: PIARC, Quiet Pavement Technologies, 2013)

표에서 다공 아스팔트 포장의 소음 저감량은 ISO(국제표준화기구)의 SPB 방법으로 측정한 경우, 밀입도 포장에 비해 초기(말기)에 단층은 4(<3), 복층은 6(4) dB(A)이고, 기대수명은 10년 내외다. 다만, 소재의 물성, 시공기술, 유지관리 및 기후 조건 등에 따라 크게 다를 수 있다.

도로소음을 5 dB(A) 저감한다는 것은 교통량을 1/3로 줄이거나 차속을 1/2로 낮추는 것에 상당하고, 감각적으로는 소음이 상당히 줄어든 느낌을 받는다.

이상으로부터 저소음 포장도로를 채택한 때는 대상 도로의 적절성, 소음 저감량과 내구성, 성능유지를 위한 관리 등에 세심한 검토가 필요하다. 소음 저감량 측정에 활용할 수 있는 ISO의 자동차 소음 측정 방법은 <표 4.11>을 참고한다.

● 표 4.11 ISO 제안 자동차의 타이어와 노면 마찰소음 측정방법 예

종 류	내 용
Statistical Pass-By (SPB)	주행중심선에서 7.5 m 떨어진 도로변서 측정(승용차 : ≥ 100대, 중량차 : ≥ 80대) [ISO 11819-1]
Controlled Pass-By (CPB)	특정 피시험차량 타력주행 시 주행중심선에서 7.5 m 떨어져 측정
Close Proximity Trailer (CPX)	트레일러의 시험용 타이어와 노면 접촉부위 근접위치에 Mic. 장착하여 측정 [ISO 11819-2]
On-board sound Intensity (OBSI)	특정 주행차량 뒷바퀴의 타이어와 노면 접촉부위 근접위치에 인텐시티 프로브 장착하여 측정

이들 측정방법은 표준으로 정한 대조 도로에 비해 저소음 포장도로에서 소음이 얼마나 줄어들었는지를 인정하는 때에 주로 사용한다. 반면에 기존 도로를 저소음 포장도로로 대체한 경우에 주변 소음이 얼마나 줄었는지는 소음진동공정시험기준에 따라 장기간 비교 측정하면서 교통류, 포장면의 상태, 안정화 기간 등을 함께 조사하는 방안을 검토하여 적정의 대안을 강구할 필요가 있다.

국내 저소음 포장도로의 현황은 2018년 말 기준으로 1,302개소에 2,470 km에 이른다.

4.7 전기자동차의 환경개선

국제적으로 내연기관 자동차의 판매를 금지하는 제도의 도입이 논의되고 있다. 국내에서도 2017년 9월에 2030년부터 친환경 자동차 이외의 자동차의 신규 등록을 거부토록 하는 내용의 '자동차관리법' 개정안이 국회에서 발의된 바 있다.

Chapter 4 육상 교통소음 대책

　이는 저공해 전기자동차 시대의 재등장을 의미한다. 19세기 후반부터 20세기 초반까지 전기자동차의 시대가 있었다. 당시 전기자동차는 유럽은 물론 미국까지 뻗어갔지만 성능이 우수한 내연기관의 발명과 대량생산으로 점차 사라졌다.

　오늘날 전기자동차의 재등장은 운전 중에 대기오염물질을 거의 배출하지 않아 코 밑의 오염원으로부터 해방과 30 km/h 이하로 저속 주행 시의 소음도 상당히 낮은 장점 때문이다. 물론 이외에도 온실가스인 CO_2 배출량도 낮고, 구조가 간단해 정비가 수월하고 연료비도 저렴해 유지비 또한 낮은 이유도 있다. 전기를 생산하는 발전소에서 대기오염물질에 대한 집중 방지대책은 자동차에 개별적으로 방지장치를 부착하는 것보다 쉽고 비용·경제적이다. 발전소는 대개 오지에 건설되기 때문에 오염물질도 확산 희석에 의해 농도가 낮아진다. 더불어 화석연료 외의 풍력, 태양광 등의 신재생에너지, 원자력 등의 전원을 다양하게 사용할 수도 있다.

　소음 측면에서 전기자동차는 내연기관 자동차에 비해 정속도 주행할 경우 5 km/h 이하에서는 10~20 dB(A), 30 km/h 이하에서는 평균적으로 4~5 dB(A) 낮으나, 주행속도가 30 km/h 이상이 되면 타이어와 노면간의 마찰소음이 커지기 때문에 감소량이 뚜렷하지 않다.

　저속 운전 시에 엔진브레이크로 감속하면 내연기관 자동차보다 소음이 2~4 dB(A) 줄어든다. 이러한 특징은 교차로나 이면도로 등에서 주변지역의 소음을 상당히 저감할 수 있을 것으로 기대된다.

　역설적으로 정숙성에 대한 대응으로 2011년 3월, 하이브리드차 및 전기자동차와 같은 조용한 자동차(QRTV; quiet road transport vehicles)에 적용하는 발음장치에 대한 국제적 통일 가이드라인이 마련되었다. 주요 내용은 '차량 접근 경보장치는 차속 20 km/h까지의 영역 및 후진 시에 차량의 주행상태를 상기시키는 연속음을 발생시키는 것으로 한다.'이다.

EU는 2019년 7월부터 전기자동차에 음향경보장치의 부착을 의무화했으며, 차속 10 km/h 시의 최저소음도 50 dB(A), 20 km/h 시의 최저소음도 56 dB(A) 등과 같은 음향경보장치의 규격을 Addendum 137: UN Regulation No. 138에 정하고 있다.

한편, 발전원별 CO_2 배출량을 전기자동차 Nissan Leaf에 적용한 자료에 의하면 <표 4.12>와 같다(우종률, 2016).

● 표 4.12 발전원별 특정 전기자동차 적용 시 CO_2 배출량

발전 구분	석탄	가스	석유	원자력	태양광
Nissan Leaf CO_2 배출량 [g·CO_2/km]	221.5	128.6	177.4	11.3	26.5

표에서 CO_2 배출량은 석탄 화력발전의 전기를 사용한 경우는 주행거리 km당 221.5 g을 배출하여 휘발유 차량(비교 가능한 휘발유 자동차인 Ford Fiesta는 km당 178 g(디젤 : 118 g))보다 더 많이 배출한다. 반면에 원자력의 전기를 사용한 경우는 11.3 g으로 휘발유 차량의 약 6% 정도만 배출한다.

결국 전기자동차의 CO_2 배출량은 발전원별 발전량 구성비와 밀접하게 관계됨을 알 수 있다. 국가별 발전원을 고려한 전기자동차의 CO_2 배출량은 중국 169, 미국 126, 한국 124, 독일 122, 프랑스 23 [g·CO_2/km] 수준으로 우리나라는 비교적 우수한 편이다.

한편, 에너지효율 측면에서 전기자동차는 34%, 휘발유자동차는 14% 수준이다. 휘발유 1리터당의 열량은 8,300 kcal(가격 : 약 1,500원)다. 이를 전기에너지로 환산하면 1.35 kWh에 상당한다. 현행 전기

Chapter 4 육상 교통소음 대책

료 체계에서 가정용 전기료가 1 kWh에 80~150원 정도이므로 전기자동차의 효율을 고려한 1.35 kWh의 전기료는 317.6~595.6원 정도이므로 연료가격이 1/3 이하 수준으로 저렴하다(2016년 환경부는 kWh당 313.1원으로 설정).

이상으로부터 원자력이나 태양광 등의 발전원의 비중이 큰 경우는 도시 대기오염의 획기적 개선과 소음저감, CO_2의 감축과 에너지효율 향상 등의 관점에서 전기자동차의 개발·보급이 중요하다.

4.8 도로소음 방음벽 효과

4.8.1 설치 근거와 종류

고속버스나 열차를 타고 여행하다보면 방음벽을 많이 목격한다. 그도 그럴 것이 2018년까지 전국에 설치된 방음벽이 5,597개소에 총연장 1,721 km에 이르기 때문이다. 방음벽을 관심 있게 보면, 철판에 슬릿(slit)이 있는 패널을 사용한 곳도 있고, 투명한 아크릴이나 콘크리트 등의 패널을 사용한 곳도 있다. 물론 이 둘을 적절히 절충한 형식의 방음벽이 설치된 곳도 있다. 왜 이렇게 종류가 다를까 하는 의문이 있을 것이다. 또한, 많은 곳에서 고층의 아파트에 비해 방음벽이 너무 낮은데, 아니면 길이가 너무 짧은데 차음효과가 있을까 하고 의문도 해봤을 것이다. 이렇게 도로나 철도변에 방음벽이 많고, 종류가 다른 이유와 차음효과를 결정하는 크기의 최적화 방안은 무엇인지 살펴본다.

방음벽은 효과적인 소음대책이지만 결코 만능은 아니다. 방음벽은 높을수록 차음효과가 커지지만 방음벽에 의해 도로가 차폐되지 않는 공동주택의 중·고층 세대는 거의 차음효과를 볼 수 없다. 그럼에도 방음벽이 많은 것은 도로나 철도 주변에 학교·병원, 공동주택 등의 정온시설을 신설하거나 기존 정온시설에 대한 소음대책의 하나로 소음기준의 준수를 위해 선호하기 때문이다.

 방음벽을 설치하는 규정은 우선, 도시개발이나 도로 및 철도 등의 신설·확장 시에 환경영향평가법에 정한 정온시설에 대한 소음 환경기준의 달성(주간 65, 야간 55 dB(A))을 위해서다. 둘째는 주택법 중의 주택건설기준 등에 관한 규정에 공동주택을 건설하는 지점의 실외 소음도(1층과 5층 측정치의 각각의 산술평균값)가 특정 도로 등으로 인해 65 dB(A) 이상인 경우에 65 dB(A) 미만이 되도록 하기 위해서다.

 다만, 주택단지 면적이 30만 m² 미만이거나 소음·진동관리법에 정한 소음관리지역에 건축되는 공동주택의 경우, 6층 이상의 부분에 대해서는 창호를 닫은 상태에서 거실 소음도 45 dB(A) 이하로 규정하고 있다. 셋째는 기존의 도로나 철도 주변의 소음이 심하여 소음관리지역으로 지정한 곳의 정온시설을 보호하기 위해서다.

 도로변 등에서 흔히 목격하는 방음벽의 종류는 <그림 4.10>과 같이 다양하다.

흡음형   투명형   반사형   생울타리형

그림 4.10 _ 방음벽의 종류 예

그림에서 흡음형 방음벽은 소음을 대부분 흡수하기 때문에 맞은편에 반사음에 의한 소음 증가가 별로 없지만, 반사형은 대부분의 소음을 반사하기 때문에 맞은편에 상당한 소음 증가를 초래한다. 그래서, 일반적으로 흡음형 방음벽은 도로변 양쪽에 정온시설이 있는 경우에 설치하고, 반사형은 도로변 한쪽에만 정온시설이 있고 그 맞은편은 방음벽의 반사음 영향으로 소음이 증가하더라도 문제가 없는 지역에 설치한다. 이외에 반사형에는 생울타리를 적용한 경우도 더러 있다.

구조적으로 흡음형 패널은 슬릿이 있는 앞판의 내부에 유리섬유 등 흡음재를 충진하여 소음을 70% 이상 흡수하고, 뒤판은 아연도금 철판 등으로 소음이 투과하지 않도록 차단한 구조다. 반사형 중의 투명형은 내충격성, 내구성, 투광성 등이 우수한 폴리카보네이트, 아크릴 등을 사용한다. 어떤 종류의 방음벽이든 투과손실은 20 dB 이상이 바람직하다.

방음벽을 설치하면 조망이 저해되거나 북쪽의 대지에 일조방해의 영향이 문제가 되는 곳은 투명한 방음벽이 요구된다. 투명형의 경우는 빛 반사를 감안해 밖으로 약간 눕는 형태로 시공할 필요가 있고, 새가 날아와 부딪혀 죽는 사례도 있기 때문에 독수리 등 맹금류 모습을 본뜬 스티커인 버드세이버(bird saver)의 부착도 필요하다.

이외에도 도시 미관이나 조망, 통풍 등의 문제가 있다. 따라서 방음벽 설치 이전에 도로의 지하화나 넓은 수림대의 조성, 건물의 배치와 높이의 배려, 저소음 포장도로 시공, 차속 제한·대형차 우회 등 교통류 대책과 함께 보완적 개념으로 방음벽을 설치한다.

4.8.2 차음효과 결정의 3요소

도로소음은 음원으로부터 거리가 2배씩 멀어질 때마다 소음이 약 3 dB(A)씩 감소한다. 거리를 띄워 7 dB(A) 정도를 저감하기 위해서는 도로로부터 약 50 m는 떨어져야 한다. 그러나, 도로변에 일정 높이와 길이의 방음벽을 설치하면 5층 이하의 주택은 평균적으로 7 dB(A) 이상의 차음효과를 기대할 수 있어 토지의 이용을 높일 수 있다.

<그림 4.11>과 같은 방음벽에 의한 차음효과는 도로의 중앙선 위에서 방음벽 상단을 봤을 때 피해위치가 가시선 상에 있는 경우는 3 dB(A) 가량 차음효과가 있지만 가시선 위의 세대에서는 차음효과가 없다.

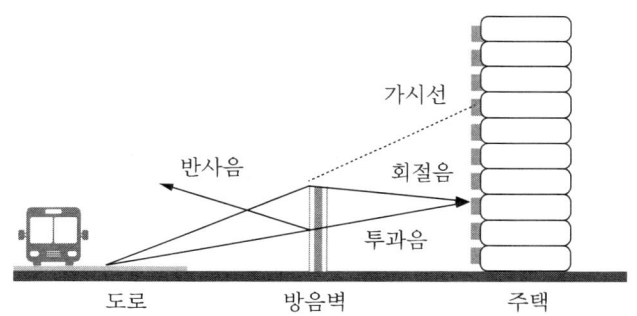

그림 4.11 도로변 방음벽 차음효과의 영향 요인

그리고, 방음벽의 투과손실이 20 dB 이상이고, 높이가 높고, 길이가 상당히 긴 경우는 피해위치가 가시선 아래로 내려가면 평균적으로 10~15 dB(A) 정도까지 차음효과가 나타난다. 이 영역의 소음은 방음벽을 투과해서 오는 것과 방음벽 상단을 회절해서 오는 것과 방음벽 양측단의 도로 가시부에서 입사해 들어오는 것이 존재하기 때문에

그 대소에 따라 차음효과가 가감된다. 따라서 방음벽의 패널에 따라 정해지는 투과손실과 높이에 따른 회절감쇠치 및 길이에 따른 양측단으로부터의 입사음 감쇠치를 적절히 하여야 차음효과 대비 비용경제적인 방음벽의 설치가 이루어진다.

이들 요인 중 방음벽 길이에 따른 양측단으로부터의 입사음 감쇠치는 그 길이가 <그림 4.12>의 조건을 만족하면 무시할 수 있다. 이 경우는 제1장 중의 방음벽 편을 참고하여 방음벽의 차음효과를 계산한다.

방음벽의 길이는 피해위치(파사드의 중심)의 지면에서 방음벽에 수직선(d)을 긋고, <그림 4.12>과 같이 그 길이의 4배($4d$) 이상을 양측으로 연장하거나 피해위치에서 도로 양측을 본 관측각에 대비해 방음벽의 양측단을 본 관측각의 비가 0.83 이상이 되게 한다.

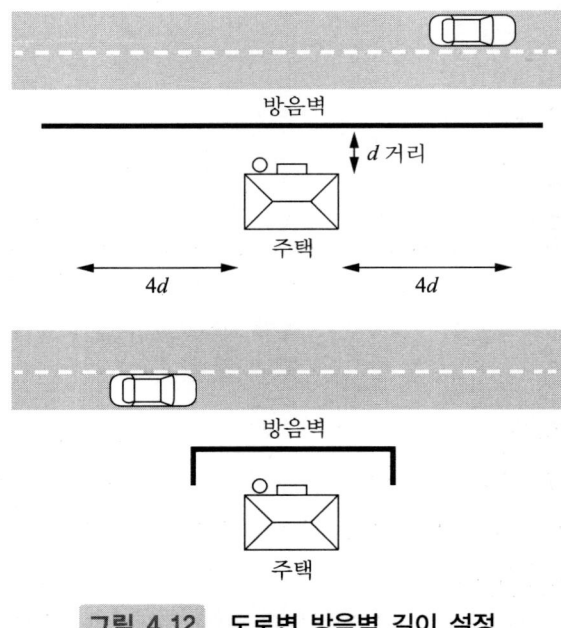

그림 4.12 도로변 방음벽 길이 설정

무한 직선도로의 도로변에 방음벽을 설치한 경우 피해위치에서 방음벽 양측단을 본 관측각이 90°(90°/180°＝0.5)라면 투과손실이나 높이가 아무리 커도 차음효과는 3 dB(A)에 지나지 않는다. 직선 도로의 경우는 실용적으로 피해지점에서 방음벽 양측단을 본 관측각이 150° 이상이면 방음벽 양측단의 도로 가시부로부터의 입사음 영향은 무시할 수 있다.

방음벽에 기대하는 설계목표 차음효과는 피해위치에서의 소음도와 기준치 65 dB(A)의 차에 적정 안전율을 더한 값이다. 10 dB(A) 정도의 차음효과를 얻기 위해서는 패널의 투과손실이 20 dB 이상이거나, 실용적으로는 패널의 무게가 1 m^{2}당 4 kg 이상이어야 한다. 그리고, 패널은 틈새 없이 기밀하게 시공한다. 투과손실이 20 dB인 패널로 시공한 방음벽에 10%의 틈새가 있으면 투과손실은 10 dB로 줄어든다.

통상, 방음벽의 높이가 1 m 높아질 때마다 차음효과는 대략 1.5 dB(A)씩 증가한다.

현장의 사례로, 평탄 지역의 도로변에 높이 15층, 길이 50 m의 아파트 한 동이 있고 연하여 방음벽 50 m가 설치되어 있다고 가정한다. 중앙선 지면에서 방음벽 상단을 본 가시선이 5층 상부에 걸리면 5층까지는 적어도 3 dB(A) 이상의 차음효과를 기대할 수 있다. 그러나 방음벽 길이가 50 m에 지나지 않기 때문에 그 효과는 줄어들고, 특히 아파트 양측의 입주자는 방음벽에 의해 90° 정도만 차폐되어 실제로 3 dB(A) 정도만 차음효과를 본다.

<그림 4.13>의 (a)와 같이 ㄱ자형 방음벽을 시공하면 가시선이 더욱 확대되어 N값이 커지기 때문에 회절감쇠치를 구하는 식에 대입하면 차음효과도 그만큼 증가한다.

비용 대비 경제적인 크기로 방음벽을 시공하여 목표 차음효과를 얻

기 위해서는 지형과 도로구조 등을 고려하여 앞에 기술한 개념으로 높이와 길이를 최적화해야 한다.

(a) ㄱ자형 방음벽　　　　　(b) 투명형 방음터널

그림 4.13 ㄱ자형 방음벽 및 투명형 방음터널의 사례

그림의 (b)와 같은 방음터널의 경우는 투과손실이 크고, 길이가 충분히 길면 고층부에서도 15~20 dB(A) 이상의 차음효과를 보지만 그 길이가 아파트 길이와 같다면 양측단의 세대는 3 dB(A)에 불과한 차음효과를 본다.

무분별하게 길이를 짧게 하거나 높이를 낮게 해서는 기대하는 차음효과를 얻을 수 없다.

방음터널에서 터널 벽의 각 1 m 떨어진 내부 및 외부 소음도를 L_1 및 L_2라 하면 다음의 관계를 갖는다.

$$L_2 ≒ L_1 - TL_a - 6 \quad [dB(A)] \tag{4.1}$$

여기서 TL_a는 방음터널의 총합 투과손실(dB)이다.

방음터널에서 간과할 수 없는 요인은 반사음에 의한 터널 내의 확산음장 형성이다. 이에 따라 터널 내부 및 입출구의 소음도가 5 dB(A) 이상 증폭하는 경우가 많기 때문에 인근에 정온시설이 있는 경우는 저소음 포장도로나 적절한 흡음대책, 투과손실이 큰 패널의 적용 등을 검토할 필요가 있다.

4.9 자동차 굉음 발생 자제

길거리에서 승용차나 오토바이 등의 폭주 굉음이나 갑작스런 경적음으로 등골이 오싹한 스트레스를 받은 경험과 유난히 큰 사이렌음으로 신경이 곤두서는 불쾌함을 느꼈을 것이다. 통상 주변 소음보다 10 dB(A) 이상 큰 소음을 들으면 불쾌함으로 스트레스를 받을 가능성이 크다.

폭주 굉음은 급가속의 원인도 있지만 그 보다는 하위문화적 영웅주의 심리로 폭주 굉음을 즐기고자 정품이 아닌 비정품의 소음기(消音器) 등을 부착하기 때문이다.

근접 배기소음 규제를 시행하고 있는 일본의 조사 사례에서 비정품이나 부정 개조한 소음기는 정품 표준형에 비해 <그림 4.14>에서 보는 바와 같이 승용차의 경우 15 dB(A) 내외의 높은 소음을 방출한다. 오토바이의 경우도 승용차와 유사한 결과였다.

경적음이 소음이 된 이유도 도로 위에서 불필요하게 불만을 나타내는 수단으로 쓰이기 때문이다. 가장 흔한 사례는 적색 신호에서 녹색 신호로 바뀌기가 무섭게 앞차에 경적을 울리거나 끼어들기 한 차량이나 꼬리 물기로 진입한 차량에 대해 위협하듯 경적음을 울리는 모습이다.

이러한 반사회적 행위에 의해 발생한 소음은 도로변에서 90~110 dB(A)에 이른다. 도로변 소음이 환경기준 65 dB(A)를 유지한 상황에서 90 dB(A)에 상당하는 경적음이 5분에 1초씩 두 번만 울려도 5분간

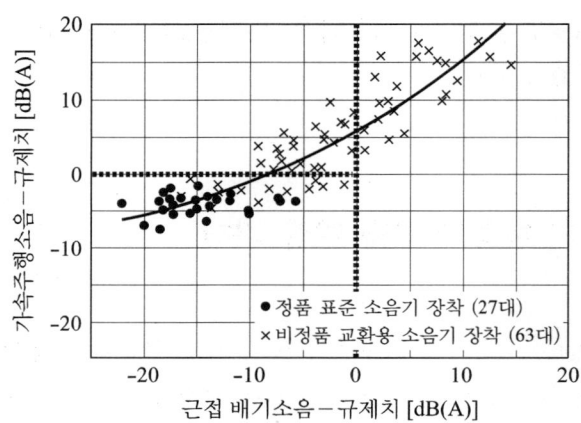

그림 4.14 승용차의 정품·비정품 소음기 소음도 차

평균 소음도는 70 dB(A)가 되고, 90 dB(A)에 상당하는 폭주 굉음이 5분에 5초씩 지속되면 5분간 평균 소음도는 73 dB(A)가 된다. 5분 동안에 순간적으로 몇 번 발생한 이들 반사회적 행위의 소음으로 환경기준을 5~8 dB(A) 초과하게 된다. 이는 교통량 측면에서 통행량이 3~5배나 증가한 상황과 같은 수준의 소음이다. 물론, 이에 따라 상대방 운전자보다 보행자와 인근 주민들은 순간적으로나 하루 전체적으로도 큰 불쾌함을 받는다.

일본 국토교통성은 매년 6월 한 달간 지자체 및 유관기관, 시민단체 등과 함께 '불법 개조 차량을 배제하는 운동'의 일환으로 도로에서 검사 및 홍보 등을 통해 불법 개조 차량의 배제를 적극적으로 호소하고 있다. 그 대상은 부정한 소음기[큰 소음을 초래케 하는 소음기(消音器)의 절단·분리 및 소음 저감장치를 쉽게 탈착하는 등의 기준에 부적합한 소음기 장착], 과도한 선팅(광투과율 70% 이상), 부정 연료 사용 등 12개 항목에 대하여 시행하고 있다. 특히, 소음에 대해서는 사회적으로 배제 요청이 크다.

또한, 일본은 소음기의 정품 인증제의 실효성을 담보하기 위해 배기소음 기준을 참조치로 전환하고 그 수준을 강화했다. 10인 이하의 승용차의 경우 엔진 정격회전속도의 75% 상태에서 배기구로부터 45도 방향으로 0.5 m 떨어진 위치에서 96(엔진이 뒤에 있는 경우 : 100) dB(A)이고, 오토바이는 94 dB(A) 이하 등이다. 소음기의 정품 인증제는 프랑스, 독일, 영국 등에서도 시행되고 있다.

중국 베이징시는 2018년 4월에 경적 남발의 오랜 악습을 퇴치하기 위해 경적을 울리는 자동차를 특정할 수 있는 초음파 감시카메라를 도입하여 그간 명확한 증거가 없어 경적을 울리는 차량을 특정할 수 없었던 문제점을 획기적으로 개선했다.

2014년도 뉴욕시의 보도자료에 의하면, 311 전화로 신고된 소음 민원의 내역은 <그림 4.15>와 같다.

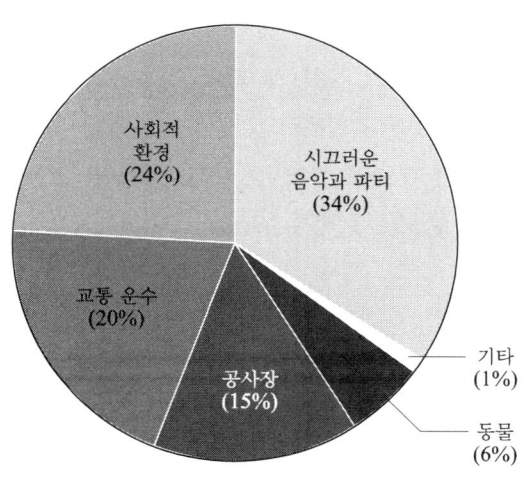

그림 4.15 뉴욕시 소음 민원

그림에서 민원은 음악과 파티에 의한 경우가 가장 많고 교통과 관련한 소음 민원도 20% 수준으로, 우리나라의 1.3%(2018년) 수준과는 큰 차이가 있다. 이는 우리나라가 자동차 굉음 등에 대해 더 관용적이 아닌가 생각한다.

미국 뉴욕시는 조례에 의해 노상의 승용차 소음은 45 m 떨어진 거리에서, 트럭 및 이륜차 소음은 60 m 떨어진 거리에서 분명한 크기로 들리면 단속에 의해 벌금을 물게 된다.

국내에서도 2016년 2월부터 도로교통법에 정당한 사유 없이 소음발생 등을 지속 또는 반복하여 다른 사람을 위협 또는 위해를 가하거나 교통 상의 위험을 발생한 경우는 1년 이하의 징역이나 500만원의 벌금에 처하는 규정이 제정되었다.

무엇보다 운전자 스스로가 법규를 준수하고 주기적 정비를 통해 소음기 등의 정품 교환과 자신의 안전과 상대를 배려하는 마음의 운전습관을 체득하여 스트레스 프리의 정온한 교통문화를 발전시켜야 한다.

다른 한편, 긴급자동차의 사이렌음의 크기는 「자동차 및 자동차부품의 성능과 기준에 관한 규칙」에 해당 자동차의 전방 20 m 떨어진 위치에서 90~120 dB(C) 범위로 설정되어 있다. 이 범위의 차이는 1,000배에 상당하기 때문에 위쪽의 음량을 낮추어 소음성 스트레스를 완화하는 방안도 검토할 필요가 있다.

4.10 도로소음 저감대책과 비용/편익 사례

교통량이 많은 도로를 따라 그 주변에 중·고층의 공동주택이 늘어선 경우는 도로가 소통의 편리성과 공공성 측면에서 긍정적이지만 부

4.10 도로소음 저감대책과 비용/편익 사례

수되는 소음으로 주민들은 시달리게 되고 민원의 대상이 된다. 이를 미연에 방지하기 위해서는 도로를 지하화하거나 도로소음의 공간분포를 고려하여 공동주택을 충분히 이격하거나 소음을 회피할 수 있도록 층수와 배치, 상가나 녹지대 등 완충시설의 설치 등을 입체적으로 반영해야 한다.

도로소음에 대한 충분한 고려 없이 공동주택이 들어서서 소음이 심한 경우는 주민의 건강과 생활환경 보전을 위해 앞에 설명한 소음대책을 강구할 필요가 있다. 여기서는 유럽의 사례(타이어와 노면의 마찰소음이 지배적인 승용차는 35 km/h, 상용차는 65 km/h 이상으로 주행하는 도로를 대상)로 소음대책에 따른 저감량과 길이 1 m당의 생애비용(설치비 및 유지관리비와 간접비를 포함하여 30년간)을 <그림 4.16>에 나타냈다.

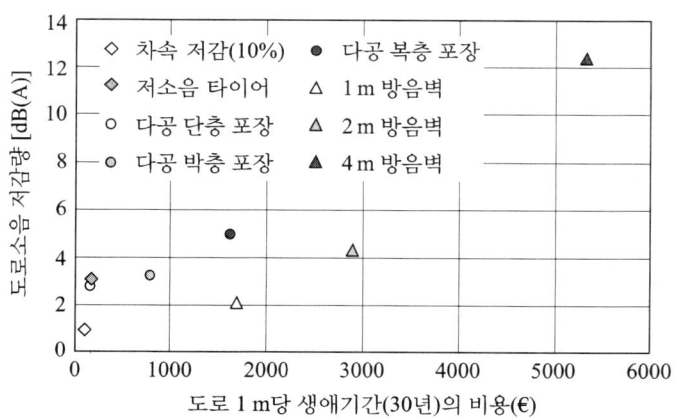

그림 4.16 도로소음 대책과 저감량 및 1 m당 생애비용

(출처: EPA Network, M+P.BAFU.15.02.1)

Chapter 4 육상 교통소음 대책

  그림에서 차속 저감은 10% 감속 시마다 1 dB(A) 정도 저감되고 비용은 0에 가까운데 이는 운행시간 지연에 따른 비용이다. 저소음 타이어에 의한 소음은 차속과 노면에 의존적이지만 대략 3 dB(A) 저감되고 비용은 타이어의 가격 상승에 기인한다. 저소음 다공 포장은 고속주행소음을 포함하며 종류에 따라 저감량 2.5~5 dB(A) 정도이며 비용은 도로 폭 20 m를 기준한 것이다. 방음벽도 고속주행소음을 포함하며 저감량은 높이 1~4 m에서 2~12 dB(A) 정도이고 가장 가까운 차선의 중심에서 10 m 떨어진 위치의 한쪽에 시설한 반사형을 대상으로 한 비용이다.

  유럽은 저소음 다공 포장이 발달하여 국내와 여건이 다르기 때문에 전생애비용을 단순 비교하기는 곤란하나, 4 dB(A) 전후의 저감량일 때 2 m 높이의 방음벽은 3,000 €에 가까운 전생애비용이 드는데 반해 저소음 다공 포장은 1,000~1,700 € 정도로 낮다.

  이들 대책을 시내 도로에의 적용성을 보면, 방음벽의 설치는 한계가 있고 중·고층에는 차음효과 또한 기대할 수 없다. 저소음 타이어는 중앙정부의 규제에 의해 가능하다. 그리고 차속 저감이나 저소음 다공 포장은 중·고속의 주행조건에서 저감량이 크다. 정체가 흔한 도로는 주간보다는 야간에 저감효과를 기대할 수 있어 주민의 수면방해 저감에는 효과적인 수단이다.

  예를 들어, 길이 1,000 m, 4차선 도로를 저감량 3 dB(A)의 저소음 포장도로로 시공하고, 30년간의 생애비용을 <그림 4.16>에 나타낸 900 €라 하고, 도로 주변 500가구가 그 혜택을 본다면, 비용은 900천 €(1,000 m×900 €/m), 편익은 1,656천€(36.8 €/가구·년 × 500가구 × 3 dB(A)×30년)가 됨으로 경제성이 있는 대책이라 평가할 수 있다(36.8 €/가구·년은 4.11절을 참고).

4.11 도로소음 저감의 편익(EU)

소음은 원하지 않는 소리를 말한다. 두 사람 사이의 정겨운 대화도 주변의 제3자에게는 소음일 수 있다. 때문에 자동차 등의 교통기관에서 발생하는 소리는 소음이 아닐 수 없다. 소음은 일상의 대화나 라디오 청취, 수면 등을 방해하고 불쾌함을 주는 등 정서적으로 뿐만 아니라 지속적인 스트레스에 의해 심혈관계 질병을 유발하는 등 건강에 나쁜 영향을 줌을 이미 설명한 바와 같다.

이러한 나쁜 영향을 줄이기 위해 유럽연합(EU) 의회는 2014년에 당시의 자동차소음 허용기준을 향후 8년 사이에 3단계에 걸쳐 평균 5 dB(A) 강화하는 안을 승인하였고, 2016년부터 1단계로 당시보다 평균 1.5 dB(A) 강화된 기준이 시행되고 있다.

EU 집행위원회(EC)는 자동차소음 허용기준의 강화에 따른 비용/편익을 2013년도에 분석하였는데, 당시 적용한 비용은 다음과 같다. 도로소음에 의한 정서적 악영향 때문에 물리적으로 동일한 주택일지라도 소음이 큰 도로변에 위치한 경우는 조용한 곳에 위치한 경우에 비해 어느 정도 가격이 낮은 헤도닉 가격(hedonic price)이나, 연간 1 dB(A)를 저감하기 위해 지불할 의사가 있는 비용(WTP; willing to pay)인 한계가치로 추계했다.

EC는 1 dB(A) 저감에 따른 편익으로 EC 워킹그룹이 2003년도에 제안한 가이드라인(연간 가구당 25 €/dB(A))에 물가상승을 적용하여 2013년도에 연간 가구당 27.8 €/dB(A)를 설정했다. 그리고, 도로소음에 의한 심근경색의 비용으로 연간 가구당 9 €/dB(A)를 추가했다.

이는 도로소음을 1 dB(A) 저감할 때마다 연간 가구(2.4명)당 36.8 €의 편익이 공여된다는 의미다.

이와 같은 소음 저감에 따른 편익과 소음대책에 따른 비용을 분석한다면, 단순히 소음 관리기준을 맞추기 위해 비용을 들여 소음대책을 강구한다기 보다는 이러한 툴을 활용하여 얼마만큼의 편익이 얻어지는지를 대외적으로 설명할 수 있다. 그리고, 소음 관리기준을 달성하기 위해 비용/편익이 큰 소음대책을 강구하는 데도 합리적일 수 있다. 이를 위해서는 우리 실정에 맞는 소음 저감의 편익을 정립할 필요가 있다.

참고로, <그림 4.17>은 유럽 CEDR 보고서에 제시된 L_{den} 도로소음 수준에 따른 연간 가구당 한계가치의 가이드라인을 EC와 나라별로 나타낸 것이다.

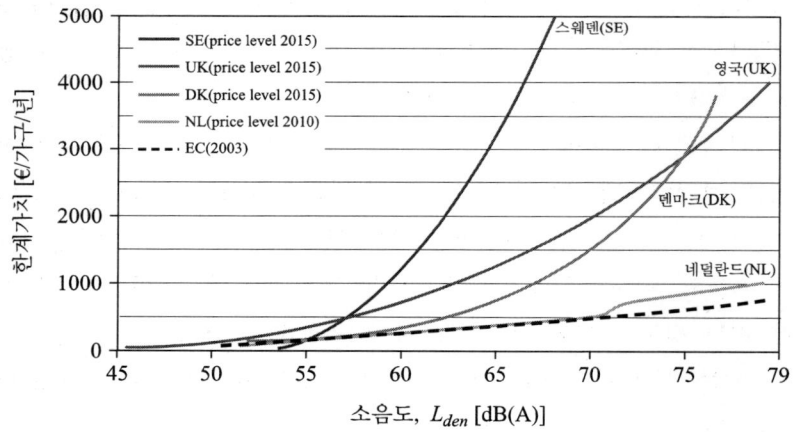

그림 4.17 국가별 L_{den} 도로소음과 한계가치 가이드라인

(출처: CEDR Technical Report, 2017)

그림에서 점선은 EC 워킹그룹(2003)이 제안한 가이드라인으로 50 dB(A) 이상부터 연간 가구당 25 €/dB(A)인데, 이 금액은 네덜란드의 연회색 실선과 대동소이하다. 진회색 실선은 영국 환경식품농무부가

제시한(2014) 것으로 도로소음에 의한 건강 측면의 심근경색증·뇌졸중 및 치매와 쾌적성 측면의 수면방해 및 불쾌함을 반영한 것으로 소음수준이 60 dB(A)를 초과하면 EC 권장치에 비해 2배 이상으로 급격히 증가한다. 검은색 실선은 스웨덴의 경우로 영국에 비해 2배 이상 크다.

4.12 철도소음 평가와 대책

철도소음은 열차가 지나갈 때마다 발생하는 간헐적 소음이다. 그 발생원은 차륜과 레일의 마찰 및 충격에 의한 전동(轉動)소음, 엔진이나 모터 등 구동부의 견인소음, 차량과 공기의 마찰에 의한 공력(空力)소음이 중심이 되고 그 외에 팬터그래프와 급전선과의 마찰이나 교량 등의 구조물의 진동에 의한 소음도 있다. 속도가 30 km/h 이하일 때는

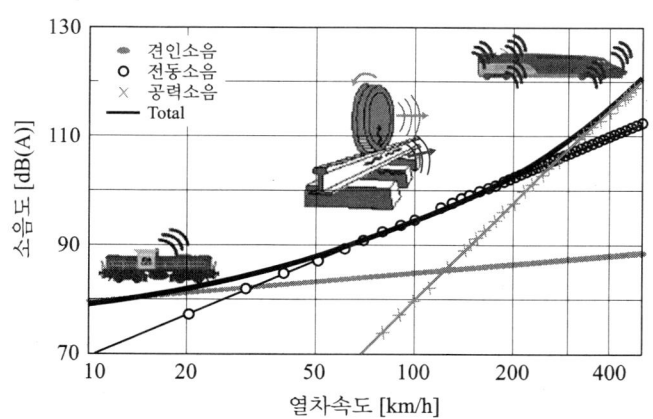

그림 4.18 철도소음의 주행속도와 발생 소음원 관계
(출처: ISBN 92-894-6055-5)

Chapter 4 육상 교통소음 대책

견인소음이, 250 km/h 정도까지는 전동소음이, 그 이상일 때는 공력소음이 주가 됨을 <그림 4.18>에서 볼 수 있다.

철도소음의 영향을 평가하기 위한 척도는 등가소음도와 최대소음도 등이 있다. 우리나라를 비롯한 대부분의 나라가 등가소음도를 채택하고 있고, 호주, 덴마크, 홍콩 등 일부 국가는 최대소음도를 추가하고 있다.

일본은 1970년대부터 신간선에 대해서 최대소음도의 평균값을 채택하고 있으나 재래선 철도는 근래에 등가소음도를 채택했다. 신간선의 최대소음도 채택은 기준을 정할 당시에 등가소음도를 계측하는 장비가 보급되지 않은 점이 큰 이유다. 항공기소음도 당시에는 최대소음도를 기반으로 한 WECPNL을 사용했지만 국제적인 정합성 등을 고려해 2014년부터 등가소음도를 기반으로 한 L_{den}으로 개정했다.

철도소음의 주거지역 실외 관리기준은 국제적으로 등가소음도로 60~65 dB(A)가 많고, 최대소음도를 부가한 경우는 85 dB(A) 내외가 많다. 평가척과 관련, 매우 불쾌함의 응답률에 대한 일본의 사례에서 같은 크기의 응답률에서 최대소음도는 등가소음도보다 25 dB(A) 내외 높았다.

유럽환경청은 소음으로 잠을 깨는 역치를 단발소음 노출레벨(L_{AE})로 53 dB(A)를 정하고 있다. L_{AE}가 63 dB(A)이면 노출된 주민의 19%, 73 dB(A)이면 45%가 잠을 깰 수 있다. L_{AE} 73 dB(A)는 최대소음도로 대략 63 dB(A)에 상당(열차소음의 경우 최대소음도는 L_{AE}에서 10을 뺀 값에 근사함)함으로 차음량이 20 dB(A) 내외인 주택일 경우는 관리기준을 실외 최대소음도 85 dB(A)로 정하여도 실내는 65 dB(A)가 되어 잠을 깰 비율은 45%가 넘을 것으로 예상한다. 때문에 건강한 수면을 위해서는 가능한 심야에 열차 운행을 삼가하거나 아니면 적절한 소음대책을 강구하여야 한다.

소음진동 대책으로 열차의 견인부는 성능 개선과 소음기(消音器)나 저소음 팬 등을 적용한다. 철도 구조부는 진동의 저감수단으로 기초 슬래브와 궤도간에 자갈매트를 적용하면 10 dB, 부궤도를 적용하면 15 dB, 레일과 궤도간에 고탄성 체결장치를 적용하면 5 dB 정도 낮아지고 소음도 줄어든다. 강재(鋼材)부위는 콘크리트 등으로 피복하여 소음·진동을 줄인다.

전동부의 진동은 레일 연결부에서 5 dB, 선로 전환기에서 10 dB, 차륜이나 레일에 파인부분이 생기면 10 dB(A) 정도 소음도가 높아진다. 이는 무거운 장대레일을 채용하여 연결부의 소음·진동을 줄이고, 레일에 제진재나 윤활장치의 적용, 그리고 연삭(研削)을 통해 각각 3 dB(A), 브레이크 시스템을 개선하면 7 dB(A) 정도의 소음을 저감할 수 있다.

레일 연삭에 의한 소음 저감효과를 일본 신간선의 터널의 사례로 보면 <그림 4.19>와 같다.

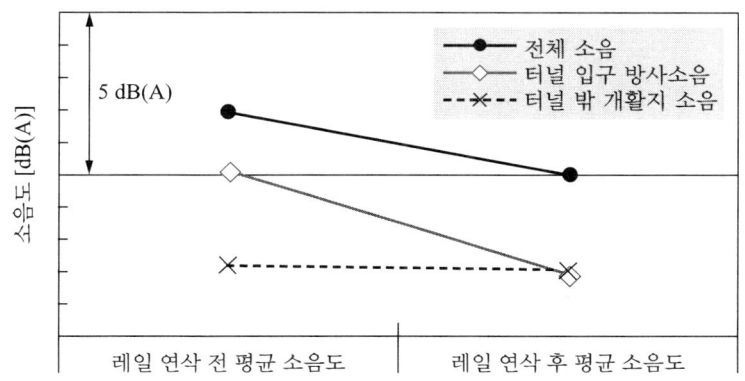

그림 4.19 터널 내부 레일의 연삭에 의한 소음대책 효과
(출처: 田中 靖幸 등, 2005)

Chapter 4 육상 교통소음 대책

그림에서 소음 측정위치는 높이 6 m의 슬래브 궤도 중심부에서 25 m, 터널 입구에서 90 m 떨어진 개활지다. 터널 입구로부터의 방사소음은 터널 내부의 레일을 연삭한 후에 3 dB(A) 저감되어 개활지 소음도와 같은 크기로 되었다. 개활지 소음 및 방사 소음을 합성한 전체 소음도는 2 dB(A) 저감되었다. 이는 터널 내부 레일의 연삭에 따른 소음 저감으로 터널 입구로부터 방사한 소음이 감소하였기 때문이다.

이외에 차량에 스커트(차륜과 레일 간에 발생하는 전동소음을 저감하기 위한 장치)를 적용하면 8 dB(A) 정도, 차량 하부를 흡음처리하면 5 dB(A) 정도 소음을 저감할 수 있다.

공력부는 차량을 유선형화하고, 터널 출입구의 단면을 확대하는 등 형상을 바꾼다.

소음 민감지역 주변에는 방음벽을 설치하거나 불가피한 경우는 정온시설에 대해 방음창 등을 지원한다. 지하철 운행에 의한 지반(地盤) 진동은 열차의 중량이나 속도가 증가할수록 커지고 터널의 콘크리트부 중량이 증가하거나 민가와의 이격거리가 멀수록 작아지는 바, 설계에 반영하여 지반 진동과 진동으로 유래하는 실내소음을 낮추도록 한다.

Chapter 5

항공기소음 대책

Chapter 5 항공기소음 대책

5.1 항공기소음 실태와 민원

근래에 김포 및 김해 민간공항과 대구 및 광주 군용공항 등의 항공기소음 문제가 다시 이슈화됐다. 무엇이 문제이고 해결책은 없는지 짚어본다. 우선 이들 공항의 소음수준을 환경부의 측정망 운영결과인 <표 5.1>에서 보면, 연평균 소음도는 김포 및 김해 공항이 WECPNL 80 dB, 대구 및 광주 공항이 WECPNL 85 dB 정도다. 이들 공항의 소음도는 과거부터 이와 유사한 수준이며, 군용공항은 비행기 운항특성에 따라 연평균 소음도는 수 dB의 변동이 있다.

● 표 5.1 주요 공항 주변의 항공기소음 실태(2017년)

공항	측정소 수 [개]	연평균 소음 [WECPNL]	WECPNL 범위와 측정소 수 [개]				
			75 미만	75~80	80~85	85~90	90~95
김포	12	77	7	3	2	-	-
김해	7	80	2	2	3	-	-
대구	7	88	1	-	2	2	2
광주	7	83	-	4	1	2	-

WECPNL 85 dB을 넘는 측정소 지역을 L_{den} 평가척으로 변환하면 L_{den} 70 dB(A)를 넘을 것으로 추정되며, 도로변 소음수준에 상당한다. 그리고, 이들 측정소 지역 중 김포 및 김해 공항 주변은 항공기가 통과할 때마다 최대소음도 80 dB(A), 대구 및 광주 공항은 90 dB(A)를 넘을 것으로 예상한다.

이들 측정소 지역의 항공기소음 수준에 대한 소음영향을 추정해 보면, 우선 매우 불쾌함의 응답률은 WHO가 2018년에 제시한 <그림

2.5>와 비교할 때 2명 중 1명의 비율이다. 대화방해는 소음도가 80 dB(A)에 이르면 큰 목소리일지라도 명료도가 거의 0에 가까워져 대화가 불가능하다. 이들 측정소 지역에서는 항공기 통과 시에 최대소음도가 80 dB(A)를 넘기 때문에 대화를 할 수 없는 상황에 반복적으로 놓이게 된다. 학교의 교실 내 소음도 항공기가 지나갈 때는 학교보건법에 정한 소음기준 55 dB(A)를 크게 초과할 것으로 예상한다.

야간 수면방해와 관련해서는 WHO는 침실 밖의 실외 간헐소음의 최대소음도를 60 dB(A)로 정하고 있고, 80 dB(A)인 경우는 수면 중인 사람들의 10%가 잠을 깬다. 항공기소음의 발생빈도에 따라 수면방해가 일어날 확률은 달라지지만, 야간에 운항횟수가 많은 공항이라면 민감한 주민군에서 만성적인 수면방해에 의해 건강에 악영향이 나타날 수 있다.

이로 미루어 소음수준이 WECPNL 85 dB을 넘는 측정소 주변지역에서 장기간 거주한 주민들은 소음성 질병의 발생을 의심할 수 있다. 그리고, ISO는 일일 평균소음도가 70 dB(A)를 넘는 곳에서 장기간 노출되면 청력손실이 발현될 가능성이 있다고 보고 있고, 이명은 감음난청(소리를 느끼는 내이의 신경이나 청신경 등의 부분 장애에 의해 발생)으로 발생하는 경우가 많기 때문에 높은 소음도와의 관련성도 커서 청력장애도 우려할 수 있다.

사회적 영향으로, Nelson 교수는 미국과 캐나다의 33개 공항 주변지역의 헤도닉 가격(hedonic price)을 메타분석하여 생활환경으로 적절한 소음수준을 초과한 소음도 1 dB(A)당 감가지수로 0.7%를 제시한 바 있다. 이는 여타의 제반 생활여건이 같을지라도 항공기소음이 큰 지역이 정온한 지역에 비해서 상대적으로 지가(地價)가 그만큼 낮다는 의미다.

Chapter 5 항공기소음 대책

이상으로부터 WECPNL 85 dB을 넘는 고소음 지역은 정상적인 생활환경과는 거리가 있고 신체적 건강피해까지 우려되기 때문에 특별한 소음대책을 검토할 필요가 있다.

집단 민원이 많은 원인은 WHO가 2018년에 제시한 <그림 2.5>의 노출-반응 관계에 근거해 도로소음과 비교한 <표 5.2>를 보면 그 일단을 이해할 수 있다.

표 5.2 도로 및 항공기소음의 매우 불쾌함 응답률 비교

도로변지역 소음 환경기준	매우 불쾌함 응답률 [%], WHO(2018)	공항 주변지역
L_{dn} 65 dB(A) ≈	20% (L_{den})	L_{den} = 52 dB(A) ≈ WECPNL 65 dB

표에서 도로소음은 소음 환경기준에 상당하는 L_{den} 65 dB(A)일 때 매우 불쾌하다고 응답하는 비율이 20% 정도다. 그러나, 공항주변 항공기소음은 L_{den} 52(≈WECPNL 65 dB) dB(A)일 때 이 비율과 같다.

이는 같은 불쾌함 수준에서 항공기소음 쪽이 10 dB(A) 정도 낮다는 것이다. 다시 말하면 항공기소음을 더 시끄럽게 느낀다는 의미다. 항공기소음은 에너지가 크고, 배경소음이 상대적으로 낮은 주거지 상공에서 방사되어 영향범위가 넓고 시끄러움도 크다. 중형기의 하나인 Boeing 767-300의 이·착륙 비행경로 직하 및 측방의 최대소음도는 <표 5.3>에서 보는 바와 같이 경로 직하와 그 주변의 공항 인근지역에

서 65 dB(A)를 넘기 때문에 배경소음이 50 dB(A) 이하인 주거지에서는 불쾌한 소음원이 된다.

● 표 5.3 B 767-300 이·착륙 시의 직하·측방 소음도, L_{max} [dB(A)]

고도 [m]	이륙	착륙			
	직하	직하	직하에서 측방으로 거리 [m]		
			500	1000	1500
305	-	78	72	64	59
610	80	71	68	64	61
915	76	66	65	63	61
1220	73	64	63	62	60
1370	63	-	-	-	-

더불어 압박감을 동반하기 때문에 도로소음보다 더 불쾌하게 느낀다. 특히 전투기는 정숙성이 요구되는 민항기보다 성능과 효율이 요구되기 때문에 그 특성이 더욱 강하다. 또한, 주민 입장에서 이용 편리성도 항공기는 자동차보다 상당히 낮기 때문에 민원이 발생할 가능성도 더 크다.

5.2 항공기소음의 평가척과 관리기준

항공기가 운항되는 공항 주변이나 비행경로 밑에 사는 주민들은 항공기소음의 영향을 받는다. 임의의 지점 위를 지나가는 항공기소음의 패턴은 <그림 5.1> 중의 좌측과 같이 시간에 따라 점점 커졌다 최대소음도(L_{max})에 이른 후에 점점 작아지는 산 모양의 유형이다.

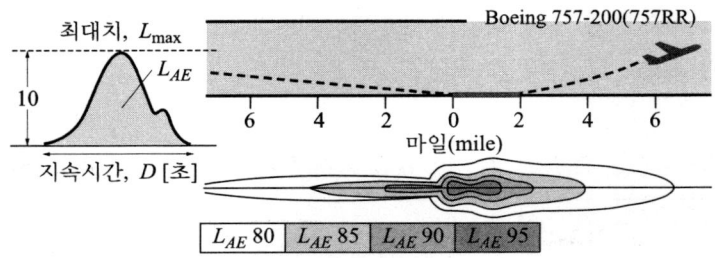

그림 5.1 항공기 비행 시 지상에서 단발소음 노출레벨의 개념(좌측) 및 등소음곡선(우측)(출처: Ted Baldwin, 2012)

A특성 청감보정회로로 측정한 최대소음도에서 10을 뺀 소음도 이상의 시간 구간을 항공기소음의 지속시간 D(초)라 한다. 이 지속시간 구간의 소음을 1초의 간격으로 판독하여 데시벨 합산한 값을 단발소음 노출레벨(L_{AE})이라 하며, 간단히 다음 식으로도 구한다.

$$L_{AE} = L_{\max} + 10 \cdot \log(D/2) \quad [\text{dB(A)}] \tag{5.1}$$

그림 중의 우측은 현재 운항되고 있는 저소음 기종의 하나인 보잉 757-200의 이·착륙 비행 시의 소음을 공항 주변의 많은 지점에서 L_{AE}로 계측하여 나타낸 등소음곡선의 예다. L_{AE} 80 dB(A)의 등소음 곡선 면적은 활주로의 이·착륙 지점을 기점(0)으로 길이 방향 각 7마일과 착륙 시는 폭 1마일 및 이륙 시는 폭 2마일 정도며, 활주로에 가까울수록 L_{AE} 레벨은 커지고 그 면적은 줄어든다. 고소음 기종이라면 같은 L_{AE} 레벨의 등소음곡선 면적이 더 커질 것이다.

항공기가 이·착륙 비행할 때마다 그림 중의 우측과 같은 L_{AE} 등소음곡선이 발생하며, 하루 동안을 기본으로 측정·계산하여 항공기소음 평가척의 기본으로 삼는다. 평가척은 국제적으로 L_{den}을 많이 사용한다. 이외에 L_{dn}이나 WECPNL(웨클)도 사용한다. 우리나라는 간이 WECPNL을 사용하고 있고 2023년부터는 L_{den}으로 전환한다.

간이 WECPNL은 하루 동안 매 항공기가 통과할 때마다 최대소음도(지속시간을 20초로 가정함)를 측정하여 데시벨 평균하고, 등가 운항횟수(석간 운항횟수에 3, 야간 운항횟수에 10을 곱하여 주간 운항횟수와 합산한 횟수)를 반영하여 계산한다. 반면, L_{den}은 매 항공기가 통과할 때마다 최대소음도와 지속시간을 측정하여 구한 L_{AE}를 시간대별로 데시벨 합산하고, 시간대별로 시간율 보정치 ΔL_i를 합산하여 시간대별 등가소음도를 산출한 후에 석간 및 야간 시간대의 등가소음도에 보정치(석간 5, 야간 10 dB(A))를 반영하여 주간 등가소음도와 데시벨 평균한 소음도이다.

$$\Delta L_i = 10 \cdot \log\{1/(3600 \times H_i)\} \quad [\text{dB(A)}] \quad (5.2)$$

여기서 H_i는 규정으로 정한 주간, 석간 및 야간의 각 시간대의 시간수(hr)이다.

지속시간 D가 20초인 경우는 실효감각레벨을 적용한 WECPNL이 L_{den}보다 약 13 dB 크다($L_{den} ≒$ WECPNL $-$ 13). 지속시간은 항공기가 활주로에 가깝게 접근한 경우는 짧지만 멀리 떨어진 경우는 길고, 전투기는 민항기보다 짧다. 지속시간에 대한 해외의 조사 사례를 참고하면 WECPNL 95 dB 내외 지역은 10초, WECPNL 80 dB 내외 지역은 20초, WECPNL 60 dB 내외 지역은 40초 정도인 경우가 많다. 이를 적용하면 지속시간이 10초인 경우는 WECPNL이 L_{den}보다 16 dB이나 크지만 지속시간이 40초인 경우는 10 dB 밖에 크지 않다. 때문에 주민들이 체감하는 항공기소음의 정확한 노출피해를 반영한 L_{den}에 비해 간이식 WECPNL은 활주로와 가까운 지역은 과대평가되고

Chapter 5 항공기소음 대책

멀리 떨어진 지역은 과소평가되는 문제가 있다. 이러한 문제점 개선과 평가척의 국제적 정합 등을 위해 L_{den}으로의 평가척의 전환은 의의가 크다.

예를 들어, 보잉 757-200 기종이 주간(07~19)과 석간(19~22)에 각 3분에 1대, 야간(22~07)에 10분에 1대 운항하고, 각 지속시간을 20초로 가정하여 L_{AE} 80 dB(A) 등소음곡선 지역을 시뮬레이션하면 <표 5.4>와 같은 결과가 얻어진다.

● 표 5.4 L_{AE} 80 dB(A) 등소음곡선 지역의 시뮬레이션

구 분		주석야 운항	주석 운항	비 고
총 운항횟수[회/일]		358	358	주석 3분/야간 10분에 1대
시간대 비행횟수 [회]	주간	244	284	07:00~19:00
	석간	60	74	19:00~22:00
	야간	54	0	22:00~07:00
WECPNL [dB]		73	70	WECPNL 기준 : 75
L_{den} [dB(A)]		60.5	58	L_{den} 기준 : 61
시간대별 L_{eq} [dB(A)]	L_d	58	58	주간·석간은 거의 동일 소음수준에 노출
	L_e	57	58	
	L_n	52	0	70 dB(A) × 54회

표에서 주석야의 24시간 운항하는 경우라면 WECPNL로 73 dB, L_{den}으로 60.5(야간소음도(L_n)→52) dB(A)다. 야간 운항을 금지하면, 야간 비행횟수가 주간과 석간으로 배분되어 주석 운항으로 바뀌면서 WECPNL로 70 dB, L_{den}으로 58(L_n→0) dB(A)가 된다. 두 경우 다 WECPNL 75 dB 미만으로 주택·학교 등이 공항소음방지법에 근거한 소음대책의 지원을 받을 수 없다. 그러나, 야간 운항이 허용된 경우는

WHO의 야간 항공기소음 가이드라인 L_n 40(독일 : 신설·확장 공항의 야간 소음기준 50) dB(A)를 넘고, 최대소음도 70 dB(A)에 54회나 노출되기 때문에 수면방해를 받을 가능성이 매우 크다. 따라서 24시간 운항하는 공항은 하루 기준인 L_{den} 외에 야간 기준(L_n)을 신설할 필요가 있다.

그리고, 이 지역에 학교가 있다면 항공기가 지나가는 매 3분마다 최대소음도 70 dB(A)(평균소음도 58 dB(A))에 약 10초간 노출된다. 교실 창문의 차음량을 15 dB이라 하면 창문을 닫은 빈 교실의 실내소음은 최대소음도로 55 dB(A)(평균소음도 43) 수준이다. 이는 국내 교실소음 기준(평균소음도 : 55)에는 부합하지만 WHO의 교실소음 가이드라인(최대소음도 : 50, 평균소음도 : 35)을 초과하여 학생들이 수업방해를 받을 수 있다. 따라서 WHO의 최대소음도 50 dB(A)를 달성할 수 있도록 학교의 교실에 대한 소음대책은 WECPNL 70~75 dB 지역까지 확대하는 방안을 적극 검토할 필요가 있다.

5.3 공항지역의 항공기소음 대책기준 사례

공항 주변지역의 항공기소음 방음대책 기준을 나라별로 살펴본다. 우리나라는 '공항소음방지 및 소음대책지원에 관한 법률'에 따라 건물 용도별 차음량 기준을 조건으로 건축이 허가되거나 기존 주택에 대한 방음대책이 이루어진다. 즉, <그림 5.2>에 나타낸 바와 같이 WECPNL 75~80 dB일 때 차음량 20 dB 이상에서 WECPNL 5 dB 폭으로 증가할 때마다 차음량도 5 dB씩 증가하여, WECPNL 95 dB 이상에서는 차음량 40 dB 이상이 되도록 하고 있다.

Chapter 5 항공기소음 대책

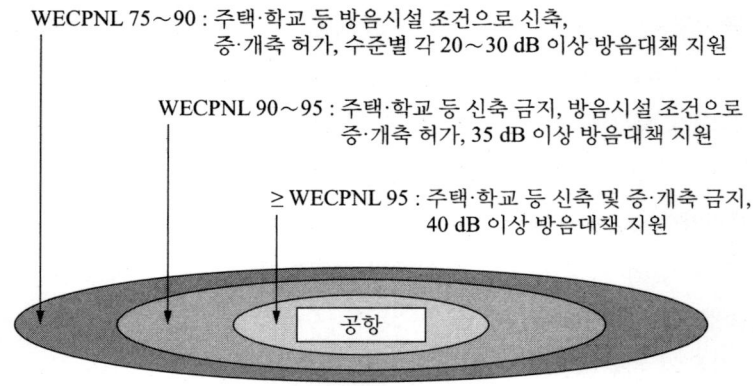

그림 5.2 공항 주변의 항공기소음 대책사업 개관

일본은 2013년까지 우리나라와 동일한 간이 WECPNL을 평가척으로 사용했다. 1971년에 소음 환경기준 전문위원회가 항공기소음 대책으로 우선 야간 운항을 제한하고, 간이 WECPNL 85 dB 이상의 지역에 대해 방음공사 등의 긴급대책을 강구토록 정부에 요청했다. 근거는 WECPNL 85 dB가 각종 자료를 조사한 결과, 당시 영국에서 방음공사를 실시하는 기준인 NNI(noise and number index) 55에 해당했기 때문이다.

그리고, 일상생활에 지장이 없는 수준이면서 또한, 도로소음 환경기준과의 일치성을 고려하여 NNI 40에 해당하는 WECPNL 70 dB을 항공기소음 환경기준으로 설정했다.

당시 영국의 항공기소음 대책기준은 Willson Committee Repot(1963)에 근거하며, NNI(noise and number index) 수준별로 주민의 영향 반응을 조사한 결과에서 NNI 30은 다소 불쾌함, 45는 불쾌함, 60은 매우 불쾌함이라 설명하고 있다.

5.3 공항지역의 항공기소음 대책기준 사례

한편, 2014년부터 간이 WECPNL에서 L_{den}으로 전환하면서 두 평가척 사이의 조사결과를 바탕으로 변환계수를 적용하여 WECPNL을 L_{den}으로 바꿨다. — WECPNL 70 dB → L_{den} 57 dB(A), WECPNL 75 → L_{den} 62, WECPNL 80 → L_{den} 66, WECPNL 85 → L_{den} 70, WECPNL 90 → L_{den} 73, WECPNL 95 → L_{den} 76 — L_{den} 평가척에 의한 일본의 항공기소음 대책의 제도적 틀은 L_{den} 57 dB(A) 이상 지역은 학교·병원의 방음대책, L_{den} 62 dB(A) 이상 지역은 주택의 방음대책, L_{den} 73 dB(A) 이상 지역은 주택의 이전 보상 및 토지의 매입, L_{den} 76 dB(A) 이상 지역은 완충녹지대 정비 등이다.

이외에 정책목표로 항공기소음 환경기준을 두고 있는데, 주거지역은 L_{den} 57 dB(A), 그 외 생활환경 보전지역은 L_{den} 62 dB(A)이다.

미국의 경우는 1971년도에 Schultz가 수행한 noise assessment guidelines 보고서에 근거하며, 1979년에 주택도시개발부(HUD) 및 연방항공국(FAA)이 건축허가 조건으로 소음관련 토지이용 가이드라인을 연방 규정으로 설정하면서 출발했다.

토지이용 가이드라인은 L_{dn} 65~75 dB(A) 범위로 정하고 있다. 이 가이드라인은 군용공항도 동일하게 적용된다. 지자체는 주택이나 학교의 신축 조건으로 L_{dn} 65~70 dB(A) 범위의 지역은 차음량 25 dB, L_{dn} 70~75 dB(A) 범위의 지역은 차음량 30 dB 이상의 방음대책을 수립해야 허가한다. L_{dn} 65 dB(A) 이하 지역은 차음에 대한 허가 조건이 없고, L_{dn} 75 dB(A) 초과 지역은 건축이 불가능하다. 그리고, 공항 운영기구에서는 L_{dn} 65 dB(A)를 초과한 지역의 주택이나 학교 등에 대한 방음대책을 시행한다. 샌프란시스코 공항은 L_{dn} 62 dB(A) 초과 지역까지 확대했다.

Chapter 5 항공기소음 대책

독일은 민간공항 중의 기존 공항의 경우 주간 L_{eq} 60 dB(A) 이상 지역은 주택의 방음대책이, L_{eq} 65 dB(A) 이상 지역은 건축이 제한되며, 야간 기준은 공히 L_{eq} 55 dB(A) 이하다. 그리고, 야간에는 최대소음도의 크기와 발생횟수도 제한하고 있다(<표 8.3> 참고). 한편, 주기적으로 소음지도를 작성하되 2 dB(A) 이상의 변화가 있는 경우에만 대책지역을 재설정토록 하여 제도의 안정을 유지하고 있다.

● 표 5.5 주요 국제공항의 항공기소음 대책기준 사례

주요 공항	방음대책 실시 [단위: dB(A)]
영국 히드로	주간 $L_{eq(16\,hr)}$ 69 이상 : 이주 지원 주간 $L_{eq(16\,hr)}$ 63 이상 : 방음대책 지원 　(주간 $L_{eq(16\,hr)}$ 63 ≈ L_{dn} 65) ※ 런던시티공항 : $L_{eq(16\,hr)}$ 57부터 지원
프랑스 드골	지역 I (≥L_{den} 70) : 실내·외 음압레벨 차 ≥ 45 지역 II (≥L_{den} 65) : 실내·외 음압레벨 차 ≥ 40 지역 III (≥L_{den} 55) : 실내·외 음압레벨 차 ≥ 35 방음대책
독일 프랑크푸르트	주간 지역1 (≥L_{eq} 60) : 방음대책 및 환기설비 설치 주간 지역2 (≥L_{eq} 55) : 학교·병원 등 공공시설의 방음 및 환기설비 설치 야간 지역 (≥L_{eq} 50) : 어린이방, 침실의 방음 및 환기설비 설치
네델란드 스키폴	L_{den} 58 이상 : 방음대책 　　　　(야간 실내소음 보증목표치 : L_{eq} 26) ※ 주택가격 하락에 대한 보상
미국 로스앤젤레스	CNEL(≈L_{den}) 65 이상 : 학교·병원·주택 등의 방음대책 　　　　(샌프란시스코 : 62부터) ※ 실내 : L_{dn} 45 목표 - 65~70 : 25 이상 차음, 70~75 : 30 이상 차음
오스트리아 빈	주간 L_{eq} 54 이상 : 방음대책 지원

5.3 공항지역의 항공기소음 대책기준 사례

주요 국제공항의 소음대책 기준의 사례를 정리하면 <표 5.5>와 같다. 주간은 L_{eq} 55, 야간은 L_{eq} 50 dB(A) 이상부터 방음대책이 주로 이루어지고 있다.

방음대책 기준은 건강보건 측면에서는 낮을수록 좋지만 사회·경제적, 기술적 여건 등을 감안하여 마련되기 때문에 국가마다 공항마다 차이가 있다.

이상의 설명에서와 같이 항공기소음 평가척이 국제적으로 서로 다르고 방음대책 기준 또한 상이하여 통일적 비교는 어렵다. 우리나라와 같은 평가척을 썼던 일본은 학교·병원에 대한 방음대책이 더 엄격하여 L_{den} 57 dB(A)(WECPNL 75 dB 상당)부터 시행되고 있다. 그 외에 73 dB(A) 이상인 지역에는 건축이 허가되지 않는 점 등은 유사하다. 선진국은 군용공항에 대해서도 민간공항에 준하여 방음대책이 시행되고 있는 데 반해 우리나라는 군용공항 주변지역에 대해 적용할 법률이 2019년 10월에 국회를 통과했다.

선진국 사례를 고려할 때 학교·병원에 대한 방음대책 기준을 WECPNL 70 dB 강화하고, WECPNL 90 dB 이상 지역에 대해서는 원칙적으로 공항 지원시설 외는 건축을 불허하는 방향으로 개선하고, 군용공항도 민간공항에 준해서 방음대책을 강구할 수 있도록 제도를 정비할 필요가 있다.

항공기소음 평가척과 관련해서는 L_{den}, L_{dn}, L_{eq}, WECPNL 등이 국제적으로 사용되고 있다. L_{eq}는 하루를 주간과 야간으로 구분하여 기준치를 별도로 설정하는 데 반해, 나머지 평가척은 석간 및 야간을 주간에 비해 5 및 10 dB(A) 강화하여 하루 단위로 평균하여 평가하는 방식이다. L_{den}은 프랑스, 캘리포니아주, EU, 일본 등이, L_{dn}은 미국·호주 등이, L_{eq}는 독일·영국·스페인 등이, WECPNL은 한국·중국이 사용하고 있다.

    WECPNL은 L_{eq} 또는 L_{eq} 기반의 L_{den}, L_{dn} 등과 달라 국제적 정합성이 미흡하다. 국내적으로도 항공기소음 대책기준의 단위(dB)나, 다른 소음원에 대한 법적 평가척과도 달라 통일성이 낮다. 그리고, 항공기별 소음 지속시간을 20초로 일정하게 설정하고 있어 지속시간이 상대적으로 짧은 활주로에 가까운 지역은 실제보다 피해영향이 과대 평가되었다. 이러한 관점에서 국제적 정합성 및 국내의 평가방법 통일성 등 측면에서 그 전환이 요구되었다.

5.4 공항지역의 항공기소음 대책

    공항 주변지역에 영향을 주는 항공기소음을 저감하기 위해 고려할 수 있는 대책을 살펴본다. 먼저, 일일 운항횟수의 총량 규제다. 항공기소음의 정도가 심한 공항을 대상으로 특정 연도의 연평균 등소음곡선에 해당하는 일일 운항횟수나, 혹은 주민과의 협약[(가칭)공항·지역민 상생협약; 공항의 공공성 확대와 주민의 소음피해 저감의 양립을 절충하는 것]을 통해 특정 연도 대비 연평균 소음도가 2 dB(A) 증가한 운항횟수로 총량 규제한다. 2 dB(A)로 제안한 것은 소음은 기존보다 3 dB(A) 증가하면 청각적으로 그 차이를 느끼기 시작하기 때문이다.

    일본 대판 공항의 경우 <그림 5.3>에 나타낸 바와 같이 일일 370회로 총량 규제하고 있다.

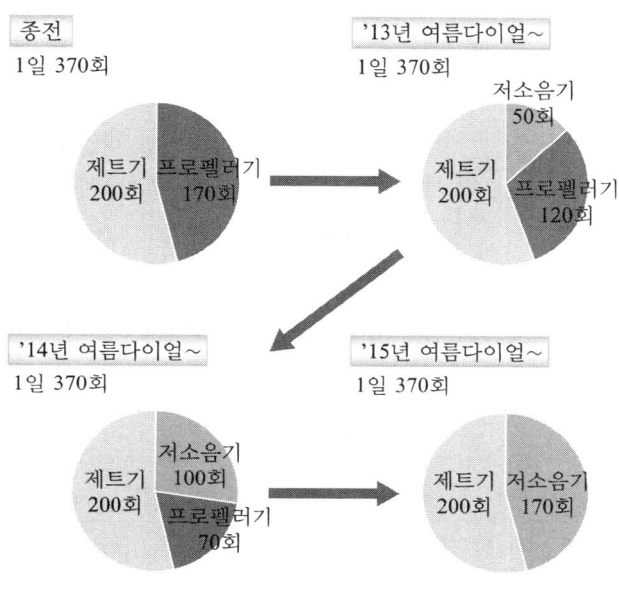

그림 5.3 대판 공항의 항공기 운항횟수 총량 규제

둘째는 고소음 기종에 대한 착륙료 할증이나, 심야의 운항 제한 등이다. 저소음 기종의 운항 유도를 위해 항공기들의 이·착륙 소음을 측정하고 그 실측 소음도를 기초로 소음수준별로 현행 착륙료 대비 ±수십% 범위 내에서 10% 단위로 세분하여 할인·할증한다. 독일의 프랑크푸르트나 일본 대판 등의 공항에서 시행하고 있다. 한편, 영국 히드로 공항은 심야에 일정 수준 이상의 고소음 기종의 운항을 제한하고 있다.

저소음 기종의 보급은 국제민간항공기구(ICAO)의 규제로 이루어지고 있으며, 그 내용을 정리하면 <그림 5.4>와 같다. 그림은 A, B, C 3개의 소음 측정점 각각의 소음 인증기준(단위 : EPNdB, $\approx L_{\max}$ + 13 dB)을 합한 후에 제3세대기(Chapter 3)의 인증기준을 0으로 한 때의 인증기준의 추이와 기종별 소음수준을 나타낸 것이다.

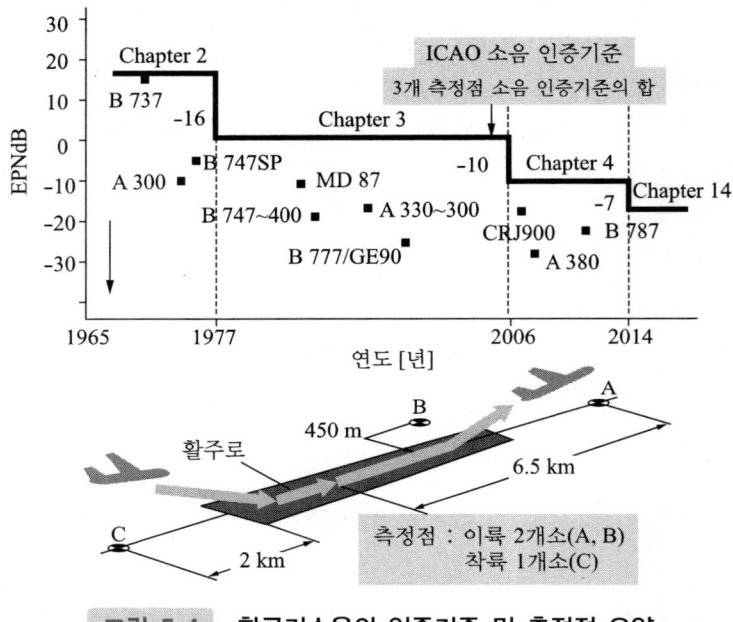

그림 5.4 항공기소음의 인증기준 및 측정점 요약

그림에서 항공기소음은 시간의 경과에 따라 전반적으로 줄어드는 추세다. 그 동안 저소음 항공기의 개발·보급에 따라 제4세대기(Chapter 4)는 1960년대의 제1세대기에 비해 소음수준이 약 25 dB(A) 낮아졌고, 등소음곡선 면적비율은 10% 이내로 대폭 감소했다.

셋째는 심야 운항 금지시간의 확대다. 심야시간의 수면방해를 완화할 목적으로 공항에 따라서 심야의 운항 금지시간대를 운영하고 있다.

김포 공항의 운항 금지시간은 23~06시로 프랑크푸르트나 시드니, 런던시티 공항 등과 유사하지만, 대판 공항의 21~07시 범위보다는 그 폭이 좁다. 소음피해의 상황을 고려하여 심야 운항 금지시간을 점진적으로 확대한다.

 넷째는 우선 활주로 이용방식이다. 두 개 이상의 활주로가 시설된 공항에서는 소음피해를 적게 주는 활주로를 주로 이용토록 한다. 또한, 항공기는 역풍(逆風)상태에서 이착륙하는 것이 바람직하지만, 일정 풍속 이하의 순풍에서도 안전에 지장이 없는 범위에서 소음피해를 적게 주는 방향으로 이착륙을 하도록 한다.

 다섯째는 소음경감 운항방식의 실시다. 이륙 시의 급상승방식과 착륙 시의 지연플랩 진입방식 및 저플랩각 착륙방식 등을 채용한다. 비행경로는 인구 밀집지역을 회피한 농경지, 산림지역 등으로의 우선 비행경로를 설정한다. 그리고, 야간에는 리버스 스러스트(reverse thrust) 사용을 억제토록 한다.

 여섯째는 비행장 내 소음의 경감이다. 엔진 시운전 시의 소음대책으로 대형 방음벽을 설치하고 실시의 장소, 시간 및 방법을 지정하고 제한한다. 보조 동력장치에 의한 소음영향을 줄이기 위해 지상 동력장치의 사용을 장려한다. 예를 들어, B-777의 경우 보조 동력장치는 20 m 떨어진 지점에서 92 dB(A)이지만, 지상 동력장치는 1 m 떨어지면 소리가 거의 들리지 않는다.

 일곱째는 공항구조의 개량 측면에서 항공기의 활주로 주행 시 등에 발생하는 소음의 영향을 줄이기 위해 유도로를 적절히 개설하고 공항 주변에 방음벽, 방음둑, 방음림, 폭음 차음벽을 설치한다.

 이외에 공항 주변지역 주민에 대한 지원사업도 강화한다. 방음대책으로 냉방시설을 설치한 가구에 대해서는 냉방 전기료를 소음수준에 따라 전 가구로 확대 지원한다. 또한, 소음에 의한 대표적 질병으로 알려진 순환기계 질병을 중심으로 소음 우심지역 주민들부터 순차적으로 순회 건강검진 실시를 검토한다. 그리고, 이전 보상지역을 대상으로 연관 산업단지나 물류단지 등을 조성하거나, 공용주차장이나 녹지대로 적극 정비하여 주민 편의와 휴식공간을 제공한다.

공항 주변지역의 편의 향상사업으로 문화·학습활동을 위한 도서 및 학습기재와 스포츠·레크리에이션 활동을 위한 기구 등을 지원하고, 관련 지자체도 공항지역의 진흥을 위해 협조한다.

이상의 대책과 지원 방안들은 공항 주변의 여건에 따라 적절히 선정하여 맞춤형으로 추진하여야 항공기소음 문제를 해소할 수 있을 것이다.

5.5 교통소음 지도 작성

누구나 자기가 살고 있는 동네의 소음수준이 어느 정도일까 하고 궁금해 해 본적이 있을 것이다. 지도의 등고선을 보고 임의의 지역의 고저상황이나 계곡과 능선 등을 파악할 수 있듯이 소음지도가 있다면 그 궁금증을 해결할 수 있다.

소음지도는 유럽연합(EU)이 2002년도에 공포한 '환경소음지침(Environmental Noise Directive)'에 따라 유럽 국가에서 제도적으로 정착되었다. 그 핵심 내용은 인구 10만 이상의 도시는 <그림 5.5>와 같이 소음지도를 작성하여 시민들에게 환경소음의 영향과 실태를 공개하고, 소음수준별로 노출인구를 산정하여 우심지역부터 소음저감을 위한 실천계획(Action Plan)을 수립·시행하되 매 5년마다 갱신토록 한 것이다.

이외에 연간 5만 회 이상 항공기가 운항하는 민간공항 주변, 연간

3만 회 이상 열차가 통행하는 철도 주변에 대해서도 똑같이 적용한다.

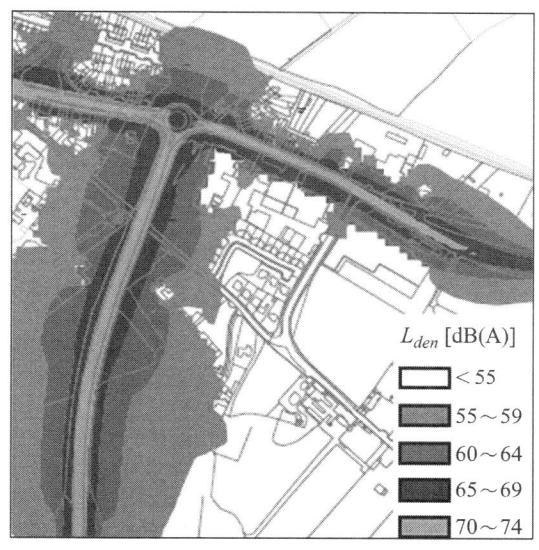

그림 5.5 　소음지도의 사례

도입 배경은 유럽집행위원회(EC)가 1996년에 발행한 '미래 소음정책'이란 청서(green paper)에 기원한다. 청서에서 유럽 인구의 8,000만 명이 보건적으로 수용할 수 없는 소음수준인 65 dB(A) 이상에 시달리고 있고, 연간 사회적 비용이 적어도 120억 유로에 이른다는 심각성 때문이었다.

일본도 소음규제법에 따라 2004년도에 상용 PC에서 동작 가능한 '면적(面的) 평가 지원시스템'이란 소프트웨어를 환경성 홈페이지에 구축하여 운영 중이다. 그 특징은 도로변 50 m 범위 내의 도로소음에 대해 소음지도를 작성하여 환경기준의 달성 여부와 소음 노출인구 등

Chapter 5 항공기소음 대책

을 파악하고 소음대책에 활용한다.

소음지도는 상용 PC에서 동작하는 소프트웨어를 이용해 5 dB(A) 이내의 간격으로 입체적으로 등소음곡선을 작성하고 조용한 지역은 녹색으로, 소음이 심해지면 단계적으로 노란색, 빨간색 등으로 표시한다. 따라서 소음지도를 보면 어디가 조용하고 어디가 시끄러운 지역인지가 한 눈에 들어온다.

소음수준에 따른 노출인구의 현황까지 포함하고 있어 어느 지역부터 먼저 소음대책을 세울 것인지의 우선순위를 쉽게 판단할 수도 있다. 또한, 선정된 지역에 대해서 저소음 포장도로, 방음벽 설치 등의 각각의 대책에 따른 소음 저감량과 혜택을 보는 주민의 수까지 시뮬레이션을 통해 확인할 수 있고 비용/편익 분석이나 소음성 질병의 발병률 추계도 가능하여 소음대책의 이정표로서의 역할을 톡톡히 한다.

소음지도는 선진국에서 소음현황 파악과 소음대책 및 제도개선 등에 광범위하게 활용되고 있다. 우리나라의 소음지도 작성은 EU의 제도를 벤치마킹하여 2009년에 소음·진동관리법에 도입하면서 시작되었다. 환경부장관이나 시·도지사가 소음지도를 작성할 수 있다고 선언적으로 규정하고 있다. 그간 이를 근거로 10여 개 도시에서 소음지도를 작성하고 소음대책 계획을 마련하여 일부 시행하는 정도다. 정부의 소음 저감수단에 대한 제도개선과 예산지원의 미흡으로 현재는 더 이상 소음지도 작성이 추진되지 않고 있다.

소음지도가 소음대책의 실질적 이정표로 자리매김 되도록 정부와 지자체는 적극적인 노력을 기울여야 한다. 다만, 민간공항 주변에 대해서는 5년 주기로 소음수준별로 소음지도가 작성되어 방음대책 등을 위한 가구수(인구수 등 포함) 등이 파악되고 있다. 그리고, 법원에 소음피해 배상을 신청하기 위한 소음지도도 작성되는 등 민간공항 주변의 소음지도 작성은 활발한 편이다.

5.6 소음 갈등 해결방안

최근 들어 소음문제를 중심으로 한 개발자와 주민 간의 갈등이 증가하고 있다. 대표적인 것이 공항 주변의 소음문제이며, 이러한 갈등은 사회적 비용의 증가를 초래한다. 개발과 보전은 환경뿐만 아니라 사회·경제적 비용과 편익을 수반하나 이해 당사자들에게 균형 있게 배분되기는 어렵다. 국가 차원에서는 편익이 발생해도 지역 차원에서는 비용이 발생하는 것이 일반적이며, 같은 지역 안에서도 편익의 수혜자와 비용의 부담자가 다를 수 있다. 이러한 다름이 개발과 보전을 둘러싼 소음 갈등의 중요한 원인의 하나다.

소음 갈등 조정과 관련해 잘 알려진 것은 오스트리아 빈 국제공항 활주로 증설에 대한 사례로 7년이란 기간이 걸렸으나 성공적인 조정 사례의 하나로 꼽힌다. 핵심은 이해 당사자가 동의하는 중립적인 제3자에게 조정역할을 맡겨, 이해 당사자의 대표가 참여하는 조정포럼을 구성하고 꾸준한 대화를 통해 신뢰를 쌓으면서 갈등을 분석하여 소음대책과 환경기금 조성 등의 대안을 제안했다. 주목할 점은 공항당국이 L_{eq} 54 dB(A) 이상의 지역에 소재한 주택들에 대한 방음대책을 수용함으로서 활주로 증설의 갈등은 마무리 됐다.

소음 갈등의 당사자들이 소음측면에서 이해할 내용의 하나는 소음수준과 지역사회의 반응이다. 그 하나가 미국 연방도시소음위원회(FICUN; federal interagency committee on urban noise)가 1992년에 주거지역에서의 소음수준별 매우 불쾌함의 응답률(HA%)과 지역사회의 영향 및 반응 등을 조사해 나타낸 <표 5.6>의 가이드라인이다.

● 표 5.6 소음수준과 지역사회 영향 및 반응 등 가이드라인

L_{dn} [dB(A)]	청력 손실	HA [%]	평균적 지역사회 반응	지역사회에서 일반적인 소음에 대한 태도
≥ 75	발생 시작	37	매우 심각	지역환경 중의 모든 부정적 영향 중 가장 중요할 가능성 있음
70	가능 않음	22	심각	지역환경 중의 가장 중요한 부정적 영향요인 중 하나임
65	발생 않음	12	중요함	지역환경 중의 중요한 부정적 영향요인 중 하나임
60	〃	7	보통, 혹은 경미함	지역환경 중에서 부정적 영향요인으로 고려할 것의 하나일 수 있음
≤ 55	〃	3		지역환경 중에서 중요하게 고려할 영향요인 아님

표에서 실외의 L_{dn}이 60 dB(A) 이하일 때는 소음이 중요한 이슈로 등장하지는 않지만, 소음수준이 65 dB(A) 이상이면 해당 소음이 중요한 이슈의 하나가 된다. 그리고, 소음수준이 70 dB(A) 이상이면 해당 소음이 가장 중요한 이슈 중의 하나가 될 정도로 심각해지고, 75 dB(A) 이상이 되면 해당 소음이 가장 중요한 이슈일 정도로 매우 심각해진다.

현 단계에서는 소음에 의한 건강피해가 밝혀지고 있고, 항공기소음에 대한 불쾌함의 반응이 도로소음보다 상당히 높다는 점에서 더 세심한 배려가 필요하다.

이러한 관점에서 주거지역의 실외 항공기소음은 $L_{dn}(≒L_{den}-2)$ 수준으로 60 dB(A) 정도에서 관리할 필요가 있다. 불가피한 경우는 연차적 저감목표나 주택의 방음대책을 공표·시행하여 주민들에게 믿

음을 준다. 한편, 주민들도 항공기나 자동차, 열차 등과 같은 이동 편리성을 제공하는 수단에서 불가피하게 발생하는 소음에 대해서는 건강에 크게 영향을 받지 않는 소음수준은 수인해야 함도 인식해야 한다.

항공기소음에 대한 소음 관리기준은 나라마다의 여건에 따라 차이가 있고 공항에 따라서도 차이가 있으나 주요 국가별 주거지역에서 관리의 개시 기준의 대강은 <표 5.7>과 같다.

● 표 5.7 주거지역 등에 대한 방음대책의 개시 기준

구분	한국	일본	프랑스	미국	독일
관리 기준	WECPNL 75~	L_{den} 57~	L_{den} 55~	L_{dn} 65~	주간 : L_{eq} 55/60~
	소음 경감운항 방식 등의 저소음 대책과, 5 dB 등급에 따라 기존 학교·주택의 방음대책 시행 및 건물신축 허가 등의 제한/금지 등				55~ : 학교·병원 60~ : 주택 → 방음

※ WECPNL 75 dB는 L_{den} 61 dB(A)에 상당함

우리나라의 항공기소음 관리기준은 미국과 대동소이하나 일본이나 독일보다는 다소 높은 편이다. 이외에 소음피해 배상의 법원 판례에서도 일본은 WECPNL 75 dB부터 인정하고 있으나 우리나라는 WECPNL 80(지법)~85(대법원) dB부터 인정하고 있어 그 차이도 크다.

소음 갈등의 해결은 소음수준에 대한 영향과 대책의 한계 등을 상호 이해하고, 여유를 갖고 신뢰를 바탕으로 접근해야 한다. 필요한 경우는 제3의 조정자에게 맡기는 방안도 모색한다. 그리고, 기존 시설에 대해서는 관리기준과 피해배상을 선진화하고 신규 시설에 대한 관리기준은 사회·경제적 여건을 고려하여 독일의 기준과 같이 전향적으로

Chapter 5 항공기소음 대책

강화하고 소음 개선대책을 검토하는 열린 마음으로 임하길 기대한다.

5.7 교통소음 관리기준과 수인한도

일상에서 접하는 교통소음원은 도로, 철도 및 항공기 등이다. 이들 소음원의 관리를 위한 측정위치는 소음진동공정시험기준에 실외를 원칙으로 하고 있다. 다만, 실내소음으로 관리한 경우는 창호를 닫고 실내에서 측정토록 하고 있으며 그 기준은 더 낮다.

항공기소음은 소음·진동관리법 상의 한도기준과 공항소음방지 및 소음대책지역 지원에 관한 법률 상의 방음시설 설치기준 등으로 관리한다. 한도기준과 방음시설 설치기준(이하 관리기준이라 한다.)은 실외 소음수준 WECPNL 75 dB부터 적용한다.

대법원은 항공기소음 피해배상과 관련한 실외 소음 수인한도(2005. 1. 27., 선고 2003다49566 판결 등)를 관리기준보다 10 dB 높은 WECPNL 85 dB 이상으로 판시한 바 있다.

한편, 도로소음은 환경정책기본법 상의 소음 환경기준과 소음·진동관리법 상의 한도기준, 주택건설 등에 관한 규정 등으로 관리한다. 주거지역 중의 도로변의 경우 실외 소음의 환경기준은 주간 65, 야간 55 dB(A)이고, 한도기준은 주간 68, 야간 58 dB(A)이다. 주택건설기준은 실외 65와 창호를 닫은 거실 45 dB(A)이다.

이상에서 도로소음에 대한 공법(公法) 상의 소음기준은 실외가 원칙이며 주간 65~68, 야간 55~58 dB(A) 수준이고, 실내는 창호를 닫은 거실에서 45 dB(A)이다.

대법원은 도로소음 피해배상과 관련한 수인한도(2015. 9. 24., 선고

2011다91784 판결)로 소음원측 창호를 모두 개방한 상태에서 거실 내의 소음이 환경기준에 부합해야 한다는 취지로 판시한 바 있다.

대법원이 판시한 위 두 건의 수인한도에서 항공기소음은 실외 측정결과로 하되 관리기준보다 완화 적용하고, 도로소음은 실내(거실) 측정결과로 하되 소음 환경기준으로 판단토록 하고 있다.

그런데 거실 내의 소음도는 실의 크기와 베란다 여부, 인테리어 조건과 가구 등의 배치상태 등에 따라 같은 크기의 도로소음이 거실 내로 들어와도 수 dB(A)의 차이가 있고, 공동주택 상하간의 공간 배치에 따라서도 큰 차이가 나타난다. 때문에 거실 내의 소음 측정으로는 소음 발생원인 도로소음의 규제·관리에 객관적이고 형평성 있는 정책 시행이 어렵게 된다.

또한, 토지이용 측면에서 국내·외를 막론하고 교통소음의 방음대책으로 창호를 인정하고 재정지원이나 고성능의 것으로 의무화까지 하고 있는 현실에서 창호를 개방하고 소음을 측정하면 기존이나 신설 주택의 방음대책의 수단은 거의 없게 된다. 다시 말해서 거실 소음기준(45 dB(A))이 실외 기준으로 정한 소음 환경기준(65 dB(A))에 부합하면 되기 때문에 창호에 대한 방음대책을 방기(放棄)해도 된다고 할 수 있다.

다른 한편, 항공기소음과 도로소음을 같은 평가척으로 환산하면 WECPNL 85 dB은 L_{den} 70 dB(A)에 상당한다. — 일본은 2014년부터 항공기 소음 평가척 WECPNL의 일부 불합리한 점의 개선과 국제적 정합을 위해 L_{den}으로 개정하였다. WECPNL 값의 L_{den} 값으로의 전환은 WECPNL 85 dB의 경우 15를 빼도록 하고 있다. — 이는 등가소음도로 주간 70, 석간 65, 야간 60 dB(A) 정도다.

따라서 소음공학 측면에서 선행된 항공기소음 판시와의 형평성, 규

Chapter 5 항공기소음 대책

제관리의 합리성 등으로 볼 때 도로소음의 수인한도를 실외 측정결과로 하되 소음 환경기준보다 완화한 수준으로 판단하였으면 하는 아쉬움이 남는다.

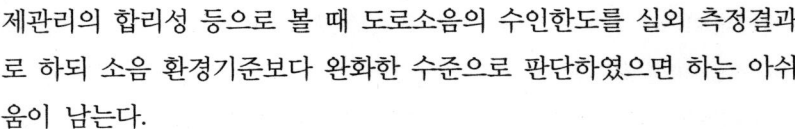 소음감가상각지수 등 검토

도로변에 거주하는 주민은 대부분 도로소음으로 피해를 본다. 소음에 의한 피해를 화폐가치로 환산한 선진 사례를 살펴본다. 그 하나가 소음감가상각지수(騷音減價償却指數, NDI; noise depreciation index)에 의한 방법이다. 이는 소음이 심한 지역의 주택가격과 조용한 지역의 주택가격 차이로부터 산정한다. 구미(歐美)의 조사 사례와 OECD가 제안한 소음감가상각지수는 평균적으로 가구당 1 dB(A)당 주택가격의 0.5% 정도다. 그리고, 소음피해의 하한치로는 55 dB(A)를 적용한 경우가 많고 피해기간은 30년으로 정하고 있다.

이를 서울에 대해 적용하면 평균 주택가격이 4억 6,100만 원(2016년, 한국감정원)이므로 연간 가구당 소음감가상각비는 76,667원/dB(A)가 된다. 주거면적(약 55 m^2) m^{2}당으로는 하루에 3.8원/dB(A) 정도로 추계할 수 있다.

예를 들어 배경소음이 55 dB(A)인 지역에 도로가 개설되어 도로변 양측의 1,000가구가 65 dB(A)의 소음에 노출된다면 연간 소음 피해비용은 전체 7억 6천여만 원으로 계산된다.

일본은 도로소음에 의한 피해비용의 조사 사례에서 과거로부터 미래까지 발생하는 것의 합계로 하고 평균값인 5,000엔/dB(A)·m^{2}를 적용했다. 이것을 연간으로 환산하기 위해 사회적 할인율 4%를 적용하여 연간의 화폐평가 원단위로 200엔/dB(A)·m²를 산출했다. 이를 다시 하루의 화폐평가 원단위로 0.55엔/dB(A)·m²로 산정하여 도로의 투자 평가에 관한 지침 등에 활용하고 있다. 이 값은 등가소음도가 55 dB(A) 이하의 경우에는 소음의 영향이 없는 것으로 간주한다. 이 원단위를 2015년의 환율과 국민소득을 고려하여 국내에 적용하면 m²당 하루에 4.7원/dB(A) 정도다.

예를 들어 배경소음이 55 dB(A)인 지역에 위치한 공사장에서 발생한 소음으로 주변 1,000 m²가 70 dB(A)의 소음에 200일간 노출된다면 이로 인한 소음 피해비용은 소음감가상각지수에 근거해 환산하면 114백만 원, 화폐평가 원단위로 환산하면 141백만 원에 상당한다. 소음대책을 강구하여 15 dB(A)를 저감했다면 주민들은 그만큼의 편익을 받는 것이다.

국내에서도 소음피해와 화폐가치에 대한 종합적 조사연구를 통해 소음감가상각지수나 단위면적당의 피해비용 원단위를 마련하여 항공기소음의 피해배상이나 도로 등의 개발공사의 투자에 대한 비용/편익 분석에 활용하길 기대한다.

도로소음에 대한 방음벽 효과의 엑셀계산 사례

● 가정
- 평탄지역의 직선 4차선 도로(차선폭 각 3 m, 보도폭 5 m)가 소음원임
- 도로변을 따라 길이 100 m의 15층 아파트(층고 3 m)가 배치됨
- 방음벽은 보도 끝에 설치하고 아파트는 보도 끝에서 30 m 떨어짐
- 방음벽의 투과손실은 방음벽에 기대하는 효과보다 10 dB 이상 큼
- 방음벽의 길이는 <그림 4.12>에 부합함

● 계산 조건 및 결과
- 소음원에서 임의의 위치까지의 거리는 기하평균거리(D_g)를 적용함

$$D_g = (D_n \times D_f)^{0.5} \quad [m]$$

D_n : 도로변 임의의 위치에서 가장 가까운 차선의 중심까지 거리
D_f : 도로변 임의의 위치에서 가장 먼 차선의 중심까지 거리(m)
- 소음원 등 높이는 도로면 기준이며, 소음원 대표주파수는 630 Hz임
- 방음벽 효과의 엑셀계산 결과(회절감쇠치에 상당/Maekawa식 적용)

구분	단위[m]			
도로면 대비 소음원 높이	0.5			
소음원과 방음벽 사이 거리	10.04			
도로면 대비 방음벽 높이	5			
방음벽과 수음점 간 거리	40.75			
소음의 중심주파수[Hz]	630	경로차	N	방음벽 효과[dB(A)]
도로면 대비 수음점 높이	1	1.156	4.283	14.1
	4	0.854	3.165	12.9
	7	0.597	2.213	11.5
	10	0.387	1.435	10.0
	13	0.225	0.832	8.2
	16	0.108	0.319	5.7
	19	0.036	0.133	4.4
	22	0.003	0.011	3.1
	25	0.005	0.020	0.0
	28	0.038	0.141	0.0

방음벽 효과는 1 m 높이에서 14.1, 22 m에서 3.1, 그 이상은 0 dB임

Chapter 6

공사장소음 대책

Chapter 6 공사장소음 대책

6.1 공사장소음 관리

건설 공사장에서 발생한 소음이 사회문제로 대두된 지는 오래지만 아직도 가장 많은 민원을 안고 있는 환경문제 중의 하나다. 환경부의 2018년도 발표자료에 의하면, 소음민원은 전체 환경민원 중 50%를 차지했고, 그중 74%가 공사장과 관련된 것이었다. 또한, 중앙환경분쟁조정위원회의 2018년도 분쟁조정 사례에서도 공사장소음과 관련한 사건이 85%를 점했다. 서울시의 사례에서도 2014년도에 집계한 환경관련 민원 중 소음민원이 70%를 차지했고, 그중 공사장소음이 75%로 가장 많았다. 이러한 비율은 근래에도 유사한데, 이렇게 공사장소음에 대해 민원과 분쟁이 많은 이유는 무엇이고 개선방안은 없는지 살펴본다.

물론, 공사장소음은 주간에 공사가 이루어지고 공사기간이 한시적이기 때문에 야간의 수면방해나 신체적 건강영향, 지가하락으로까지 가는 경우는 많지 않을 것이다. 주로 소음을 듣고 시끄럽고 불쾌하다는 정서적 영향과 대화·전화 등의 청취 장해와 공부 저해 등의 생활방해일 것이다.

이러한 생활방해를 줄이기 위해 소음·진동관리법에 크게 두 가지 관리 수단을 두고 있다. 하나는 건설기계 소음의 근원적 저감을 유도하기 위해 이를 판매·사용하기 전에 환경부장관이 실시하는 소음도 검사를 받고 소음도를 표시토록 하는 규정으로, 굴착기 등 9종을 대상으로 하고 있다. 2014년 현재, 굴착기·공기압축기 등 4종에 대해 표시기준이 시행되고 있으나 2020년도에 EU의 2006년도 표시기준과 유사한 수준으로 강화된다. 독일의 블루엔젤 마크(대상 건설기계 26종)나 일본의 초저소음 및 극초저소음 표시기준이 EU 기준보다 2~10 dB(A) 낮은 기준으로 운영되고 있는 점을 감안하면 우리나라와는 큰 차이가 있다.

다른 하나는 중·대규모 공사장을 대상으로 한 특정공사 사전 신고 의무를 통해 소음대책을 강구토록 한 규정이다. 이들 공사장에서 많이 사용하는 건설기계로부터 10 m 떨어진 위치의 작업 소음도 범위는 <그림 6.1>과 같다.

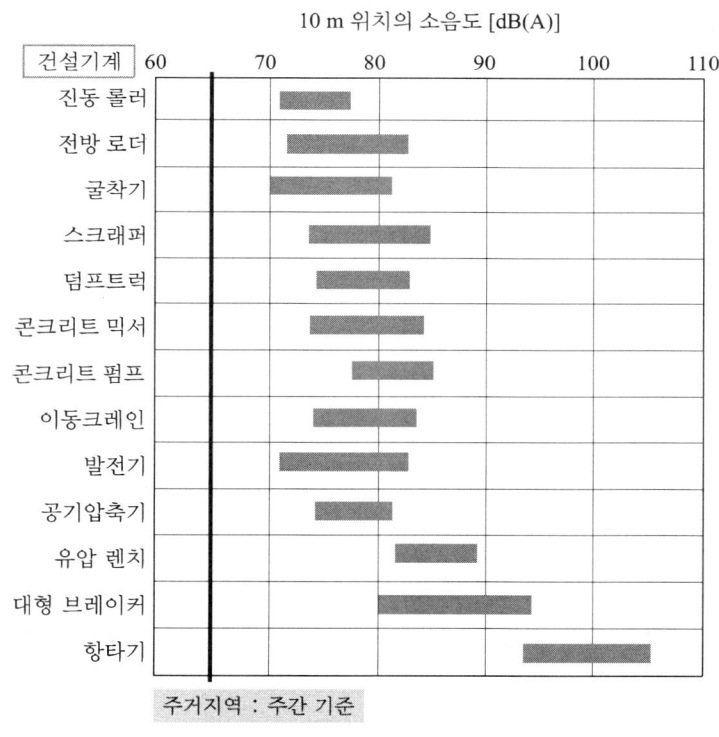

그림 6.1 _ 주요 건설기계의 소음수준

그림에서 보면, 기계로부터 10 m 떨어진 위치에서 대부분 기계의 소음수준은 주거지역의 주간 규제기준 65 dB(A)를 10 dB(A) 이상 초

Chapter 6 공사장소음 대책

과한다. 특정공사용 건설기계로 토사를 굴착하는데 가장 많이 사용하는 굴착기는 75 dB(A) 정도이고, 아스팔트 노면이나 콘크리트 구조물 등을 파쇄하는 브레이커는 90 dB(A) 정도다.

때문에 특정공사용 건설기계로 규정된 굴착기, 다짐기계, 로더, 발전기, 브레이커(휴대용을 포함), 공기압축기, 콘크리트 절단기, 천공기, 항타기·항발기 또는 항타항발기(압입식 항타항발기는 제외), 압쇄기, 콘크리트 펌프 등 11종 중 1종 이상을 5일 이상 사용하는 1,000 m^2 이상의 건축공사나 총연장 200 m 이상, 또는 굴착 토사량 합계가 200 m^3 이상인 굴정(掘井)공사 등에 대해서는 사전에 소음기준에 부합한 소음대책을 강구토록 하고 있다.

그러나, 이외의 공사장소음은 제도적으로 사전 소음대책이 배제되어 있다.

소음 민원과 분쟁의 해소를 위해서는 우선, 특정공사용 건설기계를 5일 이상 사용하는 조건에서 2일 이상으로 강화하고, 특정공사의 규모도 축소하여 더 많은 공사장이 사전에 소음대책을 강구토록 해야 한다. 두 번째는 특정공사 외의 소규모 공사장은 건축허가 시에 소음기준이 준수될 수 있는 적정 소음대책을 강구토록 규정한다. 세 번째는 건설기계의 소음 표시기준을 확대·강화하고 기술개발을 지원한다. 네 번째는 저소음 공법(저소음 기계 포함)을 포함한 소음대책의 현장 적용을 위해 각각의 소음수준과 제반 기술적 사항 등을 포함한 가이드라인을 마련하여 제공한다. 마지막으로 가장 중요한 것은 정부의 관리 의지다.

6.2 공사장소음과 민원

공사장소음의 대책에 의한 생활방해 완화와 공사의 수행성을 감안하여 주거지역의 주간 소음기준을 65 dB(A)로 정하고 있으나, 다음의 특징으로 민원 제기의 가능성이 크다.

첫째는 배경소음이 50 dB(A) 이하로 조용한 주거지역에서 소음이 큰 건설공사가 많이 이루어진다. 이것이 민원이 많을 수밖에 없는 이유의 하나임을 <그림 6.2>에서 볼 수 있다.

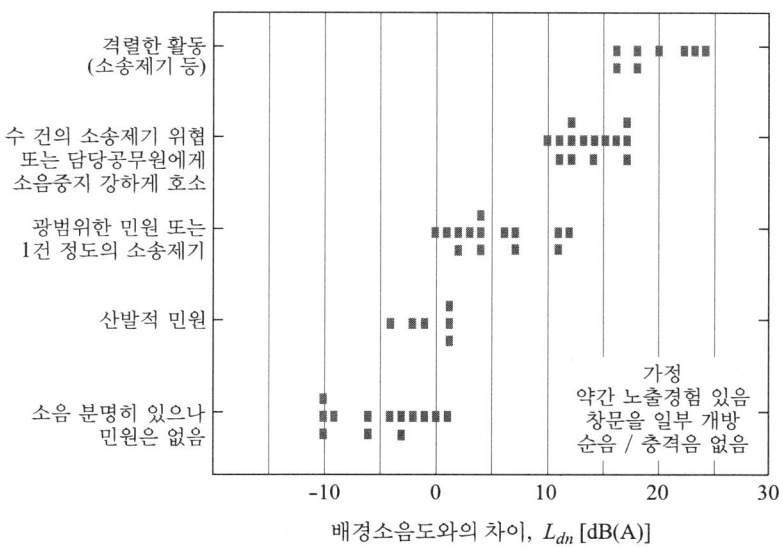

그림 6.2 배경소음도와의 차이에 따른 지역사회 반응

(출처: 미국 EPA, 1974)

Chapter 6 공사장소음 대책

그림에서 공사장소음이 배경소음보다 10 dB(A) 이상 크면 주민들의 민원이 광범위하게 나타나고, 20 dB(A)를 넘으면 격렬해진다. 그리고, 흙먼지, 일조, 조망 등과 재산상의 문제를 동반하기 때문에 민원이 발생할 가능성이 더욱 크다.

뉴욕시의 기준의 예는 피해자의 부지 내에서 배경소음보다 10 dB(A)를 초과해서는 안 된다고 규정하고 있다.

둘째는 감각적으로 배경소음보다 특정소음이 10 dB(A) 크게 되면 2배 시끄럽게 느끼고 그 소음만 들린다. 배경소음보다 20 dB(A) 크면 4배 시끄럽게 느끼는 데, 공사장소음은 이런 경우가 많다.

셋째는 대부분의 건설기계는 10 m 거리에서 75 dB(A) 이상의 소음을 배출하는 경우가 많고, 주변에 고층의 주택·학교 등과 같은 정온시설이 많다.

넷째는 규제 대상인 특정공사 이외의 소규모 건설공사가 많다. 같거나 유사한 건설기계를 사용하는 소규모 공사장은 사전에 소음에 대한 제도적 소음대책의 의무가 없고, 공사 중에 민원의 발생과 기준 초과시에 대책이 강구된다. 서울시의 2013년도 건축허가 건수 중 소규모 공사장이 85%를 차지했다.

다섯째는 공사의 진척에 따라 소음의 시간변동 특성과 그 수준이 다양하게 변한다. 흙막이 등의 기초공사 시는 건설기계 소음이 크지만 건축 시는 거푸집 설치 시의 망치질 등 작업소음과 콘크리트 펌프카 소음이 크다. 철재 거푸집이나 비계의 해체 시에 소음대책을 소홀히 하면 낙하 충격음이 10 m 거리에서 80 dB(A)를 넘는 경우도 많다.

여섯째는 건설기계는 자동차에 비해 엔진 회전수가 높고 소음이 큰 고속 아이들링 상태에서 작업한다. 엔진 회전수가 매분 100회전씩 증가하면 소음은 약 1 dB(A)씩 증가한다.

일곱째는 굴착기·불도저 등의 건설기계는 같은 현장에서 여기저기 이동하면서 작업하는 경우가 대부분이다. 때문에 방음벽 외의 근접 차폐 등의 적극적인 대책을 등한시 한다.

여덟째는 건설기계의 엔진소음은 작업방법에 따라 크게 변하지 않지만 작업장치의 소음은 과부하나 무리한 조작과 같은 취급방법에 따라 충격음 등의 불필요한 소음을 발생한다.

아홉째는 소음 민원으로 관계 공무원이 현장에 나가면 소음이 발생할만한 고소음 기계나 공구를 사용하는 공사를 멈추는 경우가 많기 때문에 정상적인 소음측정에 의해 소음대책을 강제하기가 쉽지 않다.

공사장소음 민원의 해소를 위해서는 제도적 뒷받침 속에 시공자가 발주자의 협조를 구해 적극적으로 소음대책을 시행하는 것이다. 소음대책의 기본적 개념은 발생원, 전파경로 및 수음자 측의 대책이다.

발생원 대책은 저소음 공법(저소음 건설기계 포함)의 채택과 기계의 배치나 작업시간의 단축 또는 변경, 기계의 정비·점검 등과 기계의 엔진 및 작동장치 부위 등에 대한 방음대책이 있다.

전파경로 상에는 고소음 발생부위 주변에 대한 근접 차음이나 가설 하우징·소음기 등 방음시설의 설치와 높이가 3 m 이상이고 차음효과가 7 dB(A) 이상인 방음벽 설치 등이 있다. 이외에 공사장 주변의 학교, 주택 등의 정온시설 여부와 건물의 상태 등에 대한 사전조사와 주변 주민들을 대상으로 설명회를 개최하여 이해를 구하는 것도 잊어서는 안 된다.

이상을 정리한 기본적 소음대책의 개념을 나타내면 <그림 6.3>과 같다.

Chapter 6 공사장소음 대책

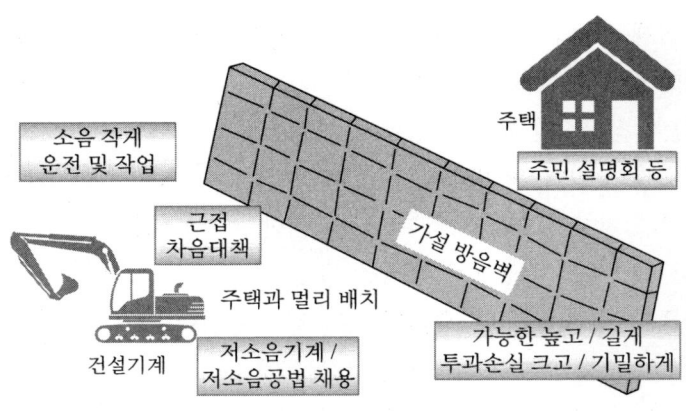

그림 6.3 공사장 건설기계의 소음대책 기본 개념

우리나라는 도시지역 대부분에 고층의 공동주택이 소재하고 있어 공사장을 돔 형식으로 완전히 씌우지 않는 한 소음대책에 한계가 있다.

6.3 저소음 공법 사례

소음 민원이 발생하기 쉬운 도회지 공사는 노후 건물의 재건축에 따른 해체공사와 건축 시의 기초공사 등이다.

해체공사는 <그림 6.4>에서 보는 바와 같이 브레이커를 사용하는 방법과 압쇄기를 사용하는 방법이 많다. 브레이커는 유압피스톤의 타격에 의해 콘크리트와 바위 등을 효율적으로 파쇄하지만 소음은 각종 공사소음 중에서 가장 큰 부류에 속한다. 브레이커는 기계에서 10 m 거리에서 90 dB(A)를 넘는 경우가 많고 고주파(高周波) 성분을 포함하고 있어 귀에 매우 거슬린다. 반면, 압쇄기는 니퍼의 압쇄·절단력에 의해 구조물을 파쇄하는 것으로 기계로부터 10 m 거리에서 75 dB(A) 이하인 경우가 많다.

그림 6.4 브레이커 및 압쇄기에 의한 해체공법 사례

그러나, 대형 파쇄물의 낙하 충격에 따른 소음·진동이 문제가 되는 경우가 있기 때문에 주의를 요하고 필요시 완충재를 바닥에 까는 등의 저감에 노력한다.

건축 시의 기초공사는 지상의 건축물이 침하되지 않도록 지하에서 떠받치기 위해 말뚝을 설치하는 공사와 흙막이 공사 등이다. 말뚝을 설치하는 방법은 건축물의 크기나 암반까지의 깊이, 인접한 건축물까지의 거리 등을 감안하여 <그림 6.5>와 같은 방법 중에서 선택하는 경우가 많다.

그림의 왼쪽은 기성(既成) 콘크리트 또는 철재 말뚝의 머리를 유압해머나 진동해머, 디젤해머 등으로 직접 타입(打入)하는 방식으로 쉽고 빠르게 시공할 수 있다. 기계로부터 10 m 위치에서 90~100 dB(A)를 넘는 고소음 공법이다.

Chapter 6 공사장소음 대책

그림 6.5 말뚝을 타입하는 공법의 종류

근래 도심지 공사 시에 저소음 공법으로 사용하는 것의 하나는 그림의 중앙과 같이 어스드릴 등으로 지반을 천공(穿孔)한 후에 그 구멍에 기성 말뚝을 밀어 넣고 마지막으로 작게 두들겨 박는 방식이다(경타). 기계로부터 10 m 거리에서 80 dB(A) 정도의 소음을 발생한다. 그리고, 그림의 오른쪽은 기성 말뚝을 압력으로 밀어 넣는 사일런트파일러(silent piler)나 잭크인파일러(jack-in piler) 방식으로, 10 m 거리에서 70 dB(A) 정도의 소음을 발생한다.

이외에 다른 하나는 현장에서 어스오거, 리버스서큘레이션드릴 등을 사용하여 지반을 천공하고 그 구멍에 조립한 철근을 넣고 콘크리트를 타설하는 <그림 6.6>과 같은 현장 타설 말뚝공법이 저소음 흙막이 공법으로 많이 사용된다.

그림 6.6 현장 타설 말뚝공법의 사례

도심지 공사에서 저소음 흙막이 공법으로 널리 사용되는 CIP(cast in place), SCW(soil cement wall), PIP(packed in pile), 슬러리월 (slurry wall) 등이 이런 유형에 해당하며, 기계로부터 10 m 거리에서의 소음은 75~80 dB(A) 내외다.

6.4 선도적 공사장소음 대책

근래 도심지 공사에서 저소음 공법의 채택이 일반적이지만 그것만으로는 기준 65 dB(A)를 달성하기가 쉽지 않다. 따라서 발생 소음의 수준과 주변 여건에 따라 적정한 방음대책을 적용해야 한다.

그 대책의 일환으로 전파경로 상의 대책이 활용된다. 방음벽이나 장애물에 의한 차음, 방음시트 등을 이용한 방음시설을 설치한다. 현장에서 패널 등을 사용한 가설하우징이나 안정액 사일로를 이용한 차음 대책의 예를 <그림 6.7>에 나타냈다.

그림 6.7 　가설하우징 및 안정액 사일로에 의한 차음

　그림에서와 같이 발전기나 압축기 등을 한 곳에 고정 배치한 경우는 가설하우징을 채용하면 소음을 크게 줄일 수 있다.
　콘크리트 타설은 콘크리트를 믹서트럭으로 현장까지 운반한 후에 콘크리트 펌프카로 특정 위치까지 압송한다. 콘크리트 타설은 일단 시작하면 구조상의 약점을 피하기 위해 소요 범위까지의 타설이 끝날 때까지 연속해야 한다. 때문에 콘크리트 펌프카의 소음(10 m 거리에서 75 dB(A) 수준)이 야간에도 발생할 수 있다. 믹서트럭은 콘크리트의 유동성을 유지하기 위해 대기 시에도 공회전 상태이므로 민가에 가까운 현장 부근에 대기하면 엔진소음이 문제가 되기도 한다.
　이러한 경우는 <그림 6.8>과 같이 차음량 10 dB 이상의 방음시트를

그림 6.8 　방음시트를 활용한 차음대책 사례

6.4 선도적 공사장소음 대책

울타리에 치거나 현장에 조립식 거치대를 설치하고 방음시트를 커튼식으로 마감하는 등의 차음대책을 강구한다. 이외에도 방음시트는 소음이 크게 발생하는 기계의 작업부위를 두르거나 방음벽, 방음상자 등의 소재로도 활용한다.

수음자 측의 대책은 주민 설명회 등을 통해 이해를 구하고, 필요한 경우는 보상 및 배상한다. 주택의 방음처리나 임시 이전 등도 고려한다. 가장 많이 활용되는 배상 제도는 환경분쟁조정제도를 이용하는 것으로 이를 통해 합리적 금액을 지급한다. 배상에 필요한 비용은 건설공사보험 등에 가입하여 해결하는 방법도 있다.

노후 도로의 재포장 공사는 교통소통을 고려하여 야간에 이루어지는 경우가 많다. 노후 아스팔트 포장면을 일정 두께로 절삭하여 컨베이어 벨트로 덤프트럭에 담고 아스팔트 피니셔로 재포장하는 공정이다. 포장 시에 진동 롤러로 아스팔트를 다지는 소음과 진동은 상당하다.

노면을 파쇄하거나 절단하는 데 사용되는 휴대용 착암기나 콘크리트 절단기의 소음은 10 m 거리에서 80 dB(A)를 넘는다. 정온시설이 있는 경우는 <그림 6.9>와 같이 이동식 방음상자를 활용하여 착암 공사를 하고, 주름식 방음커튼이 붙은 절단기를 사용한다.

휴대용 착암기   콘크리트 절단기

이동식 방음상자   주름식 방음커튼

그림 6.9   방음대책을 적용한 착암 및 절단 작업의 예

도로면 치환공사는 포장판 전체를 철거하고 그 아래의 노상·노반을 성형하고 포장을 다시 하는 공사로 포장판을 벗기기 위해 콘크리트 절단기로 절삭한 후 포장판 분쇄기로 파쇄하여 덤프트럭에 실어 반출한다. 콘크리트 절단 후의 분쇄 조각을 덤프트럭에 실을 때는 충격음이 문제가 됨으로 가능한 한 작업을 스무드하게 한다. 그리고, 적재함도 내부에 고무류 완충재를 부착한 전용 덤프트럭 등을 이용하고, 아스팔트 노면 절삭기는 근본적으로 저소음형을 채용한다<그림 6.10>.

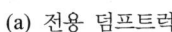

(a) 전용 덤프트럭   (b) 저소음형 노면 절삭기

그림 6.10 저소음·진동 아스팔트 노면 절삭기 등 예

6.5 도회지 공사의 고려사항

공사를 시작한 후에 소음의 영향이 크게 나타나면, 공사를 일시 중지하고 시공방법을 재검토하게 될 수도 있다. 이는 공사기간이 길어지고 공사비가 증가할 뿐만 아니라 공공 공사의 경우는 사회적 영향도

발생할 수 있다. 그러므로 건설공사의 소음대책은 계획단계가 매우 중요하다. 주변 환경현황을 살피고, 건설기계를 작업 목적에 따라 구분하여 작업일수와 경제성 및 소음에 의한 영향도 고려하여 신중하게 공법이나 기계를 선정할 필요가 있다. 소음대책의 현장 적용을 위해 고려할 기본사항은 다음과 같다.

첫째는 발주자와 시공자 모두 소음대책을 효과적으로 실시할 수 있도록 협력한다.

둘째는 소음대책의 계획·설계·시행에 있어서 공법 및 건설기계의 소음크기와 발생실태, 방음대책의 효과 등에 대하여 충분히 이해한다. 같은 건설기계라도 지반의 특성과 노후도, 작업부하 등에 따라 소음도는 5~10 dB(A) 정도 증가할 수 있다.

셋째는 설계에 있어서 현장 주변의 입지조건을 조사하여 전체적으로 소음을 줄일 수 있도록 다음 사항을 고려하여 소음대책을 강구한다.

① **저소음 공법** : 기성 말뚝을 유압해머 등으로 직타하는 공법 대신에 사일런트파일러(silent piler) 공법, 어스드릴 등으로 천공한 후 기성 말뚝을 타입하거나 구멍에 철근을 넣고 콘크리트를 현장 타설하는 말뚝공법, 브레이커에 의한 건물 철거공법 대신에 압쇄기 등에 의한 건물 철거공법을 검토한다.

이들 공법에 따른 소음수준의 차를 일본의 사례로 <표 6.1>과 같이 소개한 바, 현장 적용에 참고하여 대응한다.

표에서 보면, 굴착공사 시의 소음도는 토질이 경암일 경우는 토사일 경우에 비해 12 dB(A) 높다. 기성 말뚝박기 공사에 있어서는 디젤해머 공법이 중굴 공법에 비해 소음도가 29 dB(A) 높다. 구조물 철거도 브레이커 공법이 압쇄기 공법에 비해 15 dB(A) 높다.

Chapter 6 공사장소음 대책

● 표 6.1 공종 및 단위 공사별 소음도 변화량

공종	단위 공사	소음도 [dB(A)]
굴착공사	토사	0
	연암	+3
	경암	+12
기성 말뚝박기공사	중굴 공법	0
	유압해머	+15
	디젤해머	+29
현장 말뚝치기공사	어스오거	0
	어스드릴	+5
	올케이싱	+8
흙막이 공사	강철판(어스오거 병용 압입식)	0
	강철판(진동해머)	+8
구조물 철거공사	압쇄기	0
	브레이커 등	+15

② **저소음 건설기계** : 저소음 표시 기계, 상대적으로 노후하지 않은 기계 등을 선정한다.

③ **작업시간, 작업공정** : 소음이 큰 기계의 사용은 이른 아침이나 늦은 저녁 시간대는 가능한 피하고 재택 주민이 가장 적은 주간에 한다. 주말 및 공휴일은 가능한 삼가하고 작업시간이 1일 3시간 이하일 때는 기준이 10 dB(A), 3~6시간일 때는 5 dB(A) 완화됨도 참고한다.

④ **소음 원인이 되는 건설기계의 배치** : 정온시설과 가능한 멀리 이격하여 배치하고, 옹벽 등의 근처에 배치하는 것을 피한다. 옹벽이나 구조물의 구석 근처에 발전기나 공기압축기 등의 고정식 기계를 놓으면 반사음이 중첩되어 소음이 3~5 dB(A) 증폭됨으로 피해야 한다. 부득이한 경우는 벽면을 흡음처리한다. 기계로부터 거리가 2배씩 멀어지면 소음도는 6 dB(A)씩 감소함으로

멀수록 좋다. 굴착기로 토사를 굴착할 때도 정온시설로부터 건설기계의 작업장치 다음에 엔진이 놓이는 <그림 6.11>의 좌측과 같은 순서로 배열하여 정온시설에 대한 소음피해를 줄인다.

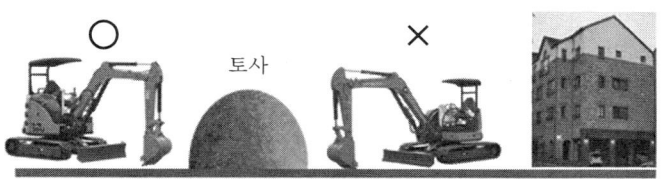

그림 6.11 저소음 영향의 굴착기 작업위치

⑤ **방음시설 등의 설치** : 기본적으로 현장의 공사 자재나 사일로 등을 정온시설 측에 배치하여 방음벽의 역할을 부가한다. 현장과 정온시설 사이에는 방음벽이나 방음시트 등을 설치하되 틈이 없게 하고, 고소음 기계는 가설하우징 내에 설치한다. 전동 공구를 이용한 작업 시엔 방음상자 등의 안쪽에서 한다. 방음벽은 재활용 플라스틱패널(RPP), 아연도철판(EGI) 등이 주로 사용되는데, 7 dB(A) 이상의 효과를 얻기 위해서는 수음점에서 소음원을 보았을 때 방음벽으로 막혀 보이지 않아야 한다. 길이는 충분히 길게 하여 측면에서 회절해오는 소음의 영향이 가능하면 작게 한다. 두께는 EGI 패널의 경우 0.4 mm, RPP 패널의 경우 3.5 mm 이상의 것으로 시공한다. 방음벽은 소음원이나 수음자 측에 가까이 설치할수록 효과가 좋으나 불가피한 경우를 제외하고는 소음원 측에 가깝게 설치한다.

주변에 고층 건물이 있거나 지형 여건상 방음벽만으로 차음효과를 기대할 수 없는 경우는 기계에 직접 방음판을 부착하거나 기계 근처에 가설 차음벽이나 방음시트를 추가하는 등의 근접 차음대책을 강구한다. 신축 건물의 내부 거푸집 해체 시에는 해당 층의 창문 쪽에 차음량이 큰 투명 방음커튼을 치거나 갱폼에 이를 적용한다. 소규모 건축공사 시에는 건물 주위에 부직포를 설치하는 대신에 방음시트를 설치하는 것을 검토한다. 통상, 현장에 적용하는 방음시설에 의해 5~20 dB(A) 정도는 소음저감이 가능하다.

넷째는 공사장소음에 의한 주변 영향을 작업시간 조정, 저소음 공법 및 방음시설 설치와 같은 소음대책의 적용에 따라 어떻게 변화하는 지를 사전에 전산프로그램을 활용하여 시뮬레이션하고 그 결과를 시각적으로 확인할 수 있도록 등소음곡선 지도로 만들어 비교 검토하고 주민 설명회 등에 활용한다.

다섯째는 소음대책으로 작업시간, 저소음 건설기계 및 공법, 방음시설 등을 지정하는 경우 이를 명세서에 기록하고 시공 시에 확인한다. 여섯째는 소음대책에 필요한 비용을 적정하게 계상한다.

6.6 공사장소음 관리의 착안사항

첫째는 현장의 소음대책을 감독하고 주변 주민에 대해 창구 역할을 하는 책임자를 선임한다. 민원 등이 발생한 경우 성실, 신속하고 정확하게 대응할 수 있는 체계를 갖춘다.

둘째는 공사의 실시에 있어서 필요에 따라 공사의 목적, 내용 등을 사전에 지역주민에게 설명하고, 공사하는 것에 대해 이해를 구한다 <그림 6.12>.

그림 6.12 　공사 관련 주민 설명회

　셋째는 시공에 있어서는 설계 시에 고려한 소음대책을 한층 더 검토하고 확실하게 실시한다. 또한, 건설기계 등의 운전에 대해서도 다음과 같은 배려가 필요하다.
　① 공사의 원활을 도모함과 동시에 불필요한 소음·진동이 발생하지 않도록 한다.
　② 정비 불량에 의한 소음이 발생하지 않게 점검·정비를 충분히 한다.
　③ 작업 대기 시에는 엔진을 최대한 꺼두는 등 소음이 발생하지 않게 한다.
　④ 공사 현장에 부합한 적정 용량의 기계나 동력공구를 사용한다.

　넷째는 공사 차량의 운행은 통학로나 통학시간 등을 최대한 피하고 통행에 따른 분진 발생의 방지에도 노력하는 등 안전운행에 유의한다. 현장에서 울퉁불퉁한 나대지의 도로 소음이 문제가 될 경우는 노면을 가설 블록 등으로 시공하고, 급가속이나 급정지에 따른 불필요한 소음과 비산먼지를 줄인다.

Chapter 6 공사장소음 대책

다섯째는 현장 작업자(하청 업체도 포함)를 대상으로 소음저감을 위한 대책 교육을 철저히 한다. 특히, 자재 및 토사 등의 상하차 시의 충격음이 크지 않게 스무드하게 작업하는 것, 슬래브 배근 시에 가능한 무릎을 구부려 낮은 자세로 철근을 놓는 방식으로 작업하는 것, 거푸집의 조립 및 해체 시에 망치질 소음과 거푸집 및 비계 등의 낙하 충격음이 크게 발생하지 않도록 작업하는 것, 콘크리트 절단기나 휴대용 브레이커 등은 방음장치가 부착된 구조의 것으로 작업하는 것 등에 대하여 교육한다.

여섯째는 소음을 24시간 상시 자동측정하여 주민에게 알리는 전광판을 운영한다. 소음을 측정하는 마이크로폰의 위치는 주변 정온시설의 공간분포와 방음벽 등의 방음시설 상황에 따라 방음벽 상부나 그 외의 적절한 곳으로 한다. <그림 6.13>은 가설 방음벽에 소음도를 표출하는 국내 전광판 사례와 피해자 주택에서 소음을 상시 모니터링 하여 표출하는 싱가포르(의무화됨) 사례를 보인 것이다.

그림 6.13 _ 국내 및 싱가포르의 공사장소음 모니터링 사례

일곱째는 공사 현장 조사에 있어서는 다음 사항을 고려한다.
① 공사의 설계, 시공에 있어서 현장 및 주변상황에 대해 시공 전 조사, 시공 시 조사 등을 원칙적으로 한다.
② 시공 전 조사는 건설공사로 인한 소음대책을 검토하고, 공사 착수 전에 상황을 파악하기 위해 다음 항목에 대하여 실시한다.
　㈀ 현장 주변상황 : 주변의 주택 및 시설 등의 유무, 크기, 밀집도, 지질, 토질 및 교란, 우물의 수위, 소음 또는 진동원과 주택 등의 거리 등을 조사하고 필요에 따라 소음·진동의 영향에 대해서도 검토한다.
　㈁ 주변 배경소음·진동 : 작업시간대에 따른 주변의 배경소음·배경진동을 필요에 따라 측정한다.
　㈂ 주변 건물 등 : 건축물의 손상 여부, 공사에 의한 진동의 영향이 예상되는 건축물 등에 대해서는 시공 전에 크랙 등의 상황을 조사하고 필요한 경우 크랙게이지를 설치한다.
③ 시공 시의 조사는 시공 중 필요에 따라 소음·진동을 측정하고 현장의 주변상황, 건축물 등의 상태를 파악한다. 또한, 시공 직후에도 필요에 따라 건축물 등의 상태를 파악한다.

건설기계 작업이나 발파 등의 진동에 의한 주민과 건축물의 피해 평가와 관련해서는 <그림 6.14>와 같이 측정점을 정하고 가능한 한 동시에 진동크기와 진동수 등의 진동특성을 조사한다. X, Y, Z축의 성분을 포함하여 탁월진동수를 분석하고 배경진동도 함께 조사한다.

Chapter 6 공사장소음 대책

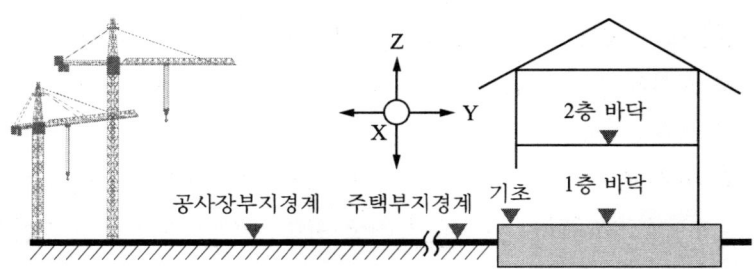

그림 6.14 피해 인과관계 검토를 위한 진동측정

그림의 공사장 부지경계선은 해당 건설기계의 지반 진동특성을, 주택 부지경계선은 해당 건설기계 외의 다른 진동원의 영향과 지층 영향을 포함해서 파악하기 위함이다. 기초는 건축 구조물 진동특성을, 각 층의 바닥은 바닥 자체의 진동특성을 파악하기 위함이다. 건물의 골조 고유진동수와 바닥의 고유진동수가 서로 상이하기 때문에 각각 탁월 진동수와 공진하여 증폭될 수 있다. 이상의 진동특성 조사결과를 바탕으로 기준, 가이드라인 등과 비교하여 평가한다. 다른 진동원에 대해서도 같은 요령으로 측정·평가한다.

그리고, 가능한 한 공사장 주변에서 <그림 6.15>와 같이 전체 현장을 CCTV로 모니터링 하여 건설기계 운전과 소음측정 결과가 연계되도록 하고, 민감 건축물에 부착한 크랙게이지와 지하수위 등을 주기적으로 측정한다.

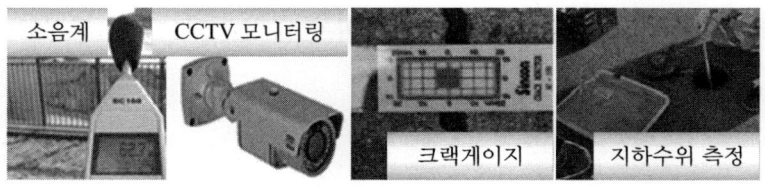

그림 6.15 소음·크랙 등의 모니터링 사례

공사장소음 민원의 해결을 위해서는 앞에 제시한 바와 같이 특정공사의 범위 확대 및 소규모 공사장의 소음기준 준수 규정의 제도화, 정온시설 외부에서 소음모니터링 의무화 등의 관리기준을 강화하고, 저소음 공법(저소음 건설기계 포함) 및 방음대책 등의 현장 적용을 위한 각각의 소음수준과 제반 기술적 사항 등을 포괄한 소음대책 매뉴얼을 마련하여 현장에서 활용할 수 있도록 한다.

6.7 공사장소음의 예측방법

공사장소음의 예측 절차는 다음과 같다.

① **공사 계획서 검토**
   주요 건설기계(소음원)의 하루 단위 투입내역 등 확인

② **주요 소음원 결정**
   (ㄱ) 고정 설치 건설기계(발전기, 압축기 등 고정 소음원)
   (ㄴ) 이동 건설기계(굴착기 등 이동 소음원)

③ **주요 소음원 위치 설정**
   (ㄱ) 고정 소음원의 위치
   (ㄴ) 이동 소음원의 주요 공사 경로
   ※ 수음점 관점에서 적정 축적의 도면상에 소음원 표시

④ **소음원별 음향파워레벨(PWL_s) 또는 소음도(L_s) 설정**
   (ㄱ) 유사 현장서 특정거리(r) 떨어져 측정한 소음도(L_s) 활용

Chapter 6 공사장소음 대책

(ㄴ) 기 조사된 자료 활용[PWL_s 또는 특정거리 소음도(L_s)]

※ 국립환경과학원, 중앙환경분쟁조정위원회 등의 자료 이상의 조사 내용을 <표 6.2>의 형식으로 정리한다.

● 표 6.2 일시·공종과 공사 내용 및 투입 건설기계와 소음도

일시	공종	공사 내용	투입 내역			소음도
			기계명	규격	대수	

조사된 건설기계의 소음도 자료를 활용할 경우는 소음도가 건설기계의 동력 규모 및 작업방식, 노후도, 지반의 종류 등에 따라 차이가 클 수 있다는 점을 염두에 둔다.

<표 6.3>은 공사 현장에서 많이 사용되는 건설기계의 소음도 사례를 정리한 것이다.

● 표 6.3 건설기계 종류별 소음도 예

기계명	상태 [마력]		PWL_{max} [dB(A)]	PWL_{eq} [dB(A)]	$L_s(L_{eq})$ [dB(A)]	
					$r=5$ m	$r=10$ m
굴착기	75 미만		103.4	97.6	75.6	69.6
	75~140		107.0	101.2	79.2	73.2
	140~280		109.4	103.6	81.6	75.6
	280 이상		113.4	107.6	85.6	79.6
천공기	어스오거	평균	111.3	104.6	82.6	76.6
		보링	103.7	97.0	75.0	69.0
		경타	114.0	107.3	85.3	79.3
	어스드릴		118.2	111.5	89.5	83.5

표 6.3 (계속)

기계명		상태 [마력]	PWL_{max} [dB(A)]	PWL_{eq} [dB(A)]	$L_s(L_{eq})$ [dB(A)]	
					$r=5\,m$	$r=10\,m$
중굴공법		DRA	116.1	109.4	87.4	81.4
		RCD	110.7	104.0	82.0	76.0
		SIP	114.5	107.8	85.8	79.8
항타기	디젤	강관 말뚝	137.2	130.5	108.5	102.5
		PC 말뚝	133.2	126.5	104.5	98.5
	유압	강관 말뚝	134.2	127.5	105.5	99.5
		PC 말뚝	127.2	120.5	98.5	92.5
	진동	강관 말뚝	123.2	116.5	94.5	88.5
브레이커		< 500 kg	119.4	114.4	92.4	86.4
		≥ 500 kg	126.4	121.4	99.4	93.4
압쇄기		구조물 해체	102.0	97.0	75.0	69.0

(출처: 건설기계류 소음특성, 2003, 국립환경과학원)

⑤ 소음원별 수음점까지의 영향거리 설정
  (ㄱ) 고정 소음원과 수음점 사이 거리
  (ㄴ) 이동 소음원과 수음점 사이 거리
  • 특정 영역에 국한 : 그 중심위치와 수음점 사이의 거리
  • 공사장 전체에 걸쳐 분포 : 기하평균거리
   $[D_g = (D_n \times D_f)^{0.5}$, D_n : 수음점과 가장 가까운 공사지점과의 거리, D_f : 수음점과 가장 먼 공사지점과의 거리(m)]
   ※ 수음점 : 공사장과 면한 학교, 병원, 주택 등

⑥ 소음원별 수음점 소음도(L_r) 예측

$$L_r = L_s - 20 \cdot \log(영향거리/특정거리) \quad [dB(A)] \quad (6.1)$$

$$L_r = \text{PWL}_s - 20 \cdot \log(\text{영향거리}) - 8 \quad [\text{dB(A)}] \quad (6.2)$$

⑦ 각 소음원별로 방음벽 등 장애물의 회절감쇠치(L_d) 산정

$$L_d = 10 \cdot \log(3 + 20 \cdot N) \quad [\text{dB(A)}], \ (L_d \leq 24) \quad (6.3)$$

여기서, N은 Fresnel Number로 $N \fallingdotseq \delta f/170$이다.

이 식은 방음벽 등 장애물의 투과손실치가 L_d보다 10 dB 이상 크고 기밀 구조이며 길이는 무한한 경우다. 기타 필요한 내용은 제1장의 방음벽 편을 참고한다.

건설기계 주변에 <그림 6.16>과 같이 가설 차음벽을 설치하고 부지경계선에 고정 방음벽을 설치한 경우의 회절감쇠치는 전파 경로 차 $\delta(= a + b + c - d)$를 구하여 위 식에 대입한다.

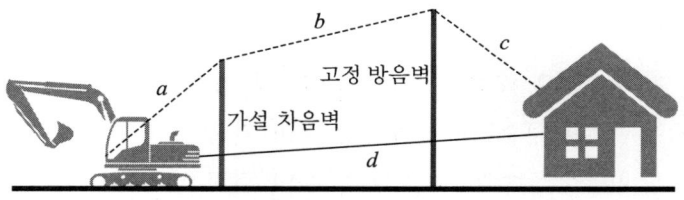

그림 6.16 방음벽 등이 2중으로 설치된 경우

가설 차음벽을 설치하면 고정 방음벽만의 감쇠치에 비해 큰 감쇠치를 기대할 수 있다. 소음원 높이는 기계와 작업방식에 따라 상이하지만 지면 작업의 경우는 1 m 높이로 본다.

Fresnel Number N에 따른 회절감쇠치를 도시하면 <그림 6.17>과 같다. 소음원과 수음점이 가시선상에 있을 경우에도 약 5 dB의 효과가 있으며, 이론적 한계는 24 dB이다.

6.7 공사장소음의 예측방법

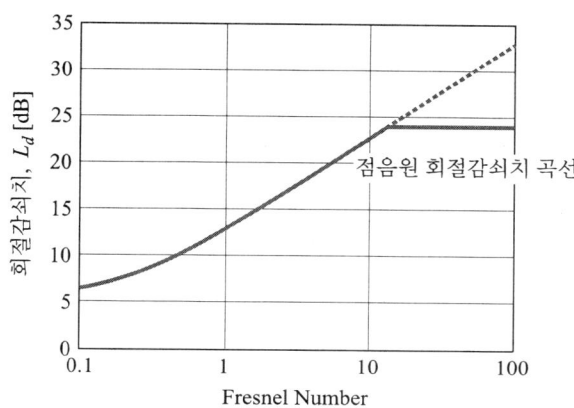

그림 6.17 건설기계 소음에 대한 방음벽의 회절감쇠치

Fresnel Number 외에 전파경로 차 δ와 주파수별에 따라 방음벽 회절감쇠치를 산정하여 나타내면 <표 6.4>와 같다.

표 6.4 경로 차 및 중심주파수에 따른 회절감쇠치

경로 차 δ [m]	옥타브 밴드 중심주파수[Hz]별 회절감쇠치[dB]							
	31.5	63	125	250	500	1k	2k	4k
0.003	5	5	5	5	5	6	7	8
0.0061	5	5	5	5	5	6	8	9
0.0152	5	5	5	5	6	7	9	10
0.0305	5	5	5	6	7	9	11	13
0.061	5	5	6	8	9	11	13	16
0.152	6	7	9	10	12	15	18	20
0.305	7	8	10	12	14	17	20	22
0.61	8	10	12	14	17	20	22	23
1.524	10	12	14	17	20	22	23	24
3.048	12	15	17	20	22	23	24	24
6.096	15	18	20	22	23	24	24	24
15.24	18	20	23	24	24	24	24	24

Chapter 6 공사장소음 대책

방음벽에 의한 회절감쇠치를 크게 하는 것은 경로 차 δ를 크게 하는 것이다.

⑧ 다수 건설기계 운영 시 수음점의 총합 소음도(L_R) 산정

$$L_R = 10 \cdot \log\left\{\sum 10^{(L_{ri} - L_{di})/10}\right\} \quad [\text{dB(A)}] \qquad (6.4)$$

여기서 i는 i번째 건설기계를 대상으로 한 값이다.

⑨ 수음점 소음도의 평가

기준을 초과한 경우는 소음원과 소음대책 등을 검토한다.
  (ㄱ) 소음원
    • 저소음 장비(소음 표시제, 신형 기계 등 → 소음 저감량 확인하여 적용함)
    • 저소음 공법(저소음 공법으로 대체할 경우의 저감량을 확인하여 적용함)
  (ㄴ) 소음대책
    • 기계·공법의 변경   • 소음원 차폐의 개선
    • 방음시설의 보강   • 작업시간의 조정 등

6.8 해외의 공사장소음 관리 사례

독일의 경우, 공사장소음의 측정위치는 우리나라와 대동소이하다. 인근 건물의 가장 시끄러운 곳 창문을 열고 그 중앙에서 밖으로 0.5 m 위치나, 혹은 인근 건물의 반사벽으로부터 3 m 떨어진 지상 1.2 m

6.8 해외의 공사장소음 관리 사례

높이다. 소음의 측정 평가는 주간 또는 야간 전체 기간의 등가소음도 (L_{eq})로 <표 6.5>와 같고, 주거지역의 기준은 우리나라보다 10 dB(A) 낮은 수준이다.

다만, 평가방법의 차이를 감안할 때 5 dB(A) 정도의 차이가 있을 것으로 추정한다.

● 표 6.5 독일의 공사장소음 기준

지 역	등가소음도 기준 [dB(A)]	
	주간(07~20)	야간(20~07)
휴양지, 병원 및 요양지	45	35
순수 주거지	50	35
대부분이 주거지역	55	40
주거·공업 혼재지역	60	45
대부분이 공업지역	65	50
공업지역	70	

또한, 건설기계 가동에 따른 작업소음의 지속시간에 대한 보정치를 우리나라와 유사하게 정하고 있다. 예를 들어, <표 6.6>과 같이 주간의 건설기계 가동에 따른 작업소음이 2.5~8시간 이하의 범위이면 −5 dB(A)를 보정한다.

● 표 6.6 건설기계 가동에 따른 지속시간에 대한 보정치

주간(07~20)	야간(20~07)	보정치 [dB(A)]
≤2.5시간	≤2.5시간	−10
2.5~≤8시간	2.5~≤6시간	−5
>8시간	>6시간	0

그리고, 측정·평가한 평가소음도가 기준을 5 dB(A) 초과하면 저소음의 기계·공법의 적용, 고소음 기계의 운용시간 단축, 방음대책을 강구한다.

네덜란드의 공사장소음 가이드라인은 <표 6.7>과 같다. 중앙정부의 강제 규정은 아니지만 지자체가 판단하여 적용할 수 있다. 가이드라인의 특징은 소음수준에 따라 작업일수가 제한된다는 것이다. 소음 측정은 피해자 측의 창 밖에서 주 중의 주간(07~19) 전체 기간의 등가소음도를 기준으로 한다.

● 표 6.7 소음수준에 따른 작업일수 가이드라인

소음도 [dB(A)]	≤ 60	60~65	65~70	70~75	75~80	> 80
허용 일수 [일]	없음	50	30	15	5	0

표에서 소음도가 60 dB(A) 이하일 때는 작업일수에 제한이 없지만 60~65 dB(A) 범위일 때는 50일, 75~80 dB(A)는 5일간이다.

<그림 6.18>은 일부 건설기계 가동에 따른 작업소음을 이격거리별로 예측하여 각각의 작업일수를 나타낸 것이다.

그림의 건설 작업위치에서 100 m 떨어진 지점이 수음자 측이라면, 항타기로 콘크리트 파일을 박는 작업은 5일, 시트 파일을 박는 작업은 15일이 가능하다. 수음자와 거리가 가깝거나 멀면 작업일수가 연동하여 바뀜을 예상할 수 있다.

6.8 해외의 공사장소음 관리 사례

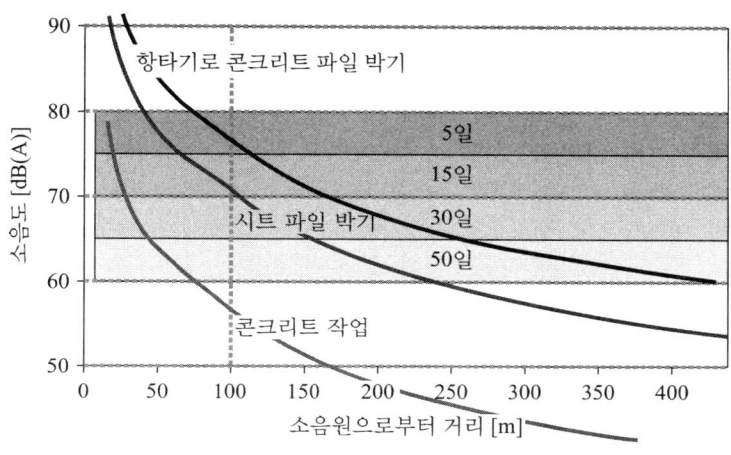

그림 6.18 건설 작업방법에 따른 이격거리별 작업일수 예

일본의 소음규제법에 특정건설작업으로 규정한 공사는 우리나라의 특정공사와 같은 성격이다. 그 대상 건설기계도 항타기, 항발기, 착암기, 브레이커 등 고소음기계로 서로 유사하다. 규제기준 85 dB(A)를 포함한 규제 내용은 <표 6.8>과 같으며 일요일과 공휴일은 작업을 금하고 있다.

표 6.8 특정건설작업의 소음 규제

규제종별	지역구분	특정건설작업
기준	(1), (2)	85 dB(A) 이하
작업시각	(1)	19:00~07:00 작업해서는 안 됨
	(2)	22:00~06:00 작업해서는 안 됨
1일당 작업시간	(1)	10시간/일을 초과해서는 안 됨
	(2)	14시간/일을 초과해서는 안 됨
작업기간	(1), (2)	동일 장소에서 연속 6일 초과는 안 됨
작업일	(1), (2)	일요일, 기타 휴일에는 작업 안 됨

(1) 주거지역과 주거 밀집지, 학교·병원 등, (2) 기타 지역

Chapter 6 공사장소음 대책

한편, 소음도는 공사장의 부지경계선에서 측정하며 다음 방법으로 대표치를 정한다.
① 소음계의 지시치가 변동하지 않고, 또는 변동이 작은 경우는 그 지시치로 한다.
② 소음계 지시치가 주기적 또는 간헐적으로 변동하나, 그 지시치의 최대치가 대개 일정한 경우는 그 변동마다의 지시치의 최대치의 평균치로 한다.
③ 소음계 지시치가 불규칙하고 큰 폭으로 변동하는 경우는 측정값의 90% 레인지의 상단의 수치(L_5)로 한다.
④ 소음계 지시치가 주기적 또는 간헐적으로 변동하나, 그 지시치의 최대치가 일정하지 않은 경우는 그 변동마다 지시치의 최대치의 90% 레인지의 상단의 수치(L_5)로 한다.

이상의 일본의 공사장소음 측정방법 중의 대표치는 최대치 개념으로 국제적으로 널리 사용하는 등가소음도 개념과 차이가 있다. 등가소음도에 비해 항상 크며, 수십 dB(A)까지 큰 경우도 있다.

한편, 각 지자체는 조례로 특정건설작업 외의 공사에 대해서도 기준을 운영한다. 그리고, 일부 지자체는 공사장 부지경계선에서 일정 거리 이내에 거주하는 주민과 발주자 및 시공자가 공동으로 작성한 소음·진동 방지, 공사차량 대책, 지반침하와 건물의 손해 복구 등을 내용으로 한 공사협정서를 건축 허가 시에 사전 징구하여 소음·진동과 관련한 민원을 최소화하고 있다.

Chapter 7

생활소음 대책

7.1 층간소음

7.1.1 발생 유형과 특징

뜸하다 싶으면 끊이지 않고 발생하는 것이 공동주택의 층간소음 갈등이다. 층간소음 문제로 시비가 붙어 폭행이나 심지어는 목숨을 잃는 사건도 여러 건 있었다. 공동주택에서 접하는 소음은 <그림 7.1>에서 보는 바와 같이 유형이 다양하다.

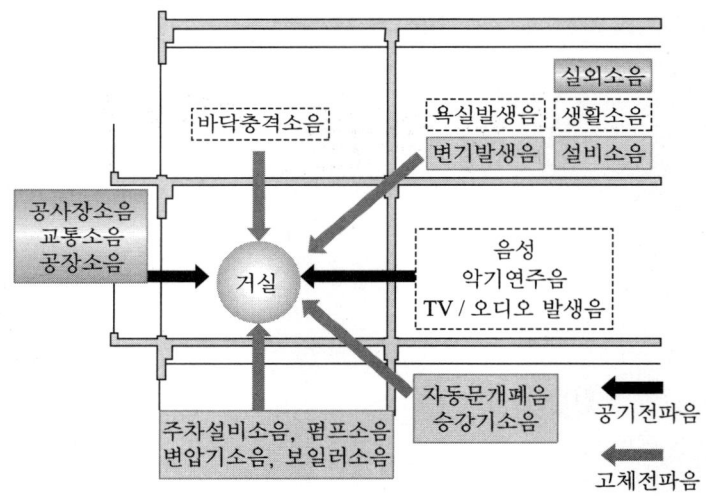

그림 7.1 공동주택에서 접하는 소음의 유형

그림에서 공사장소음이나 교통소음 등은 주로 창문을 통해 전파해 오는 외부 소음이지만 그 외에 공동주택 상호간에 발생하는 설비소음과 악기 연주음 등도 있다. 특히, 공동주택은 위층의 바닥이 아래층의 천장이라는 구조적인 특징 때문에 일상의 소리가 들리고, 심해지면 층간소음 문제로 비화한다. 피해자는 소음의 노이로제에 시달리고 가해자는 피해자의 항의로 스트레스를 받는 경우가 많다. 특히, 생활시간대와 라이프스타일, 가족 구성원(아이가 있는지 여부) 등의 차이가 클수록 문제가 더욱 심각해질 수 있다.

우리나라에서 층간소음 갈등이 많은 것은 공동주택의 보급률이 71%로 독일(54%), 일본(42%), 프랑스(33%), 영국(15%) 등에 비해 월등히 높고 바닥의 차음도(遮音度)가 취약했던 구조적 문제와, 밤 문화의 발달과 사회·경제적 스트레스의 가중이다. 그리고 이웃을 배려하는 생활수칙의 실천과 이웃을 이해하는 문화가 자리 잡지 못한 것도 큰 이유다.

층간소음에는 공기전달 소음(공기에 의해 전해지는 음)과 고체전달 소음(고체에 의해 전해지는 진동음)이 있다. 공기전달 소음은 아이의 괴성과 부부싸움 소리, TV나 오디오 등의 소리, 피아노 등의 악기 연주음 등이다. 고체전달 소음은 하이힐 소리나 숟가락이나 컵이 바닥에 떨어진 소리 등과 아이가 뛰거나 어른의 발자국 소리, 무거운 물건을 떨어뜨린 소리 등이다. 전자를 경량(輕量) 바닥충격 소음이라 하고 후자를 중량(重量) 바닥충격 소음이라 한다. 중량 바닥충격 소음은 진동을 수반하는 저주파 소음이기 때문에 같은 크기의 단순한 공기전달 소음에 비해 5 dB(A) 정도 더 불쾌하게 느낀다. 이는 기준을 공기전달 소음에 비해 5 dB(A) 더 낮게 해야 한다는 의미가 된다.

환경부의 공동주택 층간소음 갈등해결 지원제도에 의한 통계로 보면, 층간소음 민원의 유형은 중량 바닥충격 소음인 아이가 뛰거나 발자국 소리가 70% 이상으로 대부분을 차지한다.

참고로, 뱅 머신으로 공동주택의 406호 바닥을 타격하면서 주위 세대에서 측정한 중량 바닥충격 소음의 결과를 보면 <그림 7.2>와 같다. 일반적으로 바로 아래층에서 가장 높고, 다음은 바로 옆집이, 그 다음으로 옆집의 아래층이 높은 경향을 보인다.

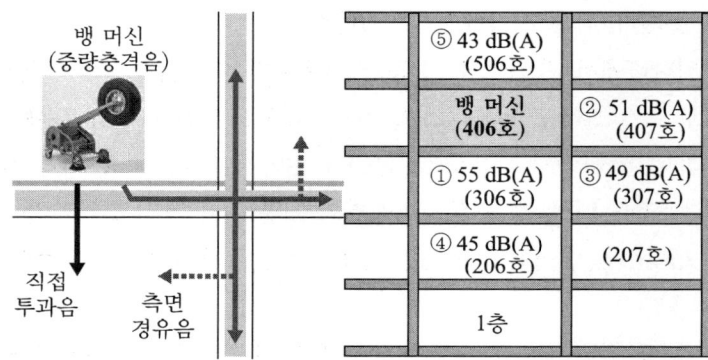

그림 7.2 　공동주택 층간소음의 발생과 전달 사례

그림과 같은 층간소음의 전달과정을 알면 이웃과의 대화를 통해서 소음원을 특정하는데 도움이 되고, 엉뚱한 세대를 소음원으로 오해하는 일을 피할 수 있다.

이외에 동물소음과 관련한 규제 사례는 뉴욕시의 조례를 들 수 있다. 피해자의 부지경계선에서 주간(07~22)은 10분 이상, 야간(22~07)은 5분 이상 연속해서 분명한 크기로 듣고, 경찰에 조치 요청을 하면 확인하여 과태료 처분을 한다.

7.1.2 이해와 배려의 생활문화

일상에서 접하는 소음원의 주파수 범위는 <그림 7.3>에서 보는 바와 같다. 층간소음 중의 공기전달 소음에 해당하는 피아노 및 음향기기 등의 주파수는 일반적으로 125 Hz 이상이다. 층간소음에서 갈등 원인의 하나인 중량 바닥충격 소음 중의 보행음은 125 Hz 이하의 저주파 영역으로 진동에 기인한다.

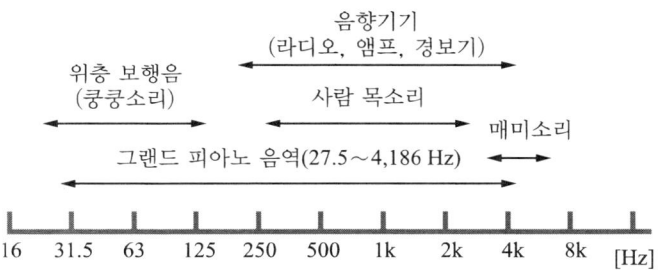

그림 7.3 일상에서 접하는 소음원의 주요 주파수 범위

층간소음 갈등은 자기중심적 행동에 의한 경우가 많기 때문에 이웃에 대한 배려로서 다음과 같은 생활수칙을 일상적으로 실천하면 크게 줄일 수 있다.

'뒤꿈치에 힘을 빼고 살포시 걷거나 가급적 쿠션이 있는 실내화를 착용하며, 아이가 실내에서 뛰지 않도록 가정에서 훈육과 유치원 등에서 이웃을 배려하는 예절교육을 시킨다. 특히, 야간(21~08시)에는 바닥을 쿵쿵거리는 활동은 자제한다. 바닥에 카펫이나 매트 등 완충재를 깔고 의자의 다리나 냉장고의 밑, 출입문 틈새 등에 완충재를 끼운다. 악기 및 음향기기 등의 소리는 음량을 낮게 조절하거나 이어폰이나 헤드폰을 사용한다. 음량이 큰 경우는 창이나 문을 닫고 두꺼운 커튼을 치고, 벽이나 천장은 소리를 잘 흡수하는 두꺼운 벽지 등을 바른다. 세탁기·청소기나 공구 등은 야간에 사용하는 것을 피하고, 저소음기기를 구입한다.' 등이다.

또한, 조심해서 생활해도 생활시간대의 불일치와 라이프스타일의 다양화 등으로 층간소음을 완전히 피할 수는 없다. 소음은 발생하기 마련이기 때문에 어느 정도는 견디고 살아야 한다. 이를 극복하는 방안의 하나가 커뮤니케이션이다. 커뮤니케이션은 생활습관과 감성(感性)이 서로 다른 사람들이 모여 살기 때문에 서로 이해를 넓히는 중요한 수단이다. 이웃과 다정한 인사를 시작으로 교류하고 소통하여 상호 이해하고 협조하는 공동체 문화를 정착해 나가고 필요한 경우는 지자체의 협조와 지원을 받는다.

이외에 관리사무소는 주기적으로 생활수칙을 방송하고, 주인은 세입자에게 이를 알려 부지불식간의 고소음 생활습관으로 발생하는 층간소음을 억제하여 갈등 원인을 제거해간다.

매년 언론계와 함께 하는 '층간소음 저감 실천운동' 주간(週間)을 마련하여 전국적으로 홍보하고 이해 관계자 및 어린이 등이 참여하고 체험하는 프로그램 운영도 검토한다.

7.1.3 건축 구조적 개선

(1) 이론적 고찰

건축자재의 경량화, 길이가 긴 스판(span) 구조의 적용 등에 의한 바닥 면의 강성 저하 등도 층간소음 증가의 한 원인이다. 실내에서 걷거나 뛰는 등의 활동에 따른 슬래브 바닥의 주요 진동수는 2~10 Hz 정도다. 걸을 때는 2 Hz 정도를 기본으로 고조파(高調波) 성분까지를 고려한 경우다. 반면, 실내 바닥 슬래브의 1차 고유진동수 범위는 5~20 Hz인 경우가 많기 때문에 공진으로 층간소음은 커질 수 있다. 선진 사례에서는 슬래브의 1차 고유진동수를 10 Hz 이상으로 설계토록 제안하고 있다.

슬래브의 1차 고유진동수 f_n은 다음 식과 같다.

$$f_n = (\pi/2 \cdot L^2) \times (D \cdot g/W)^{1/2} \quad [\text{Hz}] \tag{7.1}$$

여기서, L은 스판 길이(m), D는 굽힘 강성(N·m), W는 단위 자중[중량(N/m^3)×두께(m)], g는 중력가속도(9.8 m/s^2)이다. 그리고, 굽힘 강성 D는 다음 식과 같다.

$$D = E \cdot t^3/12 \cdot (1-\nu^2) \quad [\text{N·m}] \tag{7.2}$$

여기서, E는 영률(N/m^2), t는 슬래브 두께(m), ν는 포아송비(≒0.2)다.

바닥 슬래브의 1차 고유진동수는 바닥의 스판이 클수록 낮아지고 두께가 클수록 증가함으로 스판을 줄이고 두께를 크게 할 필요가 있다.

바닥충격 소음에 대한 차음도 변화는 바닥 단면의 구동점 임피던스의 변화에 의해 추정할 수 있다. 구동점 임피던스는 바닥 진동의 방해 정도를 나타내며 두께의 2승에 비례한다. 이상적 조건에서 슬래브 두께의 증가에 따른 중량 바닥충격 소음의 차음도 증가량 ΔL_z는 다음 식으로 나타낼 수 있다.

$$\Delta L_z = 40 \cdot \log(t_2/t_1) \quad [\text{dB}] \tag{7.3}$$

여기서 t_1, $t_2 (t_2 > t_1)$는 슬래브 두께를 말한다. 바닥 두께를 2배로 하면 차음도가 12 dB 증가한다는 뜻이다.

일본 건축학회가 건축물의 차음 성능기준 및 설계지침에서 제시한 실(室)의 바닥 면적과 슬래브 두께에 따른 중량 바닥충격 소음의 차음 등급은 <표 7.1>과 같다.

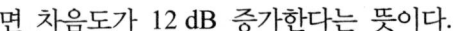
표 7.1 실의 바닥 면적과 슬래브 두께에 따른 차음등급

슬래브 두께 [mm]	바닥 면적[m²]						
	15	20	25	30	35	40	45
150	L-55	L-55	L-60	L-60	L-60	L-60	L-65
160	L-50	L-55	L-55	L-60	L-60	L-60	L-60
180	L-50	L-50	L-55	L-55	L-60	L-60	L-60
200	L-45	L-50	L-50	L-55	L-55	L-55	L-60
230	L-45	L-45	L-50	L-50	L-55	L-55	L-55
250	-	L-45	L-50	L-50	L-50	L-55	L-55

조사는 주변이 들보로 둘러싸인 실을 대상으로 하였고, 차음등급 L-00은 위층에서 뱅 머신을 두들기고 아래층에서 측정한 중량 바닥충격 소음의 차음등급을 나타낸 것으로 숫자가 낮을수록 차음이 우수하다. 공동주택에 대해서는 L-50, 55를 허용범위로 제시했다.

표에서 보면 바닥의 면적이 같으면 슬래브 두께가 두꺼울수록 차음등급은 좋으나, 같은 두께일 경우는 바닥의 면적이 커지면 차음등급이 나빠진다. 설계 시에 바닥의 면적과 두께를 연계해서 검토해야 함을 알 수 있다.

일본에서 이노우에 등이 850여 가구의 공동주택을 대상으로 '중량 바닥충격 소음 차단성능의 생활실감 표현방법 검토' 보고서에 제시한 차음등급별 만족도의 결과는 <그림 7.4>와 같다.

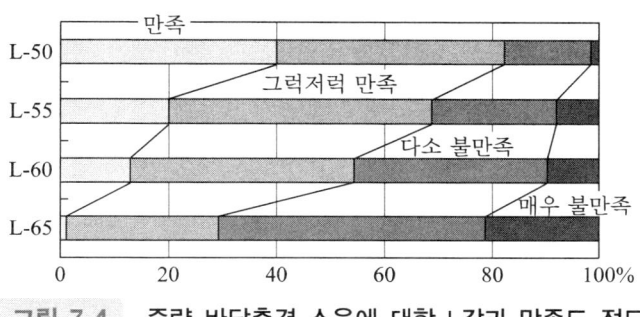

그림 7.4 중량 바닥충격 소음에 대한 L값과 만족도 정도

그림의 만족도에 일본 건축학회의 공동주택 거실에 대한 차음등급 권장기준 L-55를 대비하면, 그럭저럭 만족까지를 포함한 만족도는 70% 수준이고, 일반적 성능수준인 차음등급 L-60은 55% 수준이다.

층간소음 중의 경량 바닥충격 소음은 옥타브 밴드 주파수가 125~250 Hz, 중량 바닥충격 소음은 63~125 Hz 범위가 많다.

(2) 제도의 발전

경량 바닥충격 소음은 바닥 위에 카펫이나 매트 등의 완충재를 깔면 효과가 크다. 이것은 완충재가 숟가락이나 컵 등의 낙하 충격력을 감소시키고 고주파 성분의 충격소음을 슬래브와 함께 잘 차음하기 때문에 기존 주택의 소음 대책으로 유용하다. 그러나 아이가 뛰거나 어른의 발자국 소리 등의 중량 바닥충격 소음은 거의 차음을 기대할 수 없다. 이것은 완충재에 의한 충격시간의 증가(목재마루 4~7, 카펫 15 ms 정도)로 충격력은 감소하지만 충격소음이 더 저주파 측으로 이동하여 슬래브의 차음도가 떨어지는 공진영역 측으로 이전되기 때문이다. 다만, 완충재는 행위를 억제하고 충격력의 발생을 약화시켜 바닥 충격 소음을 저감하는 역할을 기대할 수 있다.

Chapter 7 생활소음 대책

중량 바닥충격 소음은 콘크리트 슬래브의 두께나 강성을 증가시키고, 들보를 추가하는 등의 대책이 필요하다. 따라서 기존 주택에는 적용하기가 어렵고 신축 주택에 적용할 수 있다.

슬래브 두께는 1999년 이전에 120 mm, 2007년까지 150 mm였고, 2004년과 2005년에 경량 및 중량 바닥충격 소음기준이 시행되면서 2008년은 180 mm, 2009년 이후는 210 mm 등으로 증가했다. 그리고, 20세대 미만의 공동주택은 2014년 11월부터 건축허가 시에 충격소음 기준을 적용토록 규정했다. 슬래브 두께를 150 mm에서 210 mm로 증가시킨 것은 바닥충격 소음의 차음도를 이론적으로 6 dB 개선한 것으로, 유럽 국가들의 평균적 바닥충격 소음 가이드라인과 유사한 수준으로 향상된 것이다.

외국의 조사사례에서 경량 바닥충격 소음의 수준이 53 dB인 경우는 만족한다는 응답률이 60% 정도인 반면, 58 dB(우리나라 기준)인 경우는 40% 정도로 낮았다.

건강보건 측면에서 WHO나 선진국은 실내의 야간소음을 30∼35 dB(A) 수준으로 정하고 있다. 이러한 사실과 우리나라의 공동주택 보급률과 밤 문화 등을 감안할 때, '공동주택 바닥충격음 차단구조 인정 및 관리기준'에 정한 경량 및 중량 바닥충격 소음의 최소 성능기준을 현행 4급에서 3급으로 상향하는 것과 아울러 녹색건축 인증기준에 정한 공동주택 인증 심사기준의 개정 및 소음·진동관리법 상의 층간소음 기준도 일정 수준 강화하는 개정 방안을 연계하여 검토할 필요가 있다.

리모델링과 관련한 바닥재 리폼은 위생 및 미관 개선 등의 목적으로 많이 하고 있다. 거주자 마음대로 리폼을 함으로써 재질이나 시공 방법 등의 문제로 차음도가 현저히 저하되어 층간소음 갈등을 일으키는 경우도 문제다. 가급적 일정 수준 이상의 차음량이 있는 완충재형 마감재를 사용하는 것이 좋다. 일본은 바닥을 리폼할 시에 일정 이상의 차음량이 있는 바닥재를 사용토록 하는 리폼 규정을 공동주택 관리 규약에 정하고 있음을 참고할 필요가 있다.

관계 당국은 공동주택의 바닥충격 소음 및 층간소음 기준의 강화와 준공 후에 바닥충격 소음 기준에 부합하는 지를 공적(公的)으로 현장 시험·평가하는 방안 등을 제도에 반영하고, 바닥재 리폼 시에 차음량과 시공방법을 관리규약에 반영하는 방안도 검토한다.

참고로, 완충재에 대한 중량 바닥충격 소음의 저감효과에 대해 살펴본다. 일본에서 바닥 슬래브 위에 <표 7.2>와 같은 발포플라스틱 등의 다양한 형태의 완충재를 넣고 시험한 결과, 중량 바닥충격 소음의 저감효과는 거의 없었다.

표 7.2 바닥재용 완충재의 구성 및 사용 자재

구분	바닥재 구조	바닥 하부 종류	바닥재
슬래브 위에 카펫 깔기	카펫 / 펠트 / 콘크리트슬래브 150 mm (10~20)	접착 바닥	직물카펫 + 마펠트 8~11 mm 직물카펫 + 발포체 7~12 mm 직물카펫 + 발포체 4~6 mm 직물카펫 + 발포체 2~3 mm 직물카펫(쿠숀재 부착 않음) 니들펀치직물카펫(상동)
슬래브 위에 바닥재 접착	천연목화장합판 / 완충시트 / 합판 / 발포체 요철가공 / 콘크리트슬래브 150 mm (15)	접착 바닥	개선형 접착바닥 콜크타일 + 콜크펠트 콜크타일 2.7~10 mm 염화비닐시트 + 염화비닐발포체 염화비닐시트 짚다다미
발포플라스틱 바닥	천연목화장합판 / 발포플라스틱 / 모르타르 / 콘크리트슬래브 150 mm (90~140)	발포플라스틱 바닥	바닥(접착용 합판) 직물카펫 + 마펠트 10 mm 니들펀치직물카펫 짚다다미

우리나라에서도 한국소비자원이 2013년도에 시중에 판매되는 PVC 장판 및 목질 바닥재를 대상으로 바닥충격 소음을 시험한 바 있는데 경량 바닥충격 소음은 효과가 큰 반면 중량 바닥충격 소음은 거의 효과가 없었다고 밝혔다.

7.2 교실의 음환경

7.2.1 관리 필요성

학부모라면 누구나 자녀가 학교에서 공부를 잘 하길 바란다. 공부를 잘 하기 위해서는 학습환경이 중요하다. 오래전부터 '맹모삼천지교'를 듣고 자라면서 환경이 인간에게 미치는 영향의 중요성은 잘 알고 있지만 학습환경에 대해서는 모르거나 잊고 사는 경우가 많다. 학습환경에 영향을 주는 환경요인 중의 하나는 소음 등 음환경(音環境)이다.

WHO는 소음에 의한 학습영향은 정보 전달의 방해, 정보 추출의 방해 등과 같은 인지(認知)능력의 저하라 밝혔다. 소음으로 영향을 받는 인지능력은 집중력, 독해력, 기억력, 문제를 푸는 힘 등으로 만성적으로 항공기소음 등에 노출되는 학교의 학생들은 어려운 문제에 임할 때의 지속하는 힘, 독해시험의 성적, 학습의욕 등이 평균보다 낮다고 한다.

학생들은 하루에 듣는 시간이 75%에 이르기 때문에 교실 내의 음환경이 매우 중요하며, 그 본질은 명료도(明瞭度)이다. 이에 영향을 주는 요인은 크게 세 가지가 있다.

첫 번째는 교실 내의 소음수준이다. 교실 내의 소음은 외부의 교통소음이나 공사장소음 등과 내부의 기계소음이나 학생들이 떠드는 소음 등이다. 외부 소음은 도로변의 학교나 철도나 공항 주변의 학교에서 문제가 된다. 소음의 수준이 높아지면 선생님의 목소리를 명료하게 듣기가 어려워진다.

두 번째는 교실의 잔향시간이다. 잔향이란 실내 음원에서 나는 소리가 울리다가 그친 후에도 남아서 들리는 소리다. 잔향시간이 길어지면 선생님의 음성이 바로 오는 직접음과 표면에서 반사되어 오는 반사음이 중첩되어 웅웅거리는 소리가 되기 때문에 명료하게 듣지 못한다. 이러한 현상은 실내 표면이 소음을 흡수하는 흡음재가 거의 없고 반사를 잘 하는 콘크리트와 유리로 된 작은 교실에서 많이 경험한다.

세 번째는 선생님의 목소리 크기다. 목소리 크기는 교실 내의 소음(N)에 대한 목소리(S)의 크기 비(S/N比)가 15 dB(A) 이상일 때 학생들이 명료하게 듣는다. 교실 내의 소음이 50 dB(A)라면 선생님의 목소리는 65 dB(A) 이상일 때 학생들이 명료하게 듣는다는 의미다.

7.2.2 음환경 기준

일반적으로 학생들이 없는 빈 교실의 소음도가 35~40 dB(A) 정도이면 수업 시의 선생님 목소리를 제외한 소음도(학생들이 유발한 소음을 포함)가 45~55 dB(A) 정도에 이르므로 위의 조건이 어느 정도 충족된다. 그러나, 도로변 등에 위치한 학교나 학원의 경우는 빈 교실의 소음도가 50~60 dB(A)를 넘는 경우가 있기 때문에 선생님이 큰 목소리로 말하지 않으면 명료도가 나빠져 학습분위기가 산만해진다. 이런 경우는 소음수준에 따라 기밀성 이중창이나 무거운 자재로 교실의 창문을 막아 외부 소음이 덜 들어오도록 하고 벽이나 천장에 흡음재를 적절히 시공하여 음환경을 개선한다.

일본은 학교환경위생기준에 창호를 닫은 상태에서 교실 내의 평균 소음도를 50 dB(A)로 정하고 있다. 그 근거는 선생님들의 목소리 크기 빈도가 가장 많은 65 dB(A)를 바탕으로 S/N비 15 dB을 보정하여 설정했다. 그러나, 우리나라는 학교보건법에 창호의 개폐에 대한 조건 없이 일본보다 5 dB(A) 완화된 등가소음도(L_{eq}) 55 dB(A)로 정하고 있다.

<그림 7.5>에 나타낸 바와 같이 교실 내의 소음수준이 55 dB(A)라면 보통크기의 선생님 음성은 교실의 둘째 줄에서부터 소음에 묻히기 때문에 큰 음성이 아니면 그 자리에 앉은 학생들부터 명료하게 들을 수 없는 환경이 된다.

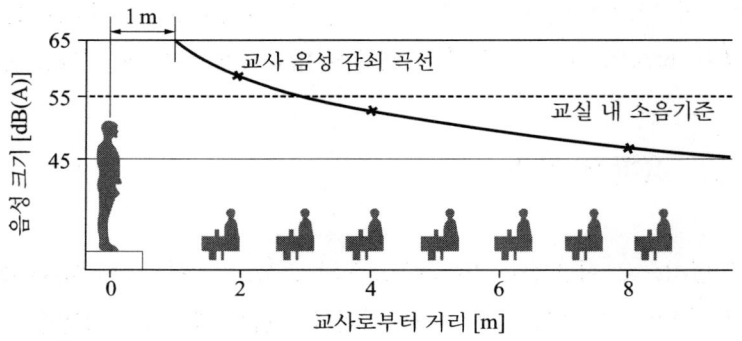

그림 7.5 교실 내의 선생님 음성크기와 소음기준 관계

건축 측면에서 빈 교실의 음환경에 대한 선진국의 가이드라인을 보면, 등가소음도(L_{eq}) 35 dB(A) 이하에 잔향시간은 0.6초 정도며, 일본은 소음도 40 dB(A) 이하에 잔향시간 0.6초 이하를 권장하고 있다. 잔향시간 0.6초는 평균 흡음률로는 0.2(20%)를 약간 넘는 수준이다. 참고로 교실 외의 적정 잔향시간은 음악실 0.8초, 대강당 1.1초, 체육관 1.5초 정도다.

이외에도 주목할 점은 <표 7.3>에 나타낸 바와 같이 소음의 최대치에 대한 관리기준도 있다. 영국 교육기술부는 최대치 55 dB(A)를 허용기준으로 정하고 있어 우리나라의 등가소음도(L_{eq}) 55 dB(A)와 큰 차이를 보인다.

● 표 7.3 학교의 교실 내의 소음기준 사례

기관		평가척 [dB(A)]	비고
WHO	교실	L_{eq}(수업중) : 35 ※ L_{max} : 50	※ S/N비를 15 dB로 한 경우의 가이드라인
	교정	L_{eq}(사용중) : 40	외부 소음
영국 교육기술부		L_{eq}(30분) : 30~35 L_{max} : 55	교실 내 허용기준
미국 연방항공국		L_{eq}(수업중) : 45	연방지원 받는 방음대책 시는 L_{max}로 적용

다음 세대를 책임질 학생들의 학습능력 향상을 위해 교실의 음환경을 점검하고 빈 교실의 소음도와 잔향시간에 대한 가이드라인을 마련하여 교실의 음환경 개선 지침으로 활용할 필요가 있다.

7.3 실 분할과 실내소음

공장, 상가 등의 실내를 칸막이벽 등으로 소음원과 분할하여 사무실 등으로 사용한 경우에 수음점 P의 옥타브 밴드 소음도를 구하는 방법은 다음과 같다.

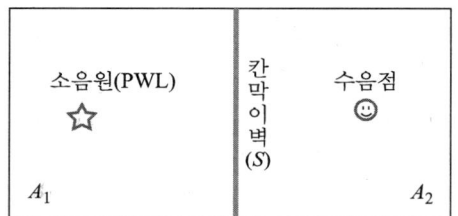 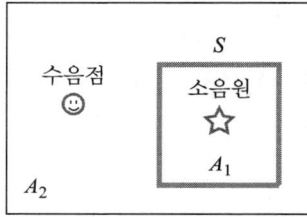

(a) 칸막이벽으로 분할   (b) 방음실

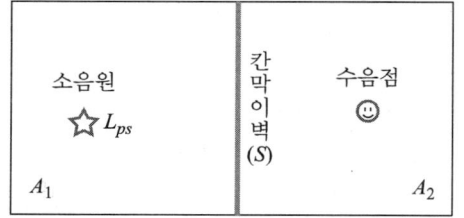 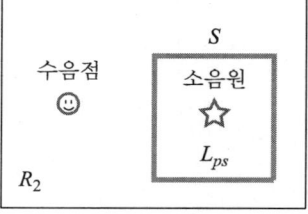

(c) 소음원 측의 소음도(L_{ps})를 안 경우

그림 7.6 칸막이벽 등으로 실 분할 시 수음점 소음도

<그림 7.6> 중의 (a) 및 (b)는 실내 소음원의 PWL(옥타브 밴드 소음도의 음향파워레벨)을 알고 있는 경우로 칸막이벽이나 방음실 형식으로 분할된 사무실 내의 수음점 소음도 L_p는 다음 식으로 구한다.

$$L_p = \text{PWL} - \text{TL}_t + 10 \cdot \log\{(4S/(A_1 \cdot A_2)\} \quad [\text{dB(A)}] \quad (7.4)$$

여기서 TL_t은 칸막이벽의 평균 투과손실(dB), S는 칸막이벽의 면적(m^2), A_1 및 A_2는 소음원 측과 수음점 측의 흡음력(sabin m^2)이다.

(c)는 소음원 측 소음원의 PWL 대신에 옥타브 밴드 소음도 L_{ps}를 알고 있는 경우로 수음점의 소음도 L_p는 다음 식과 같다.

$$L_p = L_{ps} - \text{TL}_t + 10 \cdot \log(S/A_2) \quad [\text{dB(A)}] \quad (7.5)$$

또는,

$$L_p = L_{ps} - \text{TL}_t + 10 \cdot \log\{(1/4) + (S/R_2)\} \quad [\text{dB(A)}] \quad (7.6)$$

여기서 R_2는 수음실의 실정수이다.

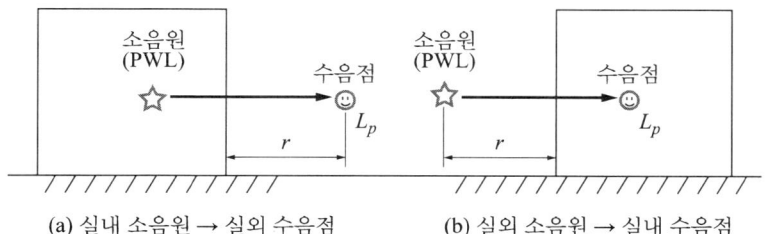

그림 7.7 실내·외 조건과 수음점 소음도

Chapter 7 생활소음 대책

<그림 7.7> 중의 (a)는 실내소음이 실외로 전파하는 경우로, 수음점 소음도 L_p는 다음 식으로 구한다.

$$L_p = \text{PWL} - \text{TL}_t + 10 \cdot \log(S_o/A) + 10 \cdot \log\{(1/2\pi r^2)\} \quad [\text{dB(A)}] \tag{7.7}$$

여기서, TL_t는 건물 외벽의 평균 투과손실(dB), S_o는 건물 외벽의 면적(m^2), A는 건물 내의 흡음력(sabin m^2), r은 건물 외벽면에서 수음점 P까지의 거리(m)다. 한편, 소음원은 바닥 중앙에 위치한 것으로 가정하여 $Q=2$로 설정한 것이다.

그리고, 건물 바로 밖의 소음도 L_p는 다음 식과 같다.

$$L_p = \text{PWL} - \text{TL}_t + 10 \cdot \log(1/A) \quad [\text{dB(A)}] \tag{7.8}$$

(b)의 경우는 실외 소음이 실내로 전파한 경우로 실내 소음도 L_p는 (a)와 동일한 식으로 구한다.

그리고, 건물 바로 밖의 소음도 L_p는 다음 식과 같다.

$$L_p = \text{PWL} + 10 \cdot \log(1/2\pi r^2) \quad [\text{dB(A)}] \tag{7.9}$$

다만, 실외가 확산음장으로 외벽 부근의 소음도가 L_o인 경우의 L_p는 다음 식과 같다.

$$L_p = L_o - \text{TL}_t + 10 \cdot \log(S_o/A) \quad [\text{dB(A)}] \tag{7.10}$$

(c)의 경우는 한쪽의 실내소음이 창문을 통해 다른 쪽의 실내로 전파하는 경우로, 수음점 소음도 L_p는 다음 식과 같다.

$$L_p = \text{PWL} - (\text{TL}_{t1} + \text{TL}_{t2}) + 10 \cdot \log\{S_1 S_2 / (A_1 A_2)\}$$
$$+ 10 \cdot \log(1/2\pi r^2) \quad [\text{dB(A)}] \qquad (7.11)$$

여기서 첨자 1, 2는 소음원 측 및 수음점 측을 의미한다.

7.4 주공 혼재지역 공장소음 측정위치

도시지역은 도시계획법에 따라 주거와 상업, 공업 등의 사용에 부합하게 용도지역이 구분되어 있다. 대부분의 용도지역은 부지경계선으로 나뉘며, 주택과 공장이 이 경계선을 두고 인접한 주공(住工) 혼재지역의 경우는 공장소음이 주거지의 주민들에게 직접 영향을 미쳐 사회문제가 된다.

공장소음이란 산업집적활성화 및 공장설립에 관한 법률에 정한 공장에 소음·진동관리법에 정한 소음 배출시설이 설치된 공장에서 발생한 소음이다. 이 소음은 배출허용기준으로 관리되며, 그 기준은 공장이 소재한 용도지역에 해당하는 기준이 적용되고 소음 측정위치는 공장 부지경계선 상의 1.2~1.5 m 높이다.

공업지역의 기준은 주간(06~18) 70, 석간(18~24) 65, 야간(24~06) 60 dB(A)이기 때문에 인접한 주거지역에 공동주택이 있다면 이와 유사한 소음수준에 노출될 수 있다.

이를 방지하기 위해 이들 공장 주변에 공동주택을 짓고자 할 때는 '주택건설기준 등에 관한 규정'에 따라 공장 부지경계선에서 수평거리 50 m 이상 떨어진 곳에 배치해야 한다. 물론 해당 공장의 소음도가 50 dB(A) 이하로서 공동주택에 영향을 미치지 아니하거나 방음벽·수림

Chapter 7 생활소음 대책

대 등의 방음시설을 설치하여 50 dB(A) 이하가 될 수 있는 경우는 제외한다는 단서도 있다.

이는 공동주택을 공장의 부지경계선으로부터 수평거리 50 m 이상만 이격하면 공장소음의 대소에 관계없이 배치할 수 있고, 50 m 이내라도 방음벽·수림대 등의 방음시설을 설치하여 지상 1.2~1.5 m 높이에서 공장소음이 50 dB(A) 이하면 배치할 수 있다는 의미다.

이상의 소음 측정위치를 나타내면 <그림 7.8>과 같이 공장의 부지경계선이나 피해자 측 부지경계선 상의 1.2~1.5 m 높이다.

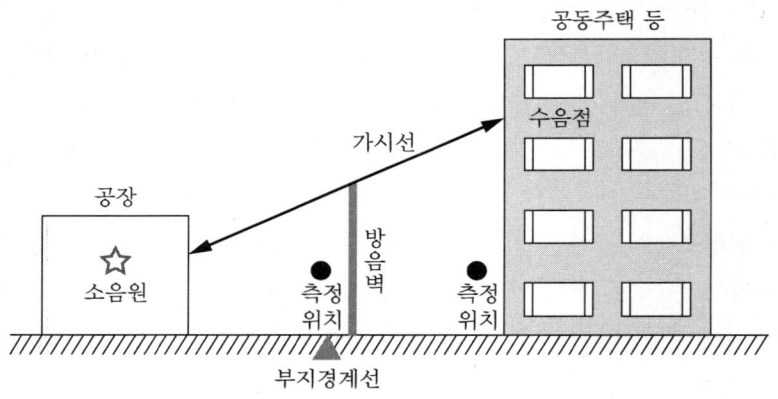

그림 7.8 주공 혼재지역 공장소음 측정위치

그림에서 보는 바와 같이 소음 측정위치는 지상 1.2~1.5 m 높이로 한정된 평면적 개념이다. 때문에 방음벽 등의 설치에 의한 차음으로 공동주택 저층부에서는 공장소음이 5~15 dB(A) 정도 저감되기 때문에 50 dB(A)를 달성할 수 있을 것이다. 그러나, 중·고층부의 수음점은 공장 소음원과의 가시선 위에 놓이게 되는 경우가 허다하기 때문에 방음벽 등에 의한 차음효과가 나타나지 않아 50 dB(A)를 넘는 소음에

7.4 주공 혼재지역 공장소음 측정위치

노출될 가능성이 크다.

 이와 같은 현상은 소음 측정위치를 지상 1.2~1.5 m 높이로 한정함으로써 방음벽 등의 대책이 공동주택의 중·고층부와 입체적으로 연계되지 않아 방음대책을 소극적으로 시행하여 중·고층부가 소음관리의 사각지대에 놓이게 되기 때문이다.

 이를 개선하는 방법은 공동주택에서 소음도가 높은 곳을 측정위치로 선정할 수 있도록 하는 것이다. 좋은 사례로, 공사장소음 등을 관리하는 생활소음 기준은 소음 측정위치를 피해자의 부지경계선상 1.2~1.5 m 높이나 피해자의 위치가 2층 이상인 경우는 해당 층의 창문을 열고 밖에서 측정토록 함으로써 어떤 공간상에서도 기준 이내가 되도록 하고 있다.

 따라서 '주택건설기준 등에 관한 규정' 상의 소음 측정위치도 위의 생활소음 기준의 측정위치와 동일한 방법으로 개선해야 한다. 더불어 공동주택 건축허가 시에 공동주택 배치 위치에서 방음대책 전과 후의 공장소음 공간분포를 3차원 예측 툴로 시뮬레이션토록 하여 기준 달성 여부를 확인한다. 그리고, 소음기준을 주야간 구분 없이 50 dB(A)로 정하고 있는데 주간에 대해서는 소음 환경기준과 같은 55 dB(A)로 설정하여도 무방할 것으로 생각한다.

 한편, 방음대책의 비용은 후주자인 공동주택을 짓는 자가 원칙적으로 부담한다. 비용경제적 측면에서 대책의 비용은 공동주택측보다 공장 측에서 시행하는 것이 대개 유리하고 효과도 확실하기 때문에 공장 측은 공장 내의 대책에 적극적으로 협조할 필요가 있다. 이는 공장 측도 공동주택 중·고층부의 주민들에게 소음피해를 주는 점을 감안한 배려이다.

7.5 콘서트 및 스포츠 소음의 관리방안

실외 콘서트장이나 경기장 주변에서 소음에 시달린 주민들의 민원이 늘고 있다. 확성기 소음에 대해서는 소음·진동관리법에 따라 피해자의 부지경계선에서 주간 65, 석간 60 dB(A) 등으로 관리할 수 있다. 그러나, 사람의 활동에 기인하는 소음까지는 관리할 수 없다. 다만, 동일 건물 내의 체육도장업, 체력단련장업, 무도학원업 및 무도장업, 노래연습장업, 음악교습을 위한 학원 및 교습소, 단란주점영업 및 유흥주점영업, 콜라텍업 등에서 발생한 소음은 사람의 활동에 기인한 소음(行爲 騷音)까지를 포함해서 관리할 수 있도록 그 기준을 정하고 있다.

이벤트 형식으로 개최되는 콘서트장 소음은 확성기를 사용하는 음악소리를 중심으로 함성이 혼재하고, 경기장 소음은 확성기 소음 외에 사람의 함성과 응원기구 소음 등이 혼재한다.

국제적으로 실외 콘서트장 소음에 대해서는 여러 나라가 가이드라인 형식으로 관리하고 있다.

영국의 소음심의회는 콘서트장 소음의 가이드라인으로 09~23시 사이에 개최되는 음악소리를 주거시설의 정면으로부터 1 m 떨어진 곳에서 15분 이상 측정하고, 소음기준은 다음 조건으로 정하고 있다. ① 도심의 스타디움이나 경기장에서 연간 3회 이하 개최 시에는 75 dB(A), ② 도심 외나 교외의 장소(콘서트·스포츠 경기 등)에서 연간 3회 이하 개최 시에는 65 dB(A), ③ 연간 4~12회 개최하는 경우는 모든 장소에서 배경소음도보다 15 dB(A) 이하로 큰 소음도 등이다. 이를 바탕으로 지자체에서는 관리기준을 설정하고 있다.

7.5 콘서트 및 스포츠 소음의 관리방안

벨기에 고등법원은 가이드라인으로 80 dB(A)를 초과하지 않도록 판시한 사례가 있고, 네덜란드는 주간 실내에서 창호를 닫고 50 dB(A) 이하를 권장하고 있다.

홍콩은 홍콩 스타디움에서 콘서트 공연 시의 소음 가이드라인을 <그림 7.9>에 나타낸 바와 같이 피해건물의 외부로부터 1 m 떨어진 곳에서 15분간 측정하여 주간(09~19)은 70, 석간(19~23)은 65 dB(A)를 기준으로 정하고 있다.

그림 7.9 홍콩스타디움 소음 측정지점

일본 요코하마 시는 행정적인 지도를 통해 요코하마 스타디움(야구장)에서 콘서트 공연 시에 확성기 볼륨을 관중석 최상단에서 최대 100 dB(A)로 정하고 있다. 그 후에 닛산 스타디움(국제경기장)은 이를 근거로 100 dB(A)를 내규로 정했다. 또한, 전국공립문화시설협회는 소음의 최고수준을 객석 정면에서 110 dB(A) 이내로 설정할 것을 권고하고 있다.

경기장의 스포츠 경기 소음에 대한 관리기준은 국제적으로 거의 확인되지 않고, 독일이 거의 유일하게 <표 7.4>와 같이 체육시설의 건설과 운영에 대해 연방 소음기준을 두고 있다.

표 7.4 스포츠시설의 건설 및 운영 소음기준(일부)

지역 구분	주간(06~22)		야간 (22~06)
	휴식시간 외	휴식시간	
중심지역, 혼재지역	60 dB(A)	55 dB(A)	45 dB(A)
일반 주거지역, 농촌 마을	55 dB(A)	50 dB(A)	40 dB(A)

소음 측정위치는 피해자의 부지경계선이나 창문을 열고 소음측으로 0.5 m 내밀어 측정한다. 경기 중에 발생하는 소음 개개의 최대치는 기준보다 주간은 30, 야간은 20 dB(A)까지 높게 허용한다.

이외에 영국은 2016년도에 브리티시 GT(Grand Touring car) 챔피언십에 출전하는 경주용 차량의 배기소음을 배기구에서 0.5 m 떨어진 45° 위치에서 108 dB(A)로 제한한 사례도 있다.

이상의 선진 사례를 감안할 때 소음 민원의 우려가 있는 곳에 대해서는 지자체나 공연단체 및 경기단체 등이 공연과 경기 운영의 취지를 살리면서 소음 민원을 최소화 할 수 있도록 자율적으로 소음 관리기준을 마련하여 운영할 필요가 있다.

7.6 풍력발전기 소음관리 선진화

7.6.1 일반적 영향

풍력발전은 바람으로 로터 블레이드를 돌려 전기를 얻는 발전시스템으로 <그림 7.10>과 같은 외양이다.

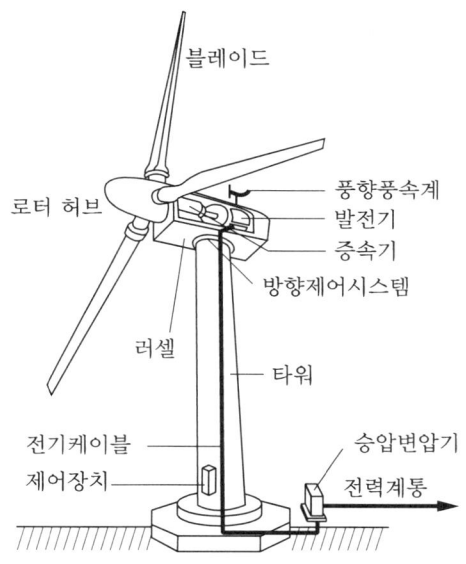

그림 7.10 풍력발전기의 구성도

(출처: 風力發電導入ガイドブック 2008年 2 改訂 第9版)

풍력발전기는 바람을 기계적 회전에너지로 변환시켜 주는 로터 블레이드와 이를 전기에너지로 변환시켜 주는 발전장치가 들어 있는 러셀과 타워로 구성되어 있다.

Chapter 7 생활소음 대책

타워에 가까운 거리에서는 러셀 내의 기계장치의 소음과 로터 블레이드 소음이 공존하지만 멀어지면 블레이드 소음이 주가 되며 로터의 중심인 허브 위치가 소음원의 중심이 된다. 러셀이 위치한 허브의 높이는 발전기의 출력규모에 따라 다르지만 대개는 지면에서 50~100 m 범위가 많다. 허브 높이에서의 풍속이 발전기를 운전하는 작업 풍속이다.

풍력발전기에 의한 영향은 동절기에 블레이드 등에 얼어붙은 얼음이나 얼음물의 날림, 블레이드 파편의 비산·타격과 타워의 꺾임, 러셀 화재 등의 사고와 그림자 깜박임 및 소음 등이 있다. 많은 나라에서 이를 방지하기 위해 적정 이격거리와 소음기준 등을 운영한다.

얼음 등의 날림에 대한 이격거리는 유럽의 연구에서는 200~250 m, 미국은 230~350 m(연간 1/1만~1/10만 번의 타격 위험)를 제시했다. 그간 세계적으로 연간 150건 내외의 블레이드 파손·타워의 꺾임·화재 등이 발생했고 블레이드 몸체가 떨어진 최대거리는 150 m, 블레이드 파편이 떨어진 최대 비산거리는 500 m였다. 이상을 살피면 안전사고 관점에서 대형기는 원칙적으로 주거지에서 500 m 이상 이격하는 것이 바람직하다.

풍력발전기의 로터 블레이드 회전에 의한 그림자 깜박임(shadow flicker)은 300 m 이내에서 현저하다. 깜박임과 빛 반사에 의해 극히 일부에서 나타나는 광과민발작은 2.5 Hz 이상에서 발생하는데 현재 보급되고 있는 대형기는 대부분 1 Hz 이하이기 때문에 우려할 필요가 없다고 본다. 그림자 깜박임에 대한 이격거리는 독일의 '그림자 깜박임 관련 이격거리 노트'에서 유래하며 그 주요 내용은 ① 태양 고도와의 수평각도가 3도 이상(3도 이하의 영역은 건물, 수풀 등으로 그림자가 나타나지 않는 경우가 많음)인 거리에서, ② 천문적으로 1일 30분

이하(그림자의 최대길이가 임의의 지점을 통과하는 데 소요되는 시간)와 연간 30시간 이하다.

7.6.2 소음의 관리

독일, 덴마크 등 유럽의 풍력 선진국에서 채택하고 있는 주거지와의 이격거리와 소음기준 등은 <표 7.5>와 같다.

● 표 7.5 풍력 선진국의 주거지와 이격거리 및 소음기준 등

국가		주거지와 거리 [m]	소음기준 [dB(A)]	참고
독일		-	- 주간 : 45~65 - 야간 : 35~50	요구
독 일 지 방	Saarland	550~850	(그림자 깜박임도 고려)	권장
	Lower Saxony	1,000	(경관도 고려)	권장
	Bremen	200~500	(그림자 깜박임도 고려)	권장
	Hamburg	500 (개인주택 : 300)	-	요구
덴마크		주거지 : 전고의 4배	<풍속(m/s) → 소음도> - 민감지역 : 8→39, 6→37 - 농촌지역 : 8→44, 6→42 ※ 저주파소음(실내) : 밤/20 (그림자 깜박임·경관고려)	요구
네덜란드		주거지 : 허브고 4배	하루 : 47, 밤 : 41 (그림자 깜박임·안전고려)	셋백 : 권고 소음 : 요구

Chapter 7 생활소음 대책

표에서 덴마크와 독일의 일부 주 등은 이격거리를 대략 500~1,000 m 이상을 권장하거나 의무화하고 있다. 물론, 지형이나 주거지 주변의 차폐물에 따라 다를 수 있기 때문에 이를 상용프로그램으로 시뮬레이션하여 환경영향평가 등에 적용할 필요가 있다.

풍력소음은 주간보다 휴식과 수면을 취하는 야간에 문제가 된다. 주거지역의 야간 소음기준은 우리나라(생활소음 규제기준 중 사업장 '가'지역 소음기준)와 일본, 미국의 일부 주는 45 dB(A) 수준인데 반해, 유럽 선진국은 <표 7.5>에서 보는 바와 같이 40 dB(A) 수준이다.

문제는 국내에 설치된 풍력발전기의 대부분이 산간이나 농촌 등에 위치하고 주변 마을은 주거지역이 아닌 생활소음 규제기준 중의 기타지역으로 분류되어 10 dB(A) 완화된 야간 기준 55 dB(A)가 적용되는 경우가 많다. 이는 도시보다 정온하고 주택의 차음도 취약한 농촌마을이 완화된 소음기준 때문에 더 큰 소음에 노출되어 민원 발생의 소지가 더 크다.

이러한 문제점을 반영하여, 육상풍력 개발사업 환경성평가 지침(2018.1.1.)에 『사업예정 부지 인근지역에 소음영향 우려가 있는 민가가 마을단위로 있는 경우 현장의 입지 여건을 종합적으로 고려하여 가급적 생활소음 규제기준 중의 주거지역 기준에 해당하는 '가'지역 기준을 준수하도록 권고할 수 있다.』로 개정되어 주간 55, 야간 45 dB(A)로 평가할 수 있는 근거가 마련되었다.

저주파 소음과 관련해서는 선진 조사사례에서 전체 소음에 비해 10 dB(A) 정도 낮다. 따라서 야간 기준을 45 dB(A) 이하로 유지하면 통상적인 차음량을 갖은 주택은 창호를 닫고 생활하면 큰 무리가 없을 것이나, 창호지를 바른 농촌 주택은 휴식과 수면에 영향을 받을 가능성이 클 수 있으므로 정숙운전 모드의 운용도 검토한다.

풍력 전원의 개발은 주거의 안정을 도모하는 상생의 차원에서 소음의 실태와 건강영향 및 주택의 차음실태 등을 입체적으로 조사하여 적정 이격거리를 확보하고 소음기준의 선진화를 도모하는 한편, 주민의 사회·경제적 참여를 높이는 방안도 찾아야 한다.

7.7 저주파 소음의 가이드라인

저주파 소음의 피해에 대해 논란이 되고 있다. 음향 용어상으로 가청주파수 소음(가청음)의 범위는 20~20,000 Hz다. 그리고, 20 Hz 이하를 초저주파음, 20,000 Hz를 넘는 것을 초음파음이라 한다. 가정에서 접하는 저주파 성분이 큰 소음 발생원은 환풍기, 냉장고, 에어컨의 압축기 및 실외기, 보일러, 탈수펌프 등이다. 환경 중에서 접하는 저주파 소음의 주요 발생원은 송풍기, 왕복동식 압축기, 디젤기관, 풍차, 변압기, 제트엔진, 헬리콥터, 교량, 철도 터널, 큰북, 발파, 파도, 폭포 등으로 다양하다. 일상에서 저주파 소음이 강한 소음원의 사례를 들면 <그림 7.11>에서 보는 바와 같다.

이런 저주파 소음은 건축물의 진동이나 창호 등의 덜컹거림을 수반하는 경우가 많아 몸과 청각으로 동시에 접하기 때문에 더 불쾌하게 느낄 수 있다.

저주파 소음에 대해서는 국제적으로 통일된 정의나 관리기준이 마련되어 있지 않은 관계로 국가별 사례를 중심으로 살펴본다. 유럽에서는 1990년경부터 가정용 중앙 난방시스템에서 발생한 가청 저주파 소음이 문제가 되었다. 일본에서도 최근 가청 저주파 소음에 대한 불만이 증가하고 있고, 그 발생원은 대부분 인근 공장·사업장에 설치된 에 에어컨 실외기 등의 고정기기이다. 이들 저주파 소음은 음압레벨의 변동이 작고 100 Hz보다 낮은 주파수 영역에서 주요 성분을 가진 것이 특징이다.

저주파 소음의 감각역치는 10 Hz에서 92 dB, 20 Hz에서 75 dB 수준이다. 국제표준화기구(ISO)는 이를 반영한 G-특성(0.25~315 Hz) 보정치를 마련하고, 저주파 소음을 G-특성이 내장된 소음계로 측정하여 dB(G) 단위로 표시토록 제안했다. 그리고, 저주파 소음이 85~90 dB(G) 이하이면 뚜렷하게 감지하지 못하는 점을 감안하여, 권장 한도치로 주거용 실내는 85 dB(G), 사무실은 90 dB(G)를 제안했다.

그림 7.11 환경 중에서 접하는 저주파 소음원 예

(출처: 日本環境省, よくわかる低周波音 平成 19年)

일본의 조사 사례에서 생리적 영향은 110~120 dB(G)일 때 심박수, 호흡수, 뇌파, 혈압, 안구 진동 등의 반응이 부분적으로 나타나지만, 일반 주거공간에서 접하는 수준인 100 dB(G) 이하에서는 그 영향이 확인되지 않았다고 밝혔다.

심리적 영향은 초조감이나 가슴과 배에 진동감과 압박감을 느끼는 것이다. 진동감이나 압박감은 신체와의 공진이 일어나는 40~60 Hz 범위의 소음이 80 dB(G)보다 높아지면 느끼기 쉽다. 얕은 수면에서의 영향은 100 dB(G)일 때부터 나타난다. 물적 영향은 창호의 떨림, 장식품의 이동 등이며, 헐거운 창호가 떨리기 시작하는 하한치는 약 5 Hz에서 70, 20 Hz에서 80 dB(G) 수준이다.

저주파 소음의 수준은 폭포·파도 등이나 교량 및 철도 주변과 공항 주변이 80~110 dB(G), 공장 내부 및 버스 등 디젤 교통기관 내부는 90~120 dB(G) 정도다.

일본은 저주파 소음에 대한 신체적 민원에 대해서 전체 값으로 92 dB(G)로도 평가할 수 있도록 정하고 있고, 이를 풍력발전기의 저주파 소음에도 적용한다. 반면 덴마크는 85 dB(G)로 정하고 있다.

국제적으로 대만은 저주파 소음(20~200 Hz)의 합성치로 기준을 정하고 있으나 유럽은 실내소음, 일본은 실외소음(실내소음도 적용)을 평가하는 데 참고할 수 있도록 <표 7.6>과 같은 가이드라인을 두고 있다.

표에서 가이드라인은 1/3옥타브 밴드 중심주파수[Hz]별로 음압레벨을 설정하고 있다. 주파수 범위나 음압레벨의 수준은 국가별로 상이하고, 일본은 신체적인 건강 외에 물적 피해에 대한 민원의 대응을 위해 저주파 소음의 참조치를 두고 있다.

Chapter 7 생활소음 대책

● 표 7.6 국가별 저주파 소음의 가이드라인

1/3옥타브 밴드 [Hz]	가이드라인 [음압레벨, SPL dB]							
	독일	스웨덴	네덜란드	폴란드	덴마크	ISO (역치)	일본 건강	일본 물적
5								70
6.3								71
8	103							72
10	95			80.4	90.4		92	73
12.5	87			73.4	83.4		88	75
16	79			66.7	76.7		83	77
20	71		74	60.5	70.5	78.5	76	80
25	63		64	54.7	64.7	68.8	70	83
31.5	55.5	56	55	49.3	59.4	59.5	64	87
40	48	49	46	44.6	54.6	51.1	57	93
50	40.5	43	39	40.2	50.2	44	52	99
63	33.5	41.5	33	36.2	46.2	37.5	47	
80	28	40	27	32.5	42.5	31.5	41	
100	23.5	38	22	29.1	39.1	26.5		
125		36		26.1	36.1	22.1		
160		34		23.4	33.4	17.9		
200		32		20.9		14.4		
250				18.6		11.4		

이상의 선진 가이드라인 등을 고려할 때 저주파 소음의 주파수 범위를 <그림 7.12>에 나타낸 바와 같이 잠정적으로 150 Hz 이하로 봄이 적절한 것으로 판단한다.

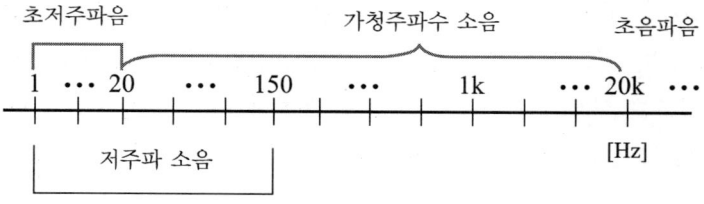

그림 7.12 저주파 소음의 주파수 범위

우리나라도 2018년 7월에 공장과 사업장에 설치된 송풍기·공조기·발전기·변전기·집진기·펌프 등의 기계 및 풍력발전소에서 지속적이고 일정하게 발생되는 저주파 소음을 대상으로 <표 7.7>과 같은 저주파 소음 영향의 판단기준을 공표했다.

● 표 7.7 저주파 소음 영향의 판단기준(영향을 받는 건물의 실외)

구분	1/3옥타브 밴드 중심주파수[Hz]별 음압레벨[dB]							
Hz	12.5	16	20	25	31.5	40	50	63	80
dB	85	82	78	73	65	59	56	50	45

표의 어느 한 주파수에서도 기준을 초과하는 음압레벨이 있는 경우에는 저주파수 소음의 영향이 있다고 판단할 수 있다. 실내·외에서 저주파 소음에 대한 민원이 발생한 때는 그 현황을 평가하는 데 도움이 될 것으로 생각한다.

7.8 소음측정 시 바람 등 영향 최소화

7.8.1 유사잡음과 방풍망

일상에서 듣는 환경소음은 자동차나 공사장, 공장 등에서 발생한 소음과 사람의 활동에 의한 소음 등이다. 이들 소음의 측정은 사람의 청감각에 모사한 A특성 청감보정회로가 내장된 소음계에 의해 이루어진다. 소음계에는 사람의 귀에 해당하는 소음을 감지하는 마이크로폰(Mic.)이라는 센서가 있다. 환경소음의 측정은 실외에서 이루어지는

Chapter 7 생활소음 대책

경우가 많기 때문에 특정 소음을 측정할 때 주의할 점은 마이크로폰에 대한 바람의 작용과 배경소음 등의 영향이다.

바람은 마이크로폰에 직접 작용하여 유사잡음(類似雜音)을 발생시킬 뿐만 아니라 수풀이나 구조물 등과의 마찰로 풍잡음(風雜音)도 발생시킨다. 이들 소음은 측정을 원하는 특정 소음의 수준이 낮을 때는 큰 영향을 미치기 때문에 측정결과가 높게 나오는 오류를 낳는다. 특히, 상시 측정을 행하는 공항주변의 항공기소음이나 풍력발전기 소음 등을 측정할 때 유의해야 한다.

유사잡음의 영향을 줄이기 위해 소음진동공정시험기준에는 풍속이 2 m/s 이상일 때는 반드시 마이크로폰에 방풍망을 부착토록 하고 있고, 풍속이 5 m/s를 초과한 때는 측정해서는 안 된다고 하고 있다. 방풍망은 마이크로폰 끝에 부착하는 기공(氣孔)이 많은 합성수지계의 제품으로 직경 50~90 mm 크기의 일반형과 그보다 직경이 큰 특수형 등이 있다.

풍속에 따른 마이크로폰의 유사잡음 크기에 대한 선진 풍동실험의 조사사례를 <그림 7.13>에서 보면, 방풍망이 없는 경우(회색 실선)는 풍속이 3 m/s일 때 50 dB(A), 5 m/s일 때 70 dB(A), 8 m/s일 때 83 dB(A) 수준이다.

일반형 방풍망은 풍속이 5 m/s일 때 39 dB(A), 풍속이 8 m/s일 때 52 dB(A) 수준이다. 효과가 좋은 특수형(ACO社의 직경 175 mm 예)의 경우는 풍속이 5 m/s일 때 29 dB(A), 풍속이 8 m/s일 때 43 dB(A) 수준이다.

즉, 일반형에 비해 특수형 방풍망을 사용하면 바람에 의한 마이크로폰 유사잡음이 풍속에 관계없이 10 dB(A) 정도 낮다. 특히, 바람이 많이 부는 날에 운전되는 풍력발전기의 소음 측정 시에는 방풍망 적용에 유의하여야 한다.

이상에서 유사잡음보다 낮은 특정 소음을 측정한 경우는 유사잡음의 영향으로 측정하고자 하는 소음이 아니라 대부분 유사잡음이 계측된다. 따라서 측정하고자 하는 특정 소음이 유사잡음보다는 적어도 5 dB(A) 이상은 커야 그 측정결과를 신뢰할 수 있는 바, 방풍망 선택에 신중해야 한다.

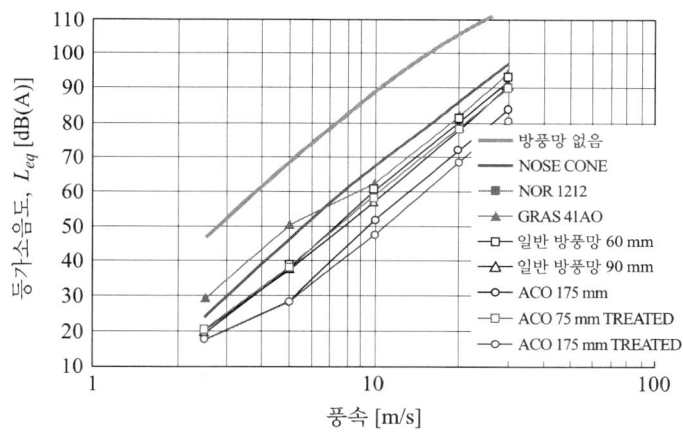

그림 7.13 _ 풍속에 따른 방풍망 종류별 유사잡음 크기
(출처: David M. Hessler, 2009)

7.8.2 풍잡음 등 시뮬레이션 사례

풍잡음은 지표 조건별에 따라 차이가 있는 데, 호주의 사례로 살펴본다. 풍속에 따른 풍잡음의 크기는 팜야드와 과수원, 그리고 초지 및 농작물이 있는 구릉지에서는 풍속 3~5 m/s 시에 40~50 dB(A) 정도

이고, 풍속이 커지면 풍잡음도 증가한다. 반면에 측정지점 주위의 잔디를 짧게 자른 구릉지에서는 풍속이 3~5 m/s일 때 풍잡음은 40 dB(A) 이하이고, 그 이상의 풍속에서는 풍잡음이 유사잡음과 연동하여 풍속에 따라 증가하는 경향을 보인다. 이는 풍잡음이 측정지점 주변의 수풀 등의 조건과 밀접한 관계가 있음을 의미하며, 짧은 잔디의 평원이나 나대지 등과 같은 개활지에서는 풍속이 증가하면 풍잡음보다 마이크로폰 유사잡음이 클 수 있음을 의미한다.

<그림 7.14>는 배경소음이 30 dB(A) 수준인 조용한 주거지에서 풍속에 따른 풍잡음과 유사잡음 및 풍력발전기 소음 등의 시뮬레이션 결과를 나타낸 것이다.

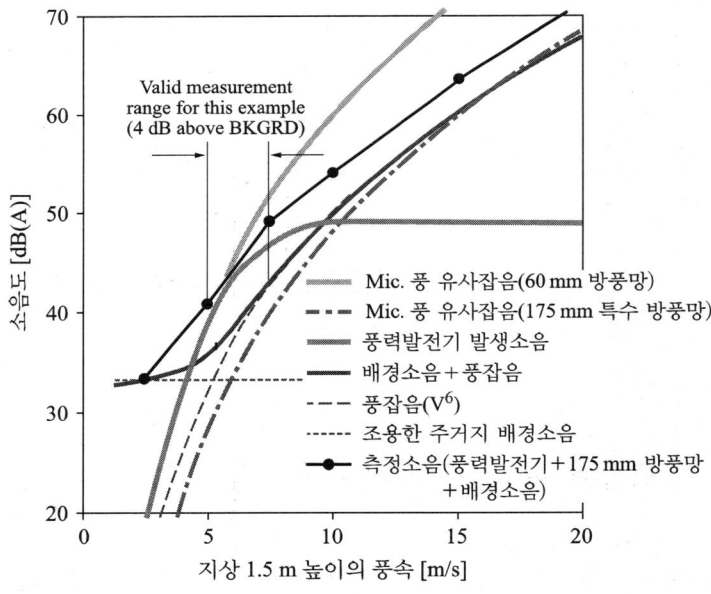

그림 7.14 유사잡음, 풍잡음, 풍력발전기 소음의 시뮬레이션 사례
(출처: George F. Hessler Jr., Paul D. Schomer, 2012)

7.8 소음측정 시 바람 등 영향 최소화

그림에서 오른쪽으로 90° 굽은 회색 실선은 풍속에 따른 풍력발전기 소음을 나타낸다. 그리고 오른쪽으로 굽은 옅은 회색 실선은 일반 방풍망의 유사잡음으로 풍력발전기 소음과 같거나 크기 때문에 측정결과의 유효성 판단에 신중을 기해야 한다. 반면에 회색의 1점 쇄선은 특수 방풍망의 유사잡음을 나타내는 데 풍력발전기 소음보다 상당히 낮아 풍속 9 m/s 정도까지 유효 측정이 가능함을 볼 수 있다. 또한, 풍잡음과 배경소음의 합성치인 검은색 실선도 일반적으로 관리되는 소음기준의 범위에서는 풍력발전기 소음보다 작다.

풍속에 따른 풍력발전기 소음과 특수 방풍망 유사잡음 및 풍잡음, 그리고 배경소음을 합성한 소음도는 검은색 실선에 검은색 반점이 표시된 선이다. 이들 선들에서 특수 방풍망을 사용하면 풍속이 8 m/s 이내일 때는 유사잡음이나 풍잡음, 배경소음 등으로부터 풍력발전기 소음을 분리 정량할 수 있음을 추론할 수 있다.

일본 환경성이 2017년 5월에 발표한 '풍력 발전시설에서 발생하는 소음에 관한 지침'에 의하면, 직경이 10 cm 이상 큰 대형의 전천후형 방풍망이나 이중(二重)방풍망 등 보다 우수한 방풍망을 사용토록 하고 있고, 그래도 바람에 의한 잡음이 큰 경우는 배제음으로 처리토록 하고 있다.

이상의 사례에서 바람에 의한 유사잡음이 특정 소음원의 소음기준보다 높을 것으로 예상되는 경우는 특수형 방풍망을 사용해야 하고, 바람에 의한 풍잡음을 줄이기 위해서는 주변에 수풀이나 건축물 등이 없는 곳을 측정지점으로 선정해야 특정 소음원의 소음 측정결과를 신뢰할 수 있다. 특히, 풍력발전기나 소음이 낮고 바람이 강한 공항 주변의 항공기소음 등을 측정할 때는 방풍망의 적용과 풍잡음에 각별히 유의해야 한다.

7.9 자연 현상에 따른 소음의 증감

7.9.1 기온 영향

구름이 끼고 습도가 높은 날은 기적 소리나 비행기 소음이 크게 들린다. 왜 그럴까?

소음은 소음원에서 수음점까지 전파하는 과정에서 증폭되기도 하고 감쇠(減衰)가 일어나기도 한다. 감쇠는 거리의 대소와 공기의 기온분포와 조성 등의 영향을 받고 장애물은 감쇠나 증폭에 영향을 미친다.

소음은 소음원에서 거리가 멀어지면 굴뚝에서 배출된 연기가 거리가 멀어질수록 희석되듯이 소음 에너지가 거리에 따라 확산되기 때문에 기하학적 감쇠가 일어난다. 이상적인 실외 조건에서 거리가 2배 멀어질 때마다 점음원(기계소음 등)은 6 dB(A), 선음원(도로소음 등)은 3 dB(A)씩 줄어든다.

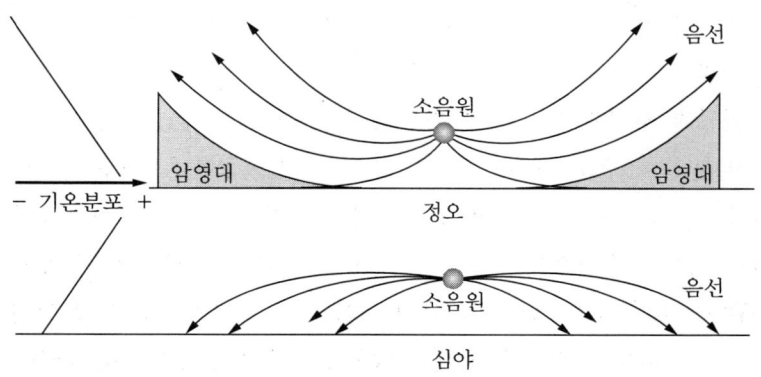

그림 7.15 _ 공기 중의 상하 기온분포에 따른 소음 전파

기온분포와 관련해서는 <그림 7.15>에서 보는 바와 같이 소음의 진행방향을 나타내는 음선이 공기의 온도가 낮은 쪽으로 굴절한다.

그림에서 맑은 날의 정오와 같은 체감상태(遞減狀態; 지표에서 상공 쪽으로 올라가면서 일정하게 온도가 감소하는 조건)에서는 하늘 쪽으로, 새벽녘에 역전상태(지표 쪽이 상공보다 온도가 낮은 조건)가 되면 지표 쪽으로 굴절한다. 상하의 기온분포가 같은 중립상태일 때는 직진한다.

때문에 낮에는 감쇠가 크고 새벽녘에는 감쇠가 작게 되며 이러한 이유로 낮에는 소음이 작게, 새벽녘에는 크게 들린다.

또한, 습도가 같으면 기온이 높을수록 감쇠가 크고, 기온이 같으면 습도가 낮을수록 감쇠가 크다. 때문에 구름이 끼고 습도가 높고 기온분포가 중립상태인 날은 감쇠가 작아 기적 소리나 비행기 소음이 맑은 날에 비해 크게 들린다.

소음의 반사는 파장이 물체의 크기보다 작을 때 일어나기 때문에 구름(직경 0.1 mm 이하)에서의 소음(파장 17 mm 이상) 반사는 일어나지 않으며, 두꺼운 적란운은 수 dB의 흡음효과가 있다. 고주파 소음은 감쇠가 크고 저주파 소음은 작지만 일반적으로 공기에 의한 감쇠를 100 m당 0.5 dB 정도로 본다.

7.9.2 풍향 기타의 영향

소음은 <그림 7.16>에서 보는 바와 같이 바람이 불어오는 풍상(風上) 방향보다 불어가는 풍하 방향으로 더 잘 전파한다. 즉, 풍상 방향으로는 음선이 상공 쪽으로 굴절하여 지표면에 암영대가 생기고, 풍하 방향에서는 음선이 지표 쪽으로 굴절한다.

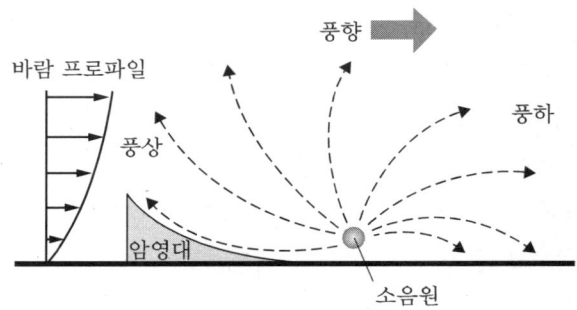

그림 7.16 바람의 방향과 소음의 전파

공장, 도로 등의 소음원이 풍상 측에 있다면 그만큼 높은 소음에 노출될 수 있다. 하절기에는 창호를 열고 생활하는 경우가 많고 대기오염물질도 날아오기 때문에 주택을 구입할 때 참고할 수 있다.

소음이 전파하는 경로의 지면이 숲이나 잔디밭 등으로 되어 있으면 소음을 흡수하기 때문에 이상적인 조건에 부합하지만 콘크리트 등과 같이 딱딱한 지면은 반사하기 때문에 지면에 가까운 수음점의 소음도는 전자에 비해 수 dB 커진다. 벽이나 건축물 등의 장애물이 있을 때는 반사와 회절이 일어나기 때문에 위치에 따라서 소음의 크기에 차이가 생긴다.

회절에 의해서는 소음이 줄어들고 반사에 의해서는 증폭된다. 방음벽이 있는 경우, 방음벽 뒤쪽의 수음점에서는 회절현상을 이용한 방음대책이 되지만 앞쪽에서는 방음벽이 콘크리트나 투명한 아크릴계일 때 반사음이 추가되어 더 시끄러워진다.

소음원과 떨어져 있는 수음점 측에 딱딱한 건축물 등의 장애물이 3.5 m 이내에 있는 경우에는 직접음에 반사음이 중첩되어 수 dB 증폭된다. 산에서 듣는 메아리(echo)도 음의 반사현상으로 반사음이 0.1초

7.9 자연 현상에 따른 소음의 증감

이상 지난 후, 다시 말해서 반사물이 17 m 이상 떨어져야 생긴다. 수림(樹林)은 음을 흡수하기 때문에 여름보다는 겨울에 메아리가 잘 울린다.

장애물이 수림인 경우도 수림의 상태에 따라 소음을 흡수하여 감쇠가 일어난다. <그림 7.17>은 수림대에 의한 도로소음 저감대책의 사례를 보인 것이다.

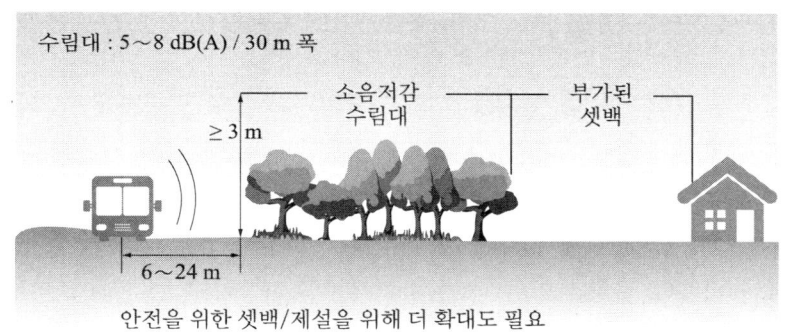

그림 7.17 _ 도로변 수림대에 의한 소음 저감

(출처: USDA NAC, Buffers for Noise Control)

그림에서 폭 30 m 이상으로 반대편이 보이지 않는 상록수림대가 조성된 경우는 5~8 dB(A) 정도의 소음 저감효과가 있다.

눈이 많이 내린 날 아침이 조용한 것은 흡음률이 90%에 이르는 쌓인 눈으로 반사음이 줄어들기 때문이다. 비가 와서 노면이 젖은 날에 타이어소음이 유난히 크게 들리는 것은 노면에 수막현상이 생겨서 타이어와 수막 사이에 에어펌핑음이 크게 증가하기 때문이다.

Chapter 7 생활소음 대책

7.10 소음 표지제도의 활성화

소음은 집에서 청소기, 세탁기 등의 가정용 기기(機器)를 사용할 때 생활방해와 불쾌감을 준다. 더 나아가 공장·사업장 인근 주민들은 소음으로 고통을 받게 되고, 공장·사업장은 소음 문제 해결을 위해 많은 비용을 지불하게 될 뿐만 아니라 경우에 따라서는 조업정지 명령을 받을 수도 있다. 또한 주민과 사업자 간의 알력에 의해 모두가 정신적 스트레스를 감수하는 경우도 적지 않다.

소음 문제는 소음 발생량이 큰 기기의 가동으로 발생하는 것 외에도 잘못된 설치나 사용방법, 일상적 관리의 미비 등 여러 가지 원인으로 발생한다. 이런 경우 미연 방지에 필요한 정보나 문제 발생 시의 대응방법 등에 대해서 제조업체에서 사용자까지의 관계자 간 정보전달이 미흡한 경우가 많다. 이를 방지하기 위한 수단은 소음에 대한 정보를 관계자 간에 적절히 공유하고 정보의 비대칭을 해소하는 데까지 이어지면 소음 문제의 근본적인 해결에 매우 유효하다고 생각한다.

이러한 수단이 소음 표시제도로 기계·장비에서 발생하는 소음정보를 라벨 등의 형태로 공개하여 소음 문제를 일으키지 않는 제품이나 서비스의 선택을 유도하는 것이다. 구체적인 공개방법은 소음정보를 인쇄한 스티커 모양의 라벨을 붙이는 것에 한정하지 않고 카탈로그에 표시하거나 웹 사이트에 공표하는 등 다양한 매체의 이용을 생각할 수 있다.

EU의 소음 표지제 지침을 보면, 세척기, 냉장고, 세탁기, 에어컨, 진공청소기 등의 가정용 기기는 에너지 표지지침에 소음표시를 포함하고 있다. 옥외용 장비의 경우는 건설기계, 거리청소 및 정원용 장비 등 57종을 대상으로 소음을 표시하며 그중 건설기계 등 26종은 소음의

7.10 소음 표지제도의 활성화

허용기준까지 정하고 있다.

독일은 EU 지침을 블루엔젤 마크에 반영하여 건설기계 37종에 대한 소음 표지제를 시행하고 있으며 소음기준은 EU 지침보다 낮은 경우가 많다. 가정용 기기도 음향파워레벨로 소음을 표시하는데 그 사례를 보면, 세척기는 크기에 따라 42~44 dB(A) 범위, 냉장고는 38 dB(A), 세탁기는 세탁 중에 50, 탈수 중에 72, 진공청소기는 카펫 위에서 75 dB(A) 이하 등이다.

일본은 공장·사업장의 소음대책 추진에 있어서 현행의 규제기법과 함께 정보기법으로 소음 표시제도 등과 같은 규제 이외의 방법에 대해 검토하는 것이 적당하다는 판단에 따라 소음검사를 독립적 인증기구에 의한 것이 아니라 업계별 단체가 자주적으로 실시하는 자기 선언적 라벨링제도를 할 수 있도록 환경성이 2009년에 소음라벨링제도 매뉴얼을 공표했다.

그 대상은 공장·사업장의 기기, 건설기계, 옥외에 설치하는 기기(사업장 및 가정의 공조설비 등)이다. 건설기계는 기존부터 건설작업에 사용하는 24종의 건설기계에 대해 동력 규모별로 소음기준을 두고 그 이하의 소음을 발생하면 저소음 기계로 지정하고, 소음기준보다 6 dB(A) 이상 낮으면 초저소음형, 이보다 5 dB(A) 이상 더 낮으면 극초저소음형 등으로 표지한다. 이외에 가정용기기, 상업용 확성기 등도 업계의 단체 규정에 따라 소음표지를 하는 경우도 많다.

우리나라는 환경기술 및 환경산업 지원법에 따라 환경표지 대상제품에 굴착기, 브레이커 등 24종을 저소음 건설기계로 정하고 소음 인증기준을 두고 있다. 권고적 성격의 환경인증과 달리 소음·진동관리법에 소음표지 의무 대상으로 굴착기 등 9종을 정하고 있고 그중 4종은 소음기준을 정하여 시행하고 있다.

Chapter 7 생활소음 대책

가정용 기기는 진공청소기, 세탁기의 소음수준(음향파워레벨)을 대(A), 중(AA), 소(AAA)의 세 등급으로 구분하고 있다. 가장 우수한 AAA 등급의 진공청소기는 70, 세탁기는 세탁 시 52, 탈수 시 57 dB(A) 이하다.

또한, 7.5 kW 이상의 압축기, 7.5 kW 이상의 송풍기 등과 같이 동력 규모별로 설정된 소음·진동관리법 상의 소음 배출시설에 해당하는 기기가 다음에 부합한 경우로 사업자가 지자체장에게 시험성적서를 제출하는 경우에는 소음 배출시설로 보지 아니한다고 정하고 있다.

① 실내에 설치된 경우로서 음향파워레벨이 87 dB(A) 이하
② 실외에 설치된 경우로서 음향파워레벨이 77 dB(A) 이하

음향파워레벨은 제조·판매자 또는 수입자가 국가표준기본법 제23조제2항에 따라 인정을 받은 시험·검사기관(국제기구로부터 인정받은 경우를 포함한다.)으로부터 산업표준화법에 따른 한국산업표준 방법으로 측정하여 발급받은 시험성적서 상의 결과 값을 말한다.

이들 소음표지 제품에 대한 다양한 인센티브를 강구하여 소음표지제가 더욱 활성화되고 근원적인 소음 저감이 이루어지길 기대한다.

: Chapter 8

군사시설 소음 관리

Chapter 8 군사시설 소음 관리

8.1 선진국의 군(軍) 비행장소음 관리

매스컴을 통해 보면 여러 지역의 주민들이 일상생활 속에서 전투기나 포 사격 시에 발생한 소음으로 입은 피해가 이루 말할 수 없다고 하소연한다. 그러면서 군 비행장이나 사격장 소음에 대한 소음대책을 호소하고 있고 지자체들도 나서서 국회에 군 소음법 제정을 촉구하고 있다. 물론 군 소음 관련 법안은 2008년부터 제정이 추진됐지만 재정 부담 등을 이유로 입법이 미루어지다 폐기되는 상황이 반복되었다. 군사시설 외의 소음 발생원은 '소음·진동관리법'이나 민간공항은 '공항소음방지 및 소음대책지역 지원에 관한 법률' 등에 의해 대책과 지원 등이 강구되고 있지만 군사시설은 소음대책 측면에서 사각지대에 놓여 있는 것이 사실이었다. 그러나, 다행히도 군사시설 주변 지역 주민들에 대한 소음 피해보상에 관한 내용 등을 담은 '군용 비행장·군 사격장 소음방지 및 피해보상에 관한 법률안'이 2019년 10월 31일 국회 본회의를 통과했다. 앞으로는 이들 시설에 대한 소음대책과 지원 등이 현행 민간공항에 대한 '공항소음방지 및 소음대책지역 지원에 관한 법률'의 내용과 유사하게 시행될 것으로 예상한다.

이런 상황에서 대표적 소음원인 군 비행장 및 사격장 소음에 대한 선진국의 소음대책을 살펴 이해의 폭을 넓히는 것도 의미 있는 일이 아닐까 한다.

8.1.1 미국

비행장소음의 경우, 미국은 국방성 지침(소음 포함 : 1977년)인 '비행장 시설 주변 적합 이용지역(AICUZ; air installations compatible use zones)' 프로그램에 따라 대책이 강구된다. AICUZ는 비행장 주변 지역을 사고위험이 높은 지역과 등소음곡선을 설정하고 각 영역의 바람직한 토지이용 방식을 군(軍)이 자치단체에 권장하는 성격이다. 즉, 군이 비행장 주변의 적절한 토지이용 방안을 만들고 지방자치단체는 이를 반영하여 토지이용 구획의 설정이나 각종 법령의 정비에 의해 그 실현을 도모하도록 유도하는 것이다.

비행장 주변의 안전을 위한 지역구분은 <그림 8.1>과 같이 클리어 존(clear zone)과 사고위험지역(APZ; accident potential zone) I, II로 구분되어 있다.

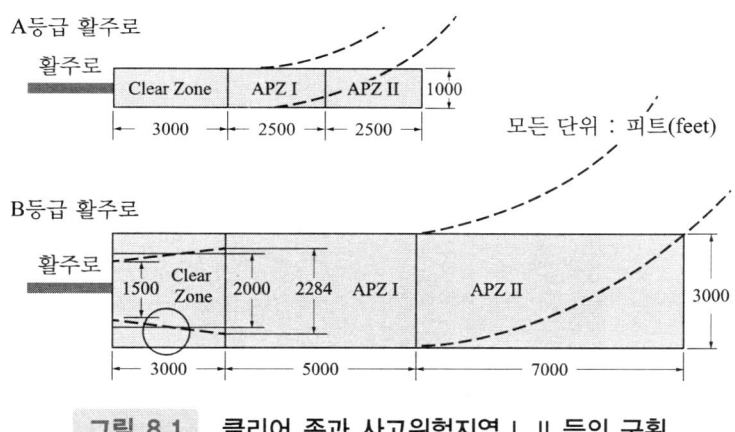

그림 8.1 클리어 존과 사고위험지역 I, II 등의 구획

(출처: DoD NUMBER 4165.57, 1977)

그림에서 훈련기 등이 운용되는 A등급 활주로를 갖춘 비행장은 클리어 존이 활주로 양단에서 각 3,000피트의 범위이고, 사고위험지역 I(APZ I)은 그 양단에서 각 2,500피트 범위, 또한 사고위험지역 II(APZ II)는 그 양단에서 각 2,500피트 범위이며 그 폭은 1,000피트

Chapter 8 군사시설 소음 관리

이다.

한편, F-15, B-52 등과 같은 전투기가 운용되는 B등급 활주로를 갖춘 비행장은 활주로 양단에서 각 3,000피트의 범위는 가장 사고 발생의 위험이 높은 클리어 존, 그 양단에서 각 5,000피트의 범위는 APZ I, 또한 그 양단에서 각 7,000피트의 범위는 APZ II로 구획하고 있으며 그 폭은 3,000피트이다.

AICUZ 등에 근거한 랭글리 공군기지의 소음 및 사고위험지역에 대한 대책의 예를 보면 <표 8.1>과 같다.

● 표 8.1 랭글리 공군기지 소음 및 사고위험지역 예(일부)

토지 용도	등소음곡선, L_{dn} [dB(A)]				사고위험지역		
	65~70	70~75	75~80	≥80	클리어 존	APZ I	APZ II
주택	×(1)	×(1)	×	×	×	×	○(2)
상업지구	○	○	○	×	×	×	○(3)

○ : 해당 용도가 그 지역에서 인정되는 것
× : 해당 용도가 부적절함을 나타냄
(1) 소음저감 조치가 이루어지지 않으면 해당 용도로 이용이 바람직하지 않음.
(2) 주택으로 이용할 경우 1에이커당 주택 수는 최대 1채로 하는 것이 바람직함.
(3) 인구밀도가 낮고 집중되지 않은 지역이면 해당 용도로 이용이 가능
※ 등소음곡선(L_{dn}) : 연간 평일의 운항횟수를 평균하여 작성

표에서 보면, L_{dn} 65~75 dB(A) 범위의 등소음곡선 지역은 주택 등에 대해 방음 조치가 반영되어야 건축이 허가된다. 방음 조치는 각 지자체가 민간공항의 소음대책을 담고 있는 '공항소음 양립성 계획(연방법규 : 14 CFR Part 150 -Airport Noise Compatibility Planning-)' 등을 준용하여 <표 8.2>와 같이 65~70 dB(A)에서는 차음량 25 dB 이상, 70~75 dB(A)에서는 30 dB 이상인지 확인한다.

● 표 8.2 FAA(연방항공국)의 소음수준별 토지이용 가이드라인

토지이용	소음도별 이용 조건, L_{dn} [dB(A)]					
	65	65~70	70~75	75~80	80~85	85
주거	Y	N$^{(1)}$	N$^{(2)}$	N	N	N
학교	Y	N$^{(1)}$	N$^{(2)}$	N	N	N

(1) 권장 실내소음 기준의 달성을 위해 차음량(NLR) 25 dB 이상으로 설계·시공 조건, (2) NLR 30 dB 이상, Y : 조건 없이 가능

L_{dn} 산정 시에 연평균 비행횟수는 주말과 공휴일을 제외한 일일평균 비행횟수를 적용한다.

기존 주택의 방음대책은 지자체나 국방성의 소음저감 및 에너지절약 프로그램 등에 의해 개선이 이루어진다.

8.1.2 독일

독일은 '항공기소음 방지법(Gesetz zum Schutz gegen Fluglärm : 1972년)'에 군 비행장 및 민간공항의 소음기준과 대책을 정하고 있다. 해당 법률은 2007년에 개정 시행되었으며, 군 비행장의 대상은 제트엔진 비행기의 운용을 위해 지정한 비행장과 순수 훈련 목적의 경비행기 운항을 제외하고 최고 이륙중량 20톤 이상의 비행기 운항을 위해 지정한 곳으로 연간 이착륙 횟수가 25,000회를 넘는 비행장이다. 이들의 소음기준은 <표 8.3>과 같다. 2007년 당시에 군 비행장은 17개소(민간공항은 35개소)였고 소음기준은 기존과 신설·확장으로 구분되어 있다.

Chapter 8 군사시설 소음 관리

● 표 8.3 군 비행장 및 민간공항 소음기준 [단위: dB(A)]

구 분		군 비행장		민간공항	
		보호구역 1	보호구역 2	보호구역 1	보호구역 2
기존	주간 (06~22)	L_{eq} 68	L_{eq} 63	L_{eq} 65	L_{eq} 60
	야간	L_{eq} 55($L_{\max}$: 6회×57)		L_{eq} 55($L_{\max}$: 6회×57)	
신설·확장	주간 (06~22)	L_{eq} 63	L_{eq} 58	L_{eq} 60	L_{eq} 55
	야간	L_{eq} 50($L_{\max}$: 6회×53)		L_{eq} 50($L_{\max}$: 6회×53)	

주1) 확장 : 2 dB(A) 이상 증가에 상당한 구조적 확장
주2) L_{eq}(등가소음도) / $L_{\max}$(최대소음도) : 비행횟수가 가장 많은 6개월의 평균

    표에서 보면, 보호구역은 주간(06~22)에 두 개, 야간(22~06)에 1개 구역으로 설정되며 주간 보호구역 1은 2에 비해 소음기준이 5 dB(A) 높고 신설·확장의 경우는 기존 비행장에 비해 소음기준이 5 dB(A) 낮다. 민간공항은 군 비행장에 비해 주간에 한해서 소음기준이 3 dB(A) 낮다. 기존 군 비행장의 주간 보호구역 1과 2의 소음기준을 L_{dn}으로 환산하면 66.3과 61.6(민간공항 : 63.5 및 58.9) dB(A)이고 신설·확장의 경우는 각 5 dB(A) 낮은 수준이다.
    보호구역 내에는 병원, 요양 주택 및 이와 유사한 시설이 허용되지 않고, 주간의 보호구역에는 학교, 유치원 및 이와 유사한 시설이 허용되지 않는다. 주간 보호구역 1과 야간 보호구역에는 주택의 건설이 허용되지 않으나 공공기관, 작물의 재배 관리자, 공장의 관리자 및 소유자 등의 주택은 허용된다. 이들 지역 내의 기존 건물은 그 소유자가 규정에 따라 구조적 방음대책을 한 경우에 공항 소유주는 그 비용을 정해진 금액의 범위 내에서 지불할 의무가 있다. 그리고, 주로 이용하는 침실에 환기설비를 설치한 경우에도 그 비용을 변제한다.

한편, 신설이나 확장 공항의 경우는 보호구역 1에 위치한 주택의 테라스나 발코니 등의 실외 생활공간의 질적 저하에 대한 보상제도가 추가된다.

방음대책은 소음수준이 높은 곳부터 연차적으로 시행하며 소음수준과 건물의 종류에 따라 보상액은 차등 설정되어 있다. 이외의 보호구역 2에서는 방음대책의 요건을 충족하는 경우에 주택의 건축이 가능하다. 방음대책의 차음량은 실외의 등가소음도 수준에 따라 '비행장소음 방지 조치 규정(Flugplatz-Schallschutzmaßnahmenverordnung)'에 의거 시공한다. 주택의 방음 요구사항은 주간 보호구역 1, 2의 경우 거실에 대해 실외 소음도가 60 dB(A) 미만일 때는 차음량 30 dB 이상, 60~65 dB(A)일 때는 35 dB 이상부터 실외 소음도가 5 dB(A) 증가할 때마다 차음량도 5 dB씩 증가하여 50 dB 이상까지이다. 야간 보호구역의 경우는 침실에 대한 차음량으로서 실외 소음도가 주간에 비해 10 dB(A) 낮은 50 dB(A)부터 적용하는 것을 제외하고는 동등하다.

8.1.3 일본

일본은 '방위시설 주변의 생활환경의 정비 등에 관한 법률(1974년)'에 의해 군 비행장 주변의 소음대책을 강구하고 있으며 그 내용은 민간공항의 관리기준 및 방음대책과 대동소이하다. 우리나라 민간공항의 소음 관리제도를 담고 있는 '소음·진동관리법'과 '공항소음 방지 및 소음 대책지역 지원에 관한 법률'은 일본 민간공항의 소음 관리제도인 '특정공항 항공기 소음대책 특별조치법'과 '공공비행장 주변의 항공기 소음에 의한 장해의 방지 등에 관한 법률'을 벤치마킹한 것으로 그 틀은 유사하다.

Chapter 8 군사시설 소음 관리

 방위성 장관은 비행장 주변의 소음수준에 따라 주변지역을 제1종 구역(L_{den} 62 dB(A) 이상), 제2종 구역(L_{den} 73 dB(A) 이상) 및 제3종 구역(L_{den} 76 dB(A) 이상)으로 지정하고, 제1종 구역에서는 주택 방음공사의 조성을, 제2종 구역에서는 건물 등의 이전 등 보상·토지 매입을, 제3종 구역에서는 녹지의 정비 등을 각각 시행한다.

 연평균 L_{den} 산정 시에 적용하는 비행횟수는 365일 동안의 일일 비행횟수 데이터를 바탕으로 적은 쪽부터 세어서 90% 데이터의 날의 것으로 한다.

 방위성이 법률에 따라 정한 '주택 방음공사 표준시방서'에 의하면, 주택이 소재하는 지역의 실외 비행기소음의 정도가 L_{den} 62 dB(A) 이상인 경우부터 적용하고 <표 8.4>와 같은 계획방음량을 목표로 설계·시공하며 일정 금액의 한도 내에서 전액을 보조한다.

● 표 8.4 소음영향구역 구분과 주택 계획방음량 및 공사명칭

구역의 구분	$L_{den} \geq 62 \sim < 66$ dB(A) 구역	$L_{den} \geq 66$ dB(A) 구역
계획방음량 (공사명칭)	20 dB 이상 (제II공법)	25 dB 이상 (제I공법)

 계획방음량은 500 Hz 옥타브 밴드 중심주파수에서 종합 투과손실의 값이며, 제2종 구역(L_{den} 73 dB(A) 이상)에서는 당해 주택의 상황에 따라 제I공법에 더욱 필요한 공사를 부가한다.

그리고, 학교 등은 '방위시설 주변 방음사업공사 표준시방서'에 의하며 그 대상은 L_{den} 57(≒ 웨클 70 dB) dB(A) 이상 지역에 소재한 학교, 보육사업 시설 등과 병원, 요양원, 보건소 등이다. 학교에 대한 방음대책은 실내 허용소음 50~55 dB(A)를 목표로 하고, 단위 수업시간당의 비행기소음의 발생빈도와 강도(최대치)에 따라 정한 적용기준에 의거 해당 방음등급으로 시공한다. 비행기소음의 발생빈도가 많고 소음강도가 클수록 방음량이 큰 등급으로 시공한다.

예를 들어 단위 수업시간당 빈도 10회 이상으로 최대소음도가 70~75 dB(A) 사이인 경우는 방음량 4급, 75~80 dB(A) 사이인 경우는 3급 등과 같이 5 dB(A) 등급별로 방음량 4급부터 1급까지 순차적으로 방음공사를 강화한다. 5회 이상인 경우는 최대소음도 80 dB(A) 이상부터 5 dB(A) 등급에 따라 방음량 3급부터 1급까지 순차적으로 방음공사를 강화한다. 또한, 비행기소음의 발생빈도가 단위 수업시간당 80 dB(A) 이상의 소음이 4회 이하인 경우라도 그 지속시간의 합이 4회 때 2분 이상, 3회 때 4분 이상, 2회 때 6분 이상, 1회 때 8분 이상인 경우는 80 dB(A) 이상의 소음이 5회 이상인 것으로 본다. 그리고, 1일 수업시간당에 있어서도 관련 조건을 두고 있다.

방음등급에 따라 정한 방음량은 1급 35 dB 이상, 2급 30 dB 이상, 3급 25 dB 이상, 4급 20 dB 이상 등으로 구분하고 있으며, 방음량은 125 Hz에서 4,000 Hz까지의 옥타브 밴드 중심주파수에서 실내·외 음압레벨 차이의 평균값으로 정하고 있다. 방음공사에 대한 보조 비율은 대상시설, 공사종별 및 공사방법에 따라 50~100% 범위다.

8.2 선진국의 군(軍) 사격장소음 관리

8.2.1 사격장소음 특징 및 평가

사격소음의 특징은 지속시간이 수 ms(millisecond) 이하로 짧은 충격성 음이고, 대형화기의 소음은 소형화기에 비해 저주파 성분의 음이 크다. 또한, <그림 8.2>에서 보는 바와 같이 총구를 중심으로 한 등거리 상의 소음수준은 후방에 비해 전방이 20 dB(A), 측방이 10 dB(A) 정도 큰 경우가 많은 등 방향각별로 소음도 차이(지향성)가 크기 때문에 측정·평가 시에 유의할 필요가 있다.

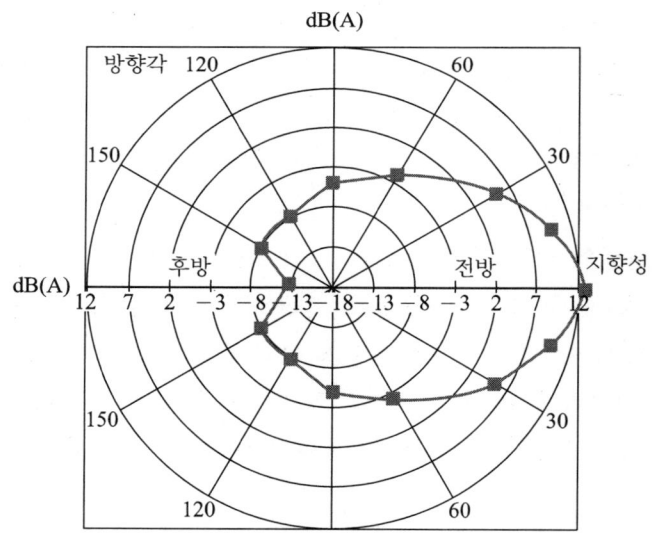

그림 8.2 총구를 중심으로 한 소음의 지향성(출처: ISO 17201-1)

8.2 선진국의 군(軍) 사격장소음 관리

사격장소음의 소음대책에 대한 선진국 사례를 보면 사격소음의 지속시간이 짧은 특징을 반영하여 청감보정회로 A특성과 동특성 빠름(혹은 느림)에 놓고 최대소음도($L_{A,F\max}$, 혹은 $L_{A,S\max}$)를 측정한 후에 각 사격소음을 1초 동안의 소음 에너지레벨(L_{AE})로 환산하고 사격횟수 등을 반영하여 주간(06~22) 또는 야간의 평균 등가소음도(L_{eq})로 환산하는 개념을 기본으로 한다.

<그림 8.3>의 사례에서 사격소음 $L_{A,F\max}$가 111 dB(A)로 하루에 한번 발생한 경우, 1초의 L_{AE}는 102 dB(A)가 된다.

이를 한 시간 등가소음도(L_{eq})로 환산하면 다음과 같다.

$$\begin{aligned} L_{eq(1\,hr)} &= 102 + 10 \cdot \log(1/\text{시간}(초)) \\ &= 102 + 10 \cdot \log(1/3{,}600) \\ &= 102 - 35.6 \fallingdotseq 66 \text{ dB(A)} \end{aligned}$$

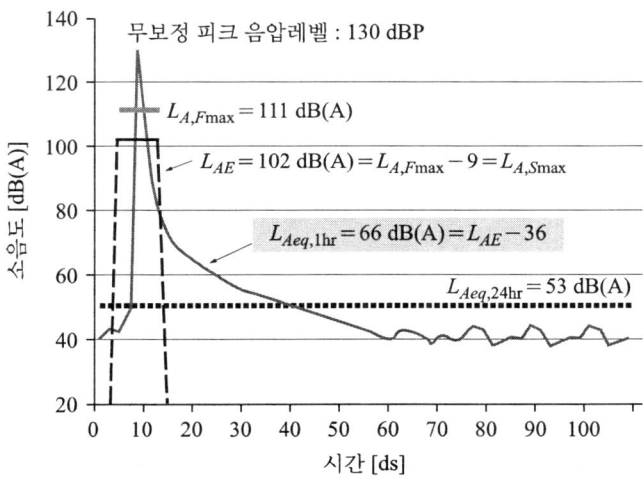

그림 8.3 　단발 사격소음 유형과 등가소음도 계산 사례

24시간의 등가소음도도 24시간 보정치를 구하여 보정하면 53 dB (A)가 된다.

사격소음의 측정·평가는 사격하는 기간에 측정한 소음수준으로 평가하는 것이 아니고 그 소음을 주간이나 야간의 전체 시간으로 평균하여 평가한다는 개념이다.

화기(火器)도 구경 20 mm를 기준으로 그 미만을 소형, 그 이상을 대형으로 구분하여 측정·평가방법과 관리기준을 달리 정한 경우가 많으며 그 대강을 정리하면 다음과 같다.

8.2.2 사격장소음 관리기준

대표적인 측정·평가의 방법은 소형의 경우 미국은 각 사격소음의 순시치 중 피크음압레벨을 측정할 수 있는 소음계로 하루 동안 측정하여 70% 레인지의 상단치(L_{15})를 구하여 기준과 비교한다. 독일은 소음계의 청감보정회로를 A특성, 동특성을 빠름에 놓고 각 사격소음을 측정하여 지속시간 보정치 9 dB을 감한 후에 사격이 이루어진 주간이나 야간의 평균 등가소음도를 구하고 충격음 보정치 16 dB을 더해 주간이나 야간의 평가소음도(L_{Ar})를 산정한 후에 기준과 비교한다.

독일의 충격음 보정치 16 dB은 <표 8.5>의 ISO의 보정치 중 매우 높은 충격소음의 보정치 12 dB보다 크다.

● 표 8.5 ISO의 소음특성 등에 따른 권장 보정치

보정 유형	특징	L_{dn}의 보정치 [dB]
소음 특성	정상적 충격소음 매우 높은 충격소음 순음성 소음	+5 +12 +3 ~ +6

대형의 경우 미국은 소음계의 청감보정회로를 C특성, 동특성을 느림에 놓고 <그림 8.4>와 같이 각 사격소음을 측정하여 L_{CE}를 구하고, 야간 L_{CE}에 10 dB을 더한 후에 주야간 평균 등가소음도(L_{Cdn})를 산정하여 기준과 비교한다.

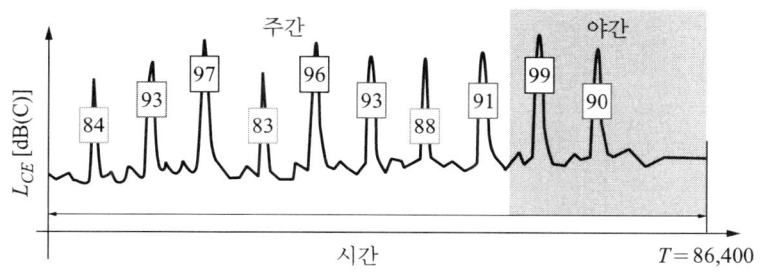

그림 8.4 _ 하루 동안의 포격소음의 측정결과

$$\begin{aligned} L_{Cdn} &= 10 \cdot \log(10^{8.4} + 10^{9.3} + 10^{9.7} + 10^{8.3} + 10^{9.6} + 10^{9.3} + 10^{8.8} \\ &\quad + 10^{9.1} + 10^{10.9} + 10^{10}) + 10 \cdot \log(1/86{,}400) \\ &= 60.8 \text{ dB(C)} \end{aligned}$$

독일의 측정방법은 미국과 같으나 사격이 이루어진 주간이나 야간의 등가소음도(L_{Ceq})를 구한 후에 기준과 비교한다.

일본은 소음계의 청감보정회로를 C특성, 동특성은 느림(동특성을 빠름에 놓고 측정한 경우는 소음수준에 따라 일정 값을 감한다.)에 놓고 각 사격소음을 측정하고 충격음과 진동감 보정치 18 dB을 합산한다. 그리고 주간, 석간 및 야간의 등가소음도(L_{Ceq})를 구한 후에 석간 및 야간 등가소음도에 5 및 10 dB(C)를 더하여 주석야 평균 등가소음도(L_{Cden})를 산정한 후에 기준과 비교한다. 이는 항공기소음의 측정·

평가 방식인 웨클(WECPNL)의 개념을 반영한 것이다.

다음은 사격소음 기준으로, <표 8.6>은 미국 육군성의 사격장소음 가이드라인으로 환경영향평가 등에 활용한다.

표 8.6 미국 육군성의 사격장소음 가이드라인

토지이용계획구역 (LUPZ)	대형화기, 폭파 등 L_{Cdn} [dB(C)]	소형화기 L_{15} [dBP]
I	≤ 62	≤ 87
II	62 ~ 70	87 ~ 104
III	> 70	> 104

주) I : 어떤 유형의 토지이용도 적정함, II : 제조업, 창고업, 수송(운수)업 및 자원보호 구역, III : 소음에 민감한 용도를 배치하기에는 매우 심각함
주) 대형화기 : 직경 20 mm 이상, 소형화기 : 직경 20 mm 미만

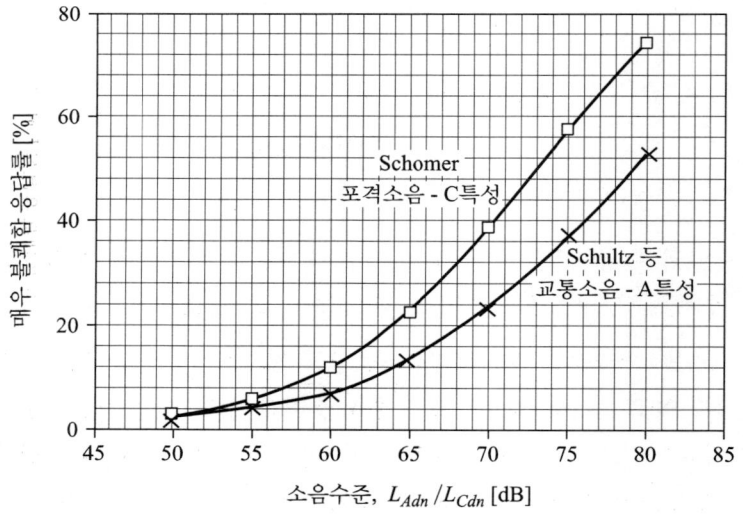

그림 8.5   교통소음 및 포격소음의 노출 – 반응 곡선

표의 대형화기 가이드라인은 <그림 8.5>의 포격소음에 대한 노출-반응 곡선에 근거한다. 주거지에서 방음대책이 필요한 수준을 매우 불쾌함의 응답률이 15~39% 범위로 보고, L_{Cdn}으로 62~70 dB(소형화기는 L_{15}로 87~104 dBP 범위) 범위로 설정했다. 대형화기 가이드라인을 교통소음과 비교하면 그림에서 나타낸 바와 같이 3~5 dB(A) 낮은 수준이다. 이는 대형화기 소음을 교통소음보다 그만큼 불쾌해 한다는 의미다.

독일의 소형화기는 연방 배출규제법에 의거한 규제기준이고 대형화기는 국방부의 가이드라인으로 환경영향평가 등에 활용한다. 주거지~

● 표 8.7 일본의 포사격 연습장 주변의 소음 관리기준(일부)

구 분		이전보상/토지매입	방음대책	
			A공법	B공법
시공 대상		$\geq L_{Cden}$ 89	$\geq L_{Cden}$ 84	$\geq L_{Cden}$ 81~<84
계획방음량		-	25 dB 이상	22 dB 이상
공사내용	천장	-	재래 천장을 철거하고 방음 천장으로 개조	
	벽	-	재래 벽을 철거하고 방음벽으로 개조	
	외부 개구부	-	방음새시(A공법용)의 장착	방음새시(B공법용)의 장착
	내부 개구부	-	방음 창호(문, 유리문 등)의 장착	
	바닥	-	원칙적으로 재래의 상태	
	공기 조화 시설	-	○ 환기 및 냉난방 기기 등의 설치 환풍기는 방음공사를 실시한 거실에 1대, 그러나, 방음공사를 실시한 인접한 두 거실이 미닫이문으로 구분되어 있는 경우는 두 실에 1대. 냉난방기는 A공법의 경우 최대 4대까지, B공법의 경우 최대 2대. 그러나 기존에 설치되어 있으면 대상에서 제외	

주공 혼재지로 이용되는 지역에서 소형화기는 L_{Ar}로 주간 55~60, 야간 40~45 dB이고, 대형화기는 L_{Ceq}로 주간 60~70, 야간 50~60 dB 범위이다.

일본은 방위성 훈령에 따라 포사격 연습장 주변의 소음 관리기준을 <표 8.7>과 같이 정하고 있다.

표에서 L_{Cden}으로 89 dB 이상인 지역은 이전 보상 및 토지 매입을, L_{Cden} 84 dB 이상인 경우는 주택의 방음량을 25 dB 이상으로, 81~84 dB인 경우는 방음량을 22 dB 이상으로 방음공사를 조성토록 보조금을 지원한다.

8.3 군사시설의 소음관리 참고기준

선진국의 군사시설에 대한 소음관리 체계의 시사점은 군 비행장 주변지역의 소음관리를 민간공항과 같은 시기인 1970년대부터 시작한 점이다. 이는 주변지역이 도시화되기 전에 신규 주택은 소유자에게 방음대책을 부여하고 기존 주택은 국가가 방음대책을 지원하는 체계를 구축한 것이다. 주택에 대한 방음대책은 국가 간에 소음의 측정방법이 유사함에도 평가방법에 차이가 있어 일률적 비교는 어렵지만 실외 등가소음도(L_{eq})로 주간 62~65, 야간 55 dB(A) 정도부터 강구한다.

미국은 군 비행장 주변지역을 사고위험지역(전투기 운용 비행장은 활주로 양단 15,000피트 길이와 3,000피트 폭의 구역)에 L_{dn} 65 dB(A) 이상의 소음영향지역을 부가한 형식으로 안전과 소음을 함께 고려하며, 소음관리는 민간공항의 소음 관리기준을 준용하고 있다.

8.3 군사시설의 소음관리 참고기준

독일은 군 비행장과 민간공항의 소음을 같은 법률에 의해 관리하며 군 비행장은 주간 L_{eq} 63 dB(A)[야간 55 dB(A)]부터 소음영향지역으로 관리한다. 신설·확장의 경우는 기존 비행장에 비해 기준이 5 dB(A) 강화되고, 군 비행장은 민간공항에 비해 소음기준이 3 dB(A) 완화된 형태로 그 체계가 다른 나라와 차이가 있다.

일본은 군 비행장의 소음대책을 민간공항의 대책기준에 따라 시행하고 있으며, 학교에 대한 방음대책은 주택의 경우보다 5 dB(A) 낮은 L_{den} 57 dB(A)[≒70웨클] 이상부터 시행하고 방음량도 평균치 개념이 아닌 비행기소음의 최대치와 발생횟수 및 지속시간을 고려하여 실내 최대소음도가 50~55 dB(A) 이하가 되도록 설계·시공한다.

우리나라의 군 비행장 소음기준은 '군용 비행장·군 사격장 소음방지 및 피해보상에 관한 법률'에 따라 마련하겠지만, 선진국 사례와 같이 민간공항의 소음기준과 유사하게 측정·평가할 것으로 판단한다. 다만, 비행횟수는 연간 총 비행횟수를 주말을 제외한 평일의 합으로 나눈 일평균 비행횟수를 적용하는 것이 바람직할 것으로 본다.

참고로, 고도 305 m 높이로 비행 시의 최대소음도는 민항기는 90 dB(A) 내외이고, 전투기는 100 dB(A) 내외다[애프터버너를 사용하는 경우는 110 dB(A)]. 전투기의 운항조건 등이 민항기와 같고 소음도만 10 dB(A) 높으면, 하루 평균 40대 운항하는 비행장의 소음수준은 민항기가 400대 운항하는 공항과 유사한 소음수준일 것으로 추정할 수 있다.

사격장소음의 경우는 측정·평가방법이 국가별로 상이하여 비교하기는 곤란하다. 다만, 소형화기는 독일의 측정방법이 현행 소음 환경기준의 방법과 유사하며, 평가방법은 사격소음의 지속시간 보정치 −9 dB에 충격성 보정치 +16 dB을 합산한 +7 dB만 측정결과에 부가하면 되는 방식이다. 대형화기의 측정방법은 소형화기와는 다른 방식으로, 미국과 일본은 대동소이하며 평가방법에 있어서는 미국의 측정결과에 +18 dB을 보정하면 일본의 평가결과와 유사하게 된다.

소음의 노출-반응 곡선 및 미국, 독일, 일본, ISO 등의 기준과 측정·평가방법 등을 고려하여 <표 8.8>와 같이 사격장소음의 참고기준을 제안한다.

● 표 8.8 사격장소음 관리를 위한 참고기준

대형화기 소음			매우 불쾌함 응답률 (%)	소형화기 소음	
L_{Cden}		L_{Cdn}		L_{Adn}	
기준 (보정치 미반영)	일본 기준 방식 추정	미국 포격소음		유럽 도로소음	기준 (보정치 미반영)
-	-	55	6.4	55	55(43)
80(62)	80.0	59	10.3	60	60(48)
83(65)	82.5	62	16.2	65	65(53)
86(68)	85.0	66	24.7	70	70(58)

1) $L_{Cden} \fallingdotseq L_{Cdn}$
2) 노출-반응 곡선의 적용은 소형화기는 유럽의 도로소음에 대한 것이고, 대형화기는 미국의 포격소음에 대한 것임
3) 소형화기는 ISO 충격음 보정치 +12 dB을, 대형화기는 충격음 및 진동감 보정치를 합한 +18 dB을 반영함
4) ( )안은 보정치를 반영 않은 사격소음만의 등가소음도를 의미함

소음기준을 설정함에 있어서 매우 불쾌함의 응답률에 근거한 해외사례에서 15% 내외인 경우가 많다. 사격장소음 기준도 이를 기초하면 매우 불쾌함 응답률 16%인 경우의 소음수준에 해당한다. 그리고, 국내 안보여건이나 배경소음 수준 등을 반영하여 조정할 수 있다. 예를 들어, 배경소음이 낮고 주택의 차음도가 낮은 농촌지역 등은 매우 불쾌함의 응답률 16%에 해당하는 소음수준에서 3(대형)∼5(소형) dB을 감하는 방안을 검토할 수 있다.

군사시설에 대한 소음대책이 마련되면 소음 피해지역의 관리 및 기존 주택의 방음대책 지원 등으로 주민과 군의 관계를 개선할 수 있어 훈련을 보다 원활히 할 수 있고, 새롭게 입지하는 주택, 학교·병원 등의 정온시설은 허가 시에 방음대책을 강구하도록 조치할 수 있어 소음 피해의 확대를 예방할 수 있을 것이다. 그러나, 군사시설에서 발생한 소음은 대개가 불특정하게 간헐적으로 발생하는 충격음이기 때문에 방음대책을 강구해도 배경소음이 낮고 휴식과 수면을 취해야 하는 야간이나 공휴일, 명절 등에는 생활방해를 더 받기 때문에 야간이나 공휴일 등에는 비행이나 사격 훈련 등을 삼가고, 비행기는 이·착륙 시에 소음피해를 적게 주는 쪽의 활주로를 사용하고 시가지 상공에서 저공 비행과 선회 비행하는 것을 삼가하는 등의 관리도 필요하다. 이외에 소음을 동반하는 훈련 비행이나 사격 훈련 등에 대해서는 사전에 주민들에게 적절하게 정보를 제공하는 것도 중요하다.

사격장소음의 측정·평가방법은 국제적 정합성을 고려하고, 기준은 건강보건적 측면과 사회·경제적 측면, 안보여건 등을 균형 있게 검토하여 확립하고, 우리 실정에 맞는 군사시설의 소음대책을 조속히 마련하여 소음 민원이 해소되길 기대한다.

사격장소음의 방음대책은 사격장 주변을 적정 높이로 둑을 쌓아 구분하고 <그림 8.6>과 같이 사대 주변에 방음벽이나 방음둑 등을 적절히 설치하면 후방은 15, 측방은 10 dB(A) 정도 소음을 줄일 수 있다. 그리고 전면에 20 m 높이 둔덕이 있으면 그 뒤쪽 수음점에서는 20 dB(A) 정도까지 소음이 저감된다.

<그림 8.7>은 <그림 8.6>보다 적극적인 방음대책으로 반밀폐식 흡음형 사대와 사격장 지붕을 배플 처리하여 공중으로의 소음 방사를 저감하는 방식이다.

Chapter 8 군사시설 소음 관리

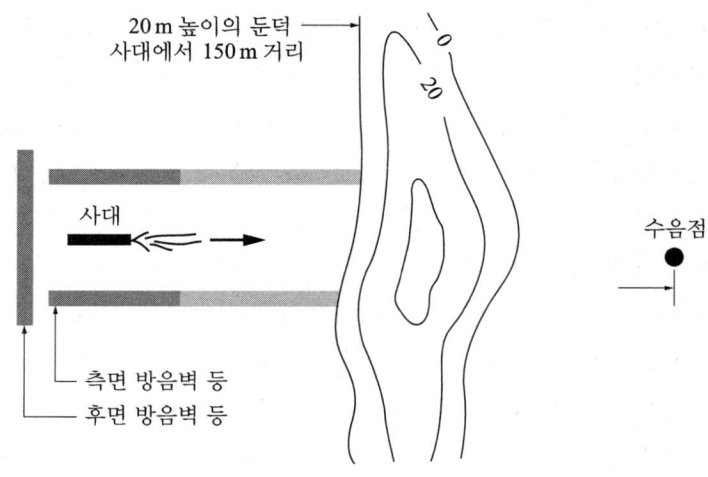

그림 8.6 사격장 소음의 방음대책 사례

그림 8.7 반밀폐식 흡음형 방음 사대 및 배플 지붕 사례

포 사격장의 경우는 <그림 8.6>을 참고할 수 있다. 탄착지는 마을이 없는 곳을 선정하거나 불가피한 경우는 마을 쪽을 야산이 막아주는 지형을 선정한다. 탄착지의 산이 높고 바위가 많은 경우는 그 산이 반사면으로 작용하여 소음을 증폭하기 때문에 유의할 필요가 있다.

Appendix

부 록

부록 A 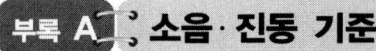 소음·진동 기준

A.1 소음기준

소음 관련 기준은 환경정책기본법, 소음·진동관리법, 주택건설기준 등에 관한 규정, 학교보건법, 공항소음방지 및 소음대책지역 지원에 관한 법률, 산업안전보건법 등에 정하고 있다.

(1) 소음 환경기준

소음 환경기준은 환경정책기본법에 정하고 있으며, 국민의 건강한 생활환경을 보전하기 위한 정부의 정책 목표기준으로 <표 1>과 같다.

● 표 1 소음 환경기준

구분	적용 대상지역	기준, L_{eq} [dB(A)]	
		주간(06~22)	야간(22~06)
일반 지역	"가"지역	50	40
	"나"지역	55	45
	"다"지역	65	55
	"라"지역	70	65
도로변 지역	"가" 및 "나"지역	65	55
	"다"지역	70	60
	"라"지역	75	70

<비고>
"가"지역 : 도시지역 중 주거전용지역, 녹지지역 등과 종합병원, 학교 및 공공도서관의 부지경계로부터 50미터 이내 지역.
"나"지역 : 도시지역 중 일반주거지역 및 준주거지역, 관리지역 중 생산관리지역.
"다"지역 : 도시지역 중 상업지역 및 준공업지역, 관리지역 중 계획관리지역.
"라"지역 : 도시지역 중 전용공업지역 및 일반공업지역.

표에서 주거지역 중 도로변 지역은 주간 65, 야간 55 dB(A)이고, 일반지역은 주간 55, 야간 45 dB(A)이다. 상업 및 준공업 지역은 주거와 혼재하는 경우가 대부분인데, 이들 상업 및 준공업 지역은 주거지역에 비해 그 기준이 각각 5~10 dB(A) 완화되어 있다. 통상, 도로에 면한 1열의 건물 군에 의해 차음이 10 dB(A) 내외 얻어지기 때문에 도로에 면한 건물 외에는 환경기준 이내인 경우가 많다.

도로변 지역은 일반 도로는 도로단에서 차선수 × 10 m 이내의 지역을, 자동차전용 및 고속도로는 도로단에서 150 m 이내의 지역을 말한다. 도로는 자동차(2륜자동차는 제외한다.)가 한 줄로 안전하고 원활하게 주행하는 데에 필요한 일정 폭의 차선이 2개 이상 있는 도로를 말한다.

한편, 일반 지역은 도로변 뒤의 배후지역을 말한다.

이 소음 환경기준은 여타 소음 관리기준의 바탕이 되며, 환경영향평가법 상의 평가대상 사업에 대해서 환경보전의 목표로 정하도록 하고 있다. 다시 말해서 신규 대상 사업의 도로에 대한 소음기준이 됨을 의미한다. 다만, 항공기소음, 철도소음 및 건설작업소음에는 적용하지 않는다.

(2) 교통소음 관리기준

교통소음 관리기준(한도)은 소음·진동관리법에 의해 지자체장 등이 교통소음 관리지역으로 지정한 곳에 적용된다. 도로소음 관리기준은 <표 2>와 같고, 철도소음 관리기준은 <표 3>과 같다.

● 표 2 도로소음의 관리기준, L_{eq} [dB(A)]

대상지역	한도	
	주간 (06~22)	야간 (22~06)
주거지역, 녹지지역, 학교·병원 등의 부지 경계선에서 50미터 이내 지역 등	68	58
상업지역, 공업지역, 농림지역 등	73	63

참고: 1. 대상지역의 구분은 「국토의 계획 및 이용에 관한 법률」에 따른다.
    2. 대상지역은 교통소음·진동의 영향을 받는 지역을 말한다.

● 표 3 철도소음의 관리기준, L_{eq} [dB(A)]

대상지역	한도	
	주간(06~22)	야간(22~06)
주거지역, 녹지지역, 학교·병원 등의 부지 경계선에서 50미터 이내 지역 등	70	60
상업지역, 공업지역, 농림지역 등	75	65

참고: 1. 대상지역의 구분은 「국토의 계획 및 이용에 관한 법률」에 따른다.
    2. 정거장은 적용하지 아니한다.
    3. 대상지역은 교통소음·진동의 영향을 받는 지역을 말한다.

표에서 도로 및 철도의 소음 관리기준(한도)은 주거지역의 경우에 주간 68 및 70 dB(A), 야간 58 및 60 dB(A)이고, 상·공업지역은 주거지역보다 각 5 dB(A) 높다. 그리고, 이 기준은 소음 환경기준에 비해 3~5 dB(A) 높다.

표의 관리기준을 초과한 경우 지자체장은 당해 지역에서 속도의 제한·우회 등 필요한 조치를 하여 줄 것을 지방경찰청장에게 요청할 수 있고, 스스로 방음시설을 설치하거나 해당 시설 관리기관의 장에게 방음벽 등 방음시설의 설치 등 필요한 조치를 할 것을 요청할 수 있다.

한편, 고속철도의 소음기준은 설계기준에 의거 평가하는데, 그 기준은 <표 4>와 같다.

● 표 4 고속철도소음 설계기준('99.12), $L_{eq(1hr)}$ [dB(A)]

대상지역	시험선 외 구간		시험선 구간	
	개통 시	개통 15년 이후부터	개통 시	개통 15년 이후부터
주거지역, 녹지지역, 학교·병원 등의 부지경계선에서 50미터 이내 지역 등	63	60	65	60
상업지역, 공업지역, 농림지역 등	68	65	70	65

주거지역에서 시험선 외 구간 및 시험선 구간은 개통 시에 63 및 65 dB(A)에서 개통 후 15년 이후부터는 60 dB(A)로 강화된다. 상·공업지역은 주거지역 기준보다 5 dB(A) 높다.

이외에 제작 또는 수입하는 철도차량의 소음 권고기준 및 검사방법 등에 관한 규정[환경부 고시 제2019-189호] 상의 철도차량의 소음 권고기준은 다음과 같다.

① **정차소음**, L_{eq} [dB(A)]

구 분	전기동차(EMU)	기관차	디젤동차(DMU)
기준값	68	75	78

② **주행소음**, $L_{eq,\,T_p}$ [dB(A)]

구 분	전기동차 (EMU)	기관차	디젤동차 (DMU)	객차	화차	고속철도 차량
기준값	81	85	82	80	82~87	92

주행소음 측정방법은 선로 중심으로부터 양쪽으로 7.5 m 거리와 레일 면으로부터 1.2 m 높이에서 측정한다. 다만, 최대속력이 200 km/h를 넘는 경우는 선로 중심으로부터 25 m, 레일 면으로부터 3.5 m 높이로 한다. 고속철도차량 이외의 철도차량은 80 km/h, 고속철도차량은 300 km/h로 정속주행 시에 열차가 통과한 시간동안(T_p)의 등가소음도로 측정한다.

상세한 소음 검사방법은 동 규정의 제7조를 참고한다.

(3) 주택건설 관련 교통 소음기준

주택법 중의 '주택건설기준 등에 관한 규정'에 공동주택을 건설하는 지점의 실외 소음도가 65 dB(A) 미만이 되도록 하되, 65 dB(A) 이상인 경우에는 방음벽·수림대 등의 방음시설을 설치하여 해당 공동주택의 건설지점 소음도가 65 dB(A) 미만이 되도록 정하고 있다. 또한, 단서를 두어 일정 조건으로 건축되는 공동주택의 경우는 6층 이상 실내에서 소음도가 45 dB(A) 이하가 되도록 하고 있다. 단서의 내용은 다음과 같다.

> 공동주택이 「국토의 계획 및 이용에 관한 법률」 제36조에 따른 도시지역(주택단지 면적이 30만 m^2 미만인 경우로 한정한다), 또는 「소음·진동관리법」 제27조에 따라 지정된 지역에 건축되는 경우로서 다음 각 호의 기준을 모두 충족하는 경우에는 그 공동주택의 6층 이상인 부분에 대하여 본문을 적용하지 아니한다.
> 1. 세대 안에 설치된 모든 창호(窓戶)를 닫은 상태에서 거실에서 측정한 소음도(이하 "실내 소음도"라 한다.)가 45 dB(A) 이하일 것

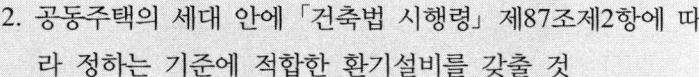

2. 공동주택의 세대 안에 「건축법 시행령」 제87조제2항에 따라 정하는 기준에 적합한 환기설비를 갖출 것

(4) 항공기소음의 관리기준

공항 주변의 항공기소음과 관련해서는 소음·진동관리법에 항공기소음의 한도로써 공항 인근지역은 WECPNL 90 dB, 그 밖의 지역은 WECPNL 75 dB로 정하고 있다. 그리고, 공항소음 방지 및 소음대책지역 지원에 관한 법률에 제1종(WECPNL 95 dB 이상)~제3종(WECPNL 75~90 dB)까지를 지역 구분하여 건물의 신·증축에 대한 제한과 기존 건물에 대한 방음대책의 조성 및 지원내용 등을 정하고 있다.

소음대책지역 안의 시설물 설치 제한 및 시설물 용도 제한 내용은 <표 5> 및 <표 6>과 같다.

● 표 5 시설물 설치 제한

구분	소음대책지역		
	제1종	제2종	제3종
소음영향도 [WECPNL]	95 이상	90 이상 95 미만	75 이상 90 미만
주거용 시설	신축 및 증축·개축 금지	1. 신축 금지 2. 방음시설 시공조건으로 증축·개축 허가	방음시설 시공조건으로 신축 및 증축·개축 허가
교육의료시설	〃	〃	〃
공공시설	〃	〃	〃
공장, 창고 및 운송시설	공항운영 시설물 설치 허가	항공기 소음과 무관한 시설물의 신축 및 증축·개축 허가	

● 표 6 시설물 용도 제한

구분	구역	소음영향도 [WECPNL]	용도 제한 지역
소음 대책 지역	제1종	≥ 95 dB	1. 완충 녹지지역(이륙·착륙 안전지대) 2. 공항운영에 관련된 시설만 설치 가능
	제2종	95 ~ 90	1. 전용공업지역 2. 일반공업지역 3. 자연녹지지역
	제3종	< 90 ~ ≥ 75	1. 준공업지역 2. 상업지역

또한, 항공기 소음피해지역과 소음피해 예상지역의 방음시설 설치 및 공동이용시설 지원대상 기준에 정한 실내 소음기준 및 목표 차음량 기준은 <표 7> 및 <표 8>과 같다.

● 표 7 대상시설에 대한 실내 소음기준

대상시설 \ 구분	제1종 구역	제2종 구역	제3종 구역
주거, 교육·의료 및 공공시설	WECPNL 60 dB 이하		

● 표 8 구역별 목표 차음량 기준

대상시설	제1종 구역	제2종 구역	제3종 구역		
			가 지구	나 지구	다 지구
	≥ 95 WECPNL	90~95	85~90	80~85	75~80
1. 주거용 시설 2. 교육·의료시설 3. 공공시설	40 dB 이상	35 dB 이상	30 dB 이상	25 dB 이상	20 dB 이상

이상으로부터 주거, 교육 및 의료시설 등에 대한 방음대책은 WECPNL 75 dB 이상인 지역을 대상으로 하고, 실내 소음도는 WECPNL 60 dB 이하가 되도록 정하고 있다. 더불어 WECPNL 75 dB에서 WECPNL 5 dB 등급별로 증가할 때마다 차음량도 20 dB에서 5 dB씩 증가시키도록 정하고 있다. 방음대책 등에 필요한 비용은 소음 부담금 등으로 충당한다.

(5) 공장소음 배출허용기준

배출허용기준은 산업직접활성화 및 공장설치에 관한 법률에 정한 제조업의 공장에 소음·진동관리법에 정한 소음 배출시설이 설치된 사업장에 적용되며, 그 기준은 <표 9>와 같다.

● 표 9 공장소음 배출허용기준, L_{eq} [dB(A)]

대상지역	시간대별		
	주간 (06~18)	석간 (18~24)	야간 (24~06)
가. 도시지역 중 전용주거지역·녹지지역, 관리지역 중 취락지구 등	50 이하	45 이하	40 이하
나. 도시지역 중 일반주거지역 및 준주거지역	55 이하	50 이하	45 이하
다. 농림지역, 관리지역 중 가목과 라목을 제외한 그 밖의 지역 등	60 이하	55 이하	50 이하
라. 도시지역 중 상업지역·준공업지역 등	65 이하	60 이하	55 이하
마. 도시지역 중 일반공업지역 및 전용공업지역	70 이하	65 이하	60 이하

표에서 공장 가동에 따른 기준은 주거지역에서는 주간 55, 야간 45 dB(A)이고, 상업 및 준공업 지역에서 주간 65, 야간 55 dB(A)이다.

주거지역에서 이 기준은 소음 환경기준의 도로변지역이나 교통소음 관리기준에 비해 10 dB(A) 정도 낮은 수준이다.

기타 배출허용기준의 세부 내용이나 소음 배출시설 등은 소음·진동 관리법을 참고한다.

(6) 생활소음 규제기준

주민의 정온한 생활환경 보전을 위해 확성기(옥외 설치, 옥내서 옥외로 소음 방출하는 경우) 소음, 배출시설이 설치되지 아니한 공장에서 발생하는 소음, 공사장에서 발생하는 소음, 공장 및 공사장을 제외한 사업장에서 발생하는 소음 등에 대한 생활소음 규제기준은 <표 10>과 같다.

● 표 10 생활소음 규제기준 [dB(A)]

대상지역	시간대별 소음원		아침·저녁 (05~07, 18~22)	주간 (07~18)	야간 (22~05)
가. 주거지역, 녹지지역 등과 학교, 종합병원, 공공도서관	확성기	옥외 설치	60 이하	65 이하	60 이하
		옥내 → 옥외	50 이하	55 이하	45 이하
	공장		50 이하	55 이하	45 이하
	사업장	동일 건물	45 이하	50 이하	40 이하
		기타	50 이하	55 이하	45 이하
	공사장		60 이하	65 이하	50 이하

표에서 공장이란 소음 배출허용기준을 적용받지 않는 공장을 의미하며, 생활소음 중 확성기 소음은 주거지역 등에서 주간 65, 야간 60 dB(A)이고, 공사장소음은 주간 65, 야간 50 dB(A)로 여타의 소음원에 비해 기준이 5 dB 정도 높다.

기타 생활소음 규제기준의 "나"지역 및 세부 내용은 소음·진동관리법을 참고한다.

(7) 층간소음 기준

공동주택에서 발생하는 층간소음(인접한 세대 간 소음을 포함한다.)으로 인한 입주자 및 사용자의 피해를 최소화하고 발생된 피해에 관한 분쟁을 해결하기 위해 '공동주택 층간소음의 범위와 기준에 관한 규칙'에 정한 층간소음 기준은 <표 11>과 같다.

◎ 표 11 층간소음 기준

구 분		주간(06~22)	야간(22~06)
1. 뛰는 소리, 걷는 소리 등의 직접충격 소음	1분 등가소음도 L_{eq} [dB(A)]	43	38
	최대소음도 L_{max} [dB(A)]	57	52
2. TV, 라디오, 악기 등의 공기전달 소음	5분 등가소음도 L_{eq} [dB(A)]	45	40

<비고>
① 직접충격 소음은 1분간 등가소음도(L_{eq}) 및 최대소음도(L_{max})로 평가하고, 공기전달 소음은 5분간 등가소음도로 평가한다.
② 위 표의 기준에도 불구하고 「주택법」 제2조제2호에 따른 공동주택으로서 「건축법」 제11조에 따라 건축허가를 받은 공동주택과 2005년 6월 30일 이전에 「주택법」 제16조에 따라 사업승인을 받은 공동주택의 직접충격 소음 기준에 대해서는 위 표 제1호에 따른 기준에 5 dB(A)을 더한 값을 적용한다.
③ 층간소음의 측정방법은 '환경분야 시험·검사 등에 관한 법률' 제6조제1항제2호에 따라 환경부장관이 정하여 고시하는 소음·진동 관련 공정시험기준 중 동일 건물 내에서 사업장 소음을 측정하는 방법을 따르되, 1개 지점 이상에서 1시간 이상 측정하여야 한다.
④ 1분간 등가소음도(L_{eq}) 및 5분간 등가소음도는 비고 ③에 따라 측정한 값 중 가장 높은 값으로 한다.
⑤ 최대소음도(L_{max})는 1시간에 3회 이상 초과할 경우 그 기준을 초과한 것으로 본다.

(8) 학교소음 기준

학교보건법에 정한 소음기준은 교사(校舍) 내는 55 dB(A)이고, 교사 외부는 부지경계선 50 m 이내에서의 기준은 <표 12>와 같다.

● 표 12 학교부지 경계 등의 소음기준

구 분	주간(07~18)	야간(18~07)
소음 [dB(A)]	65 이하	50 이하

(9) 자동차의 소음 허용기준

자동차를 제작(수입을 포함)하려는 자는 제작차에서 나오는 소음이 <표 13>에 정한 허용기준에 적합하게 제작토록 소음·진동관리법에 규정하고 있다.

● 표 13 제작 자동차의 소음 허용기준(일부)

자동차 종류		소음 항목	가속주행소음 [dB(A)]		배기소음 [dB(A)]	경적소음 [dB(C)]
			가	나		
경자동차		가	74	75	100	110
		나	76	77		
승용자동차		소형	74	75	100	110
		중형	76	77		
		중대형	77	78	100	112
	대형	원동기출력 195마력 이하	78	78	103	
		원동기출력 195마력 초과	80	80	105	

기타 참고 사항과 화물자동차 및 이륜자동차의 소음 허용기준은 소음·진동관리법을 참고한다.

가속주행소음 측정 시의 사용 변속기어 및 제4장의 <그림 4.2>의 A지점 진입 시 세부 지정속도는 <표 14>와 같다.

◉ 표 14 가속주행소음 측정 시 진입 지정속도 등(발췌)

자동차 종류	사용 변속기어	<그림 4.2>의 A지점 진입 시 지정속도
수동 변속기를 갖춘 자동차	2~4단까지의 변속기는 2단을, ≥5단의 변속기는 3단을 사용 변속기어로 함. 다만, 2륜자동차(측차부 2륜자동차 및 원동기부 자전거를 포함한다. 이하 같다)로서 2단 및 3단의 변속기는 2단을, 4단의 변속기는 3단을, 5단 이상의 변속기는 4단을 사용 변속기어로 한다. 이하 생략	다음 중 낮은 쪽의 속도 (1) 사용 변속기어란의 변속기어를 사용하여 원동기 최고출력 시의 회전속도의 3/4의 회전속도로 주행할 경우의 속도 (2) 50 km/hr(다만, 125 cc 이하의 2륜자동차는 40 km/hr)
반자동 변속기를 갖춘 자동차	평탄 포장도로를 가속주행하는 때에 보통 사용되는 변속기어를 사용 변속기어로 한다. 다만, 2단 및 3단 변속기는 2단을 사용 변속기어로 한다.	다음 중 낮은 쪽의 속도 (1) 사용 변속기어란에 기재된 변속기어를 사용하여 평탄 포장도로를 주행할 경우의 최고속도의 3/4의 속도 (2) 50 km/hr(다만, 125 cc 이하의 2륜자동차는 40 km/hr)
자동 변속기를 갖춘 자동차	시가지를 주행하는 때에 보통 사용되는 변속기어를 사용 변속기어로 한다(다만, 킥다운장치가 있는 경우 제작자는 킥다운장치가 작동하지 않도록 조정할 수 있다).	
이하 생략		

또한, 자동차의 소유자는 그 자동차에서 배출되는 소음이 <표 15>의 운행차 소음 허용기준에 적합하게 운행하거나 운행하게 하여야 하며, 소음기(消音器)나 소음덮개를 떼어 버리거나 경음기(警音器)를 추가로 붙여서는 아니 된다.

표 15 운행 자동차의 소음 허용기준

자동차 종류	소음 항목	배기소음 [dB(A)]	경적소음 [dB(C)]
경자동차		100 이하	110 이하
승용 자동차	소형	100 이하	110 이하
	중형	100 이하	110 이하
	중대형	100 이하	112 이하
	대형	105 이하	112 이하
화물 자동차	소형	100 이하	110 이하
	중형	100 이하	110 이하
	대형	105 이하	112 이하
이륜자동차		105 이하	110 이하

(10) 소음발생 건설기계 소음 관리기준

<표 16>의 소음발생 건설기계를 제작 또는 수입하려는 자는 해당 소음발생 건설기계를 판매·사용하기 전에 환경부장관이 실시하는 소음도(騷音度) 검사를 받아, 그 결과가 <표 17>에 정한 관리기준에 부합되어야 한다. 다만, 환경기술 및 환경산업 지원법에 따른 환경표지의 인증을 받은 건설기계 등 대통령령으로 정하는 소음발생 건설기계에 대하여는 소음도 검사를 면제할 수 있다.

부록 A 소음·진동 기준

● 표 16 소음발생 건설기계의 종류

1. 굴착기 (정격출력 19 kW 이상 500 kW 미만의 것으로 한정한다.)
2. 다짐기계
3. 로더 (정격출력 19 kW 이상 500 kW 미만의 것으로 한정한다.)
4. 발전기 (정격출력 400 kW 미만의 실외용으로 한정한다.)
5. 브레이커 (휴대용을 포함하며, 중량 5톤 이하로 한정한다.)
6. 공기압축기 (공기 토출량이 분당 2.83 m^3 이상의 이동식인 것으로 한정한다.)
7. 콘크리트 절단기
8. 천공기
9. 항타 및 항발기

현재 시행되고 있는 건설기계는 표의 대상 9종 중에서 4종에 대하여 <표 17>과 같이 소음 관리기준을 설정하여 운영하고 있다.

● 표 17 소음발생 건설기계 소음 관리기준

소음발생 건설기계		소음 관리기준 [dB(A)]		
종류	정격출력 P [kW]	2014. 2. 14.	2018. 10. 1.	2020. 10. 1.
굴착기	19~225	$83 + \{11 \times \log(P)\}$	$83 + \{11 \times \log(P)\}$	$80 + \{11 \times \log(P)\}$
	225~500	$83 + \{11 \times \log(P)\}$	$80 + \{11 \times \log(P)\}$	$80 + \{11 \times \log(P)\}$
다짐기계	진동 8 이하	108	105	105
	진동 8~70	109	106	106
	진동 70 초과	$89 + \{11 \times \log(P)\}$	$86 + \{11 \times \log(P)\}$	$86 + \{11 \times \log(P)\}$
	비진동 55 이하	104	101	101
	비진동 55 초과	$85 + \{11 \times \log(P)\}$	$82 + \{11 \times \log(P)\}$	$82 + \{11 \times \log(P)\}$
로더	바퀴형 19~55	104	101	101
	바퀴형 55~225	$85 + \{11 \times \log(P)\}$	$85 + \{11 \times \log(P)\}$	$82 + \{11 \times \log(P)\}$
	바퀴형 225~500	$85 + \{11 \times \log(P)\}$	$82 + \{11 \times \log(P)\}$	$82 + \{11 \times \log(P)\}$
	트랙형 19~55	106	103	103
	트랙형 55~225	$87 + \{11 \times \log(P)\}$	$87 + \{11 \times \log(P)\}$	$84 + \{11 \times \log(P)\}$
	트랙형 225~500	$87 + \{11 \times \log(P)\}$	$84 + \{11 \times \log(P)\}$	$84 + \{11 \times \log(P)\}$
공기 압축기	15 이하	99	97	97
	15 초과	$95 + \{11 \times \log(P)\}$	$90 + \{11 \times \log(P)\}$	$90 + \{11 \times \log(P)\}$

A.2 진동기준

진동 관련 기준은 소음·진동관리법에 정하고 있다.

(1) 교통진동의 관리기준

도로 및 철도 주변지역에 대한 진동의 관리기준은 <표 18>과 같다. 도로/철도 기준은 동일하며 야간이 주간보다 5 dB(V) 낮고, 상·공업지역은 주거지역에 비해 5 dB(V) 높게 설정되어 있다.

● 표 18 도로/철도 진동 관리기준

대상지역	한도 [dB(V)]	
	주간 (06~22)	야간 (22~06)
주거지역, 녹지지역, 관리지역 중 취락지구·주거개발진흥지구 및 관광·휴양개발진흥지구, 자연환경보전지역, 학교·병원·공공도서관 및 입소규모 100명 이상의 노인의료복지시설·영유아보육시설의 부지경계선으로부터 50미터 이내 지역	65/65	60/60
상업지역, 공업지역, 농림지역, 생산관리지역 및 관리지역 중 산업·유통개발진흥지구, 미고시지역	70/70	65/65

(2) 공장진동 배출허용기준

진동 배출허용기준은 산업직접활성화 및 공장설치에 관한 법률에 정한 제조업의 공장에 소음·진동관리법에 정한 진동 배출시설이 설치된 사업장에 적용되며, 그 기준은 <표 19>와 같다.

● 표 19 공장진동 배출허용기준, L_{10} [dB(V)]

대상지역	시간대별	
	주간 (06~22)	야간 (22~06)
가. 도시지역 중 전용주거지역·녹지지역, 관리지역 중 취락지구·주거개발진흥지구 및 관광·휴양개발진흥지구, 자연환경보전지역 중 수산자원보호구역 외의 지역	60 이하	55 이하
나. 도시지역 중 일반주거지역·준주거지역, 농림지역, 자연환경보전지역 중 수산자원보호구역, 관리지역 중 가목과 다목을 제외한 그 밖의 지역	65 이하	60 이하
다. 도시지역 중 상업지역·준공업지역, 관리지역 중 산업개발진흥지구	70 이하	65 이하
라. 도시지역 중 일반공업지역 및 전용공업지역	75 이하	70 이하

표에서 공장진동은 공장의 부지경계선 상의 지반 진동을 대상으로 하며, 주거지역의 진동기준은 L_{10} 평가척으로 주간 65, 야간 60 dB(V)이고, 상·공업지역의 기준은 주거지역 기준보다 5~10 dB(V) 높다.

(3) 생활진동 규제기준

배출시설이 설치되지 아니한 공장, 공사장, 그 외의 사업장에서 발생하는 진동에 대한 기준은 <표 20>과 같다.

Appendix 부록

● 표 20 생활진동 규제기준, L_{10} [dB(V)]

대상지역	주간 (06~22)	심야 (22~06)
가. 주거지역, 녹지지역, 관리지역 중 취락지구·주거개발진흥지구 및 관광·휴양개발진흥지구, 자연환경보전지역, 그 밖의 지역에 소재한 학교·종합병원·공공도서관	65 이하	60 이하
나. 그 밖의 지역	70 이하	65 이하

생활진동은 피해자의 부지경계선 상의 지반 진동을 대상으로 하며, 주거지역의 진동기준은 L_{10} 평가척으로 주간 65, 심야 60 dB(V)이고, 그 밖의 지역의 기준은 주거지역 기준보다 5 dB(V) 높다.

부록 B. 주요 소음진동 관리 및 음향연구의 연혁

B.1 소음진동 관리

- BC 5세기경 : 로마 도시국가인 Sybaris(이탈리아 남부 소재)에서 양계장과 대장간을 성벽 밖으로 추방함
- BC 44년 : 로마 시대(줄리어스 시저가 원로원령)에 밤 시간에 마차의 운행을 제한함
- 1831년 : 영국 맨체스터 인근의 브로튼(Broughton) 현수교 붕괴. 500여 병력이 발맞추어 지나갈 때 발생한 진폭과 다리의 고유 진폭이 일치(공진)하면서 다리를 요동치게 하여 붕괴로 이어짐(200

부록 B 주요 소음진동 관리 및 음향연구의 연혁

여 명 사망)
- 1854년 : 독일에서 프러시아 공업법 제정(용도지역 지정)
- 1927년 : 미국에서 경량충격음 측정(테핑 머신과 유사한 해머 가진기 사용)
- 1930년 : 미국 뉴욕에서 자동차 소음 관련 소음도 조사(실외 97개 지점, 실내 70개 지점)
- 1934년 : 영국 런던 시가 밤 시간에 경음기 금지를 운수성 장관에 제안
- 1940년 : 미국 워싱턴주 타코마 현수교 붕괴(개통 4개월). 측면에서 불어온 바람에 다리가 진동하면서 다리의 고유진동수와 일치하는 공진으로 심하게 진동하다 붕괴함
- 1960년 : 영국에서 소음저감법 제정
- 1963년 : 우리나라에서 공해방지법 제정(1967년 5월 : 시행규칙, 1969년 : 배출허용기준 설정 등)
- 1968년 : 일본에서 소음규제법(1950년대 초 : 지자체 공해방지조례) 제정
- 1972년 : 미국에서 소음규제법 제정
- 1978년 : 우리나라에서 환경보전법 제정(소음진동 규제)

B.2 음향연구 과학자

- Pythagoras(BC 570~497?) : 진동하는 현의 길이와 음의 관계를 조사해 음이 공명할 때 현의 길이가 정수 배가 되는 것을 발견 / 피타고라스 음계
- Galileo Galilei(1564~1642) : 아버지 뒤를 이어 음향 연구에 수

학적인 방법을 사용하였고, 음의 고저와 현의 진동수 등에 대한 많은 연구를 진행함

- Snell(1580~1626) : 빛의 굴절 법칙을 정립함(음의 굴절에도 적용됨).
- Boyle(1627~1691) : 음을 전달하는 매체로 공기의 존재를 입증함
- Huygens(1629~1695) : 파면의 각 점이 파원이 되어 새로운 구면파를 생성함. 음의 회절원리 등을 정립함
- Newton(1642~1727) : 음의 속도를 공기의 등온변화에서 찾음
- Laplace(1749~1827) : 단열변화로 음의 속도를 이론적으로 계산. 또한, 수중 음속을 이론적으로 계산[8℃에서 1525 m/s로 추산(실측치 : 1438.8 m/s와 유사함)]
- Fresnel & Kirchhoff(1788~1827/1824~1887) : 파동방정식을 이용하여 엄밀한 방법으로 Huygens 원리를 검증함. Fresnel Number는 방음벽 등 장애물에 의한 감쇠효과를 예측하는데 활용됨
- Ohm(1789~1854) : 귀가 음을 주파수별로 분해하여 듣는 기능을 갖는다는 법칙을 제창. 주파수마다 분해한다는 말은 푸리에 해석(조화해석)을 하고 있다는 것임
- Weber & Fechner(1795~1878/1801~1887) : 심리적인 감각량은 자극량의 대수 함수에 비례한다는 법칙을 찾음
- Doppler(1803~1853) : 음원이 이동하는 동안 주파수가 변하는 이른바 도플러 효과를 발견
- Helmholtz(1821~1894) : 귓속의 기저막이 주파수에 따라 다른 곳에서 공명하는 설을 주창. 공명 원리를 설명함
- Strutt(1842~1919) : 탄성파, 레일리파 등의 연구
- Graham Bell(1847~1922) : 전화기 발명자로 음의 dB 단위를 창

안함
- Sabin(1868~1919) : 잔향시간, 흡음률, 음향건축학을 정립함
- Bekesy(1899~1972) : 연구를 통해 Helmholtz 주장을 확인함
 (1961년 노벨 의학·생리학상 수상)

참고문헌

1. 정일록, 소음·진동학, 신광출판사, 1984
2. 정일록, 소음·진동 이론과 실무, 신광문화사, 1986
3. 정일록, 교통소음 위해성 평가방법과 그 저감전략, 한국기술사회대회, 2010
4. 정일록, 층간소음 등에 대한 실내소음 기준 제안, 한국기술사회대회, 2013
5. 정일록, 공사장 소음·진동 관리대책(중앙환경분쟁조정위원회 교육자료), 2016
6. 정일록, 타이어 소음의 선진 관리사례와 국내 필요성, 한국소음진동공학회, 2016
7. 정일록, 사격장 소음의 측정·평가와 기준 제안, 한국환경피해예방협회, 2018
8. 정일록, 항공기소음의 건강영향과 관리기준 개선, 한국교통연구원, 2019
9. 환경부, 환경정책기본법, 2019
10. 환경부, 소음·진동관리법, 2019
11. 국토교통부, 주택건설기준 등에 관한 규정, 2019
12. 교육부, 학교보건법, 2019
13. 환경부, 공사장 소음진동관리 지침서, 2007
14. 환경부, 전체 소음 민원은 감소, 확성기·층간소음 민원은 증가, 2010
15. 환경부, 소음진동 관리체계 선진화 및 효율화 위한 연구, 2014
16. 환경부, 저소음포장도로 소음저감 성능인정 기준마련 연구(I), (II), 2015~2016
17. 환경부, 풍력개발사업 환경성 검토 전문가 포럼, 2016
18. 환경부, 풍력관련 해외 자료집, 2014
19. 한국환경공단, 층간소음이웃사이센터 운영결과보고, 2013
20. 국립환경과학원, 국내 실태조사(풍력발전소 소음·저주파), 2016
21. 중앙환경분쟁조정위원회, 환경분쟁사건 배상액 현실화 방안연구, 2016
22. 국토교통부·환경부, 녹색건축 인증기준, 2017
23. 국토교통부, 공동주택 바닥충격음 차단구조인정 및 관리기준, 2018

24. Brüel & Kjær, Architectural Acoustics, 1978
25. Brüel & Kjær, Environmental Noise, 2001
26. CALTRANS, Technical Noise Supplement to the Traffic Noise Analysis Protocol, 2013
27. Bryan Pardo, Loudness & Human Audition, 2008
28. Randall F. Barron, Industrial Noise Control and Acoustics, 2003
29. Steve Michalski, Measuring Firearms & Explosives using Sound-Level Meters, 2006
30. Cyril M. Harris., Allan G. Piersol., HARRIS' SHOCK AND VIBRATION HANDBOOK, 2002
31. Hal Amick and Michael Gendreau, Construction Vibrations and Their Impact on Vibration-Sensitive Facilities, 2000
32. Sheng-Huoo Ni et al., In-Situ Measurement of the Vibration Decay Characteristics of Alluvial Soil Deposits, 2017
33. Patrick ELIAS and Michel VILLOT, Review of existing standards, regulations and guidelines, as well as laboratory and field studies concerning human exposure to vibration, 2011
34. AB Knol, BAM Staatsen, Trends in the environmental burden of disease in the Netherlands 1980-2020, 2005
35. EEA, Good practice guide on noise exposure and potential health effects, 2010
36. EEA, Exposure to Road Traffic Noise in Europe, 2017
37. Wolfgang Babisch, Transportation Noise and Cardiovascular Risk, 2006
38. Wolfgang Babisch, Good Practice Guide - Noise And Health For Action Planning, 2010
39. Wolfgang Babisch, Cardiovascular Burden of Disease from Environmental Noise, 2014
40. Thomas Münzel at al., The Adverse Effects of Environmental Noise Exposure on Oxidative Stress and Cardiovascular Risk, 2018
41. WHO, Guidelines for Community Noise, 1999
42. WHO, Night Noise Guidelines for Europe, 2009
43. WHO, Burden of disease from environmental noise, 2011 44. WHO,

Environmental Noise Guidelines for the European Region, 2018
45. Manfred E. Beutel et al., Noise Annoyance Is Associated with Depression and Anxiety in the General Population - The Contribution of Aircraft Noise, 2016
46. DEFRA, Environmental Noise: Valuing impacts on: sleep disturbance, annoyance, hypertension, productivity and quiet, 2014
47. Jayprakash D. Sonone et al., Irritating and Hearing Frequency Identification and Generation to Avoid Animals Accident, 2014
48. BARRICK, Cowal Gold Mine Blast Management Plan, 2015
49. FAO Investment Centre, Review of animal welfare legislation in the beef, pork, and poultry industries, 2015
50. Arthur N. Popper et al., Interim Criteria for Injury of Fish Exposed to Pile Driving Operations: A White Paper, 2006
51. Dr Jeremy Nedwell, The dBht(Species); a metric for estimating the behavioural effects of noise on marine species
52. Shafiei Sabet, Saeed, The noisy underwater world: The effect of sound on behaviour of captive zebrafish, 2016
53. Federal Transit Administration, Transit Noise and Vibration Impact Assessment, 2006
54. RIVAS SCP0-GA-2010-265754, Review of existing standards, regulations and guidelines, as well as laboratory and field studies concerning human exposure to vibration, 2011
55. James Whitlock, A Review of the Adoption of International Vibration Standards in New Zealand, 2011
56. Heinrich Menges, Messung und Beurteilung von Erschütterungsimmissionen - Technische Fachinformation, 2005
57. James Woodcock, et al., Guidance document for the evaluation of railway vibration, 2014
58. Corrib Onshore Pipeline, Groundborne Noise & Vibration Impact Assessment - Tunnel Construction, COR 25.1 MDR0470Rp0034
59. Jeffrey A. Zapfe, Ground-Borne Noise and Vibration in Buildings Caused by Rail Transit, 2009

60. Jeffrey A. Zapfe at al., Noise, Vibration and Annoyance from Rail Transit Systems: Results and Implications of the TCRP D-12 Study, 2011
61. Ronny Klæboe et al., People's reaction to vibrations in dwellings from road and rail, 1999
62. Iiris Turunen-Rindel, et al., Study on human reactions to vibration from blasting activities nearby dwellings, 2017
63. Calum SHARP, Human Rrsponse to Environmental Noise and Vibraton from Freight and Passenger Railway Traffic, 2014
64. Osama Hunaidi and Martin Tremblay, Traffic-induced building vibrations in Montréal, 1997
65. The NZ Transport Agency, State Highway Construction and Maintenance Noise Vibration Guide, 2019
66. Michel VILLOT, Vibration and ground borne noise exposure in buildings and associated annoyance, 2015
67. Dr. P. Anbazhagan, Introduction to Engineering Seismology(Lecture 5)
68. UBA, Sechzehnte Verordnung zur Durchführung des Bundes-Immissionssc hutzgesetzes, 1990
69. CEDR, State of the art in managing road traffic noise: cost-benefit analysis and cost-effectiveness analysis, 2017
70. CEDR, State of the art in managing road traffic noise: summary report, 2017
71. CEDR, Critical guidelines to the effective implementation of alternative "smart" noise mitigation measures, 2015
72. EURO CITIES, Low-noise road surfaces, 2015
73. European Commission, FUTURE BRIEF: Noise abatement approaches, 2017
74. World Road Association, Quiet Pavement Technologies, 2013
75. Bernhard Berger, Noise policy update, 2014
76. K. Jones, Aircraft Noise and Sleep Disturbance: A Review, 2009
77. Kabibi ADUNAGOW, LOS ANGELES INTERNATIONAL AIRPORT NOISE POLLUTION: A CASE STUDY OF THE IMPACT ON THE CITY OF INGLEWOOD, 2011

78. Senatsverwaltung fü Stadtentwicklung und Umwelt, Lämaktionsplan 2013-2018 fü Berlin, 2014
79. Civil Aviation Authority, Aircraft noise and health effects: Recent findings, 2016
80. Charlotte Clark, The influence of noise on performance and behavior - 5 year update, 2008
81. UBA, Act for Protection against Aircraft Noise, 2007
82. Neil Dickson, ICAO Noise Standards, 2013
83. The Association of Noise Consultants, ANC Response to Davies Commission Discussion Paper on Airport Noise, 2013
84. Ted Baldwin, Comparison of Stage 3 and 4 Noise Benefits for Takeoff vs. Landing, 2012
85. UBA, Allgemeine Verwaltungsvorschrift zum Schutz gegen Baularm (Gerauschimmissionen), 1970
86. RAL gGmbH, Low-Noise Construction Machinery RAL-UZ 53, 2011
87. Volker K. P. Irmer, The Blue Angel Program in Germany to reduce noise levels from construction machines, 2000
88. Directive 2005/88/EC of the European Parliament and of the Council, 2005
89. City of New York, Local law of the City of New York, 2005
90. Jorge Guerra González, Environmental Noise Main Focus: Aircraft Noise, 2004
91. UK. Department for Environment, Food and Rural Affairs, The Permitted Level of Noise(England) Directions, 2008
92. RMP Acoustics, Services noise affecting dwellings, 2007 93. Judith Lang et al., Sound Insulation in Housing Construction, 2006
94. Miljøstyrelsen, Bekendtgørelse om støj fra vindmøller, 2011
95. UBA, Technische Anleitung zum Schutz gegen Lärm - TA Lärm, 1998
96. Bayerisches Landesamt fur Umwelt, Schattenwurf von Windkraftanlagen: Erluuterung zur Simulation, 2013
97. David M. Hessler, Wind Tunnel Testing of Microphone Windscreen Performance Applied to Field Measurements of Wind Turbines, 2009

98. Robert J. McCunney, et al., Wind Turbines and Health: A Critical Review of the Scientific Literature, 2014
99. Jon Cooper, et al., MICROPHONE WIND SPEED LIMITS DURING WIND FARM NOISE MEASUREMENTS, 2015
100. Adriana Dorado-Correa et al., Traffic noise may make birds age faster, 2018
101. Azar Radfar, Chronic exposure to excess noise may increase risk for heart disease, stroke, 2018
102. Sanford Fidell, The Schultz curve 25 years later: A research perspectivea, 2003
103. Jan H. Granneman, Construction noise: overview of regulations of different countries, 2013
104. Taffan Hygge, Classroom noise and its effect on learning, 2014
105. US Army Regulation 200-1, Environmental Protection and Enhancement, 2007
106. US HUD, SITE ACCEPTABILITY STANDARDS(24 CFR Subtitle A(4-1-04 Edition))
107. US FAA, Airport Noise Compatibility Planning(14 C.F.R. Part 150)
108. Paul D. Schomer, et al., Human and Community Response to Military Noise, 1995
109. Frank Hammelmann, et al., Bestimmung des Beurteilungs-pegels der VDI 3745 Blatt 1 durch Prognose
110. ISO 17201-1, Noise from shooting ranges(Part 1: Determination of muzzle blast by measurement), 2005
111. Ing Waseim Alfred, Noise Emission Data of Danish Heavy Weapons, 2015
112. Harry F. Olson, The Measurement of Loudness, 1972
113. Mary Ellen Eagan, The History of DNL 65 and Implications for Future Noise Policy, 2010
114. NEA Singapore, Regulations on Construction Noise and Control Measures, 2009
115. John C. Swallow, et al., Shooting Ranges and Sound, 1999

Reference

116. State of Minnesota, Out door Shooting Ranges, 2003
117. 小野測器, 騒音計とは - 概要と背景, 2009
118. 子安勝, 騒音の防止対策技術, 計測と制御 Vol.16, No.5, 1979
119. 中央建鐵株式會社, 振動の傳わり方の違いは?, 2006
120. 吉野泰子, 不快性をはかる - 騒音・振動, 2004
121. 小野測器, 基礎からの周波数分析(24) -振動計測の基礎-
122. 小野撤郎, 地震と建築防災工學, 2005
123. 九州防衛局, ＭＶ－２２オスプレイ騒音測定結果(水中騒音) について, 2017
124. 公害等調整委員會, 振動に關ゎる苦情への對應, 2005
125. 徳永法夫 等, 道路交通振動の人体影響.関する分析, 1998
126. 樋口茂生 等, 道路交通振動に対する現行 L10評価の問題, 全国環境研会誌, 2009
127. 谷本正憲, 自動車交通騒音調査報告書, 2009
128. 田中丈晴, 交換用マフラー等に関する自動車騒音の問題の現状, 2013
129. 林山泰久, 自動車がもたらす騒音の社会的費用とその評価方法, 2002
130. 原田実, 建設作業振動の予測, 騒音制御 Vol.18, No.6, 1994
131. 中央建鐵株式會社, 建設工事の振動被害を想定した実大建物振動実験(まとめ), 2011
132. 日本建築学会環境工学委員会, 日本建築学会環境規準 集合住宅の遮音設計基準(案), 2014
133. 日本建築学会, 建築物の遮音性能\基準と設計指針, 1999
134. 国土交通省, 建設工事に伴う騒音振動対策技術指針, 1992
135. 環境省, よくわかる建設作業振動防止の手引き
136. 山田一郎 等, わが国の環境騒音の評価尺度の現状と課題, 2012
137. 國土交通省, 航空機による騒音影響について, 2013
138. 藤原衛 等, 航空機騒音に係る新環境基準の測定評価等に関する 研究報告書, 2017
139. 栗原敏尚, 防音工事と補助金制度, 1982
140. 大阪国際空港エコエアポート協議会, 大阪国際空港エコエア ポート推進レポート, 2014
141. 株式會社 IHI, 航空機騒音基準の方向性と取り組み, 2012

142. 日本騷音制御工學會, 地域の環境振動, 2001
143. 小野撤郎, 地震と建築防災工學, 2005
144. 環境省, 騒音規制法/振動規制法, 2014
145. 環境省, 風力発電施設から発生する騒音に関する指針について, 2017
146. 風力発電施設から発生する騒音等の評価手法に関する検討会, 風力発電施設から発生する騒音等への対応について, 2016
147. 環境省, 騒音ラベリング制度導入マニュアル, 2013
148. 防衛省 地方協力局, 演習場周辺住宅防音工事標準仕方書, 2016
149. 北海道 防衛局, 演習場周辺(砲撃音)住宅防音工事, 2015

찾아보기

ㄱ

가설 차음벽	258
가설하우징	247
가속도	55
가속도 실효치	60
가속주행소음	168
가시선	197
가이드라인	142, 303
가진진동수	58
각성률	126
간구율	175
간헐소음	215
감가지수	215
감각보정 곡선	62
감각보정치	62
감각역치	124, 302
감음량	52
갱폼	258
거리감쇠	33, 68
거실 소음기준	237
거실 소음도	195
건강피해	78
경량 바닥충격 소음	281
계획방음량	324
고도 수면방해 응답률	91
고소음기계	271
고유진동수	58, 163
고조파	279
고체전달 소음	275
고혈압	83
고혈압 증상	115
공극률	187
공기전달 소음	275, 277
공력소음	210
공사장소음	244
공사협정서	272
공진	140
공진진동수	135
관측각	199
광과민발작	298
굉음	201
교실소음 가이드라인	221
교차비(OR)	101
교통류 대책	172
구동점 임피던스	279
구조물 전달소음	131, 134
굴착기	244
굽힘 강성	279
그림자 깜박임	298
급가속	259
급성심근경색 발병률	101
기진력	31
기초공사	246
기하감쇠	69
기하평균거리	265

ㄴ

낙하 충격음	246
난류음	51
난청	108
노출-반응 곡선	87, 90
노출인구	181, 232
녹색건축 인증기준	176, 282
뇌간	82
뇌졸중	78

ㄷ

다공 단층	189

Index

다공 복층		189
다공 포장도로		185
단발소음 노출레벨		28, 218
단진동		54
대상소음도		24
대형화기 소음		331
데시벨 차		24
데시벨 평균		24, 26, 29
데시벨 합		23
데시벨(dB)		12
도로구조		174
도로변지역		166, 169
도로소음		166, 205
도로소음 기준		170
동물복지		117
동물소음		276
동배율		76
동특성		20, 63
등가소음도		26, 287
등소음곡선		218, 228
등청감곡선		17

ㄹ

래깅	52
레일 연삭	211
레일리파	68
렘수면	93
롤링노이즈	167
리브형	185
리스크 팩터	100
리히터 규모	160

ㅁ

매우 불쾌함 응답률	88, 334
멀미	126
메아리	312
면밀도	39
면음원	35
면적 평가	231
명료도	81, 215, 284
무지향성	20
무향실	45
문화재	157
미국 광무국	153
밀입도 포장도로	185

ㅂ

바닥재 리폼	282
박스형 터널	149
반사음	47
반사체	46
발병률	102
발생원 대책	171
발파소음	116
방음녹지대	175
방음대책	30, 247
방음둑	175, 335
방음량	325
방음벽	49, 183, 194, 196, 247, 292
방음벽 길이	198
방음상자	253
방음시설	257
방음시트	251
방음실	288
방음자재	38
방음장치	260
방음창	176
방음커튼	85, 253
방음터널	200
방진구	71
방풍망	306
배경소음	246
배경소음도	24
배기소음	169, 296
배제음	309
배출허용기준	291
배플	45, 335
뱅 머신	276
버드세이버	196
변위 진폭비	74
보행음	277
보호구역	322
복합파	71
부궤도	211
부정한 소음기	202
불면증	181
불쾌함	82
블레이드 파편	298
블루엔젤 마크	242, 315
비산거리	298
비용/효과	178

ㅅ

사격장소음	318, 327

Index

사격장소음 가이드라인 330	소음지도 181, 230	심근경색 78
사고위험지역 319	소음지수 182	심혈관계 질병 83
사육환경 117	소음표시제 172	심혈관질병 99
사이렌음 204	소음표지 315	싱가포르 260
상대위험도(RR) 103	소음피해 183	
상록수림대 313	소음피해 배상 235	ㅇ
상시 모니터링 260	소음허용기준 168	아드레날린 113
상용프로그램 300	속도 진폭 54	안전기준 154
상하진동 131	손실수명연수(YLL) 106	압박감 303
상하진동 감각보정치 63	손해배상 117	압쇄기 248
새집증후군 94	수림대 292	애프터버너 333
생리적 스트레스 99	수면방해 81	야간소음 가이드라인 96
생애비용 205, 206	수면장애 94	어스드릴 255
생활소음 기준 293	수음점 대책 174	에어펌핑 188
생활수칙 277	수인한도 236	에어펌핑음 313
선음원 34	수중 소음 118	에코 드라이브 174
성가심 86	수평진동 131	역2승 감쇠 34
세계도로협회 190	순시치 11, 55	역전상태 311
소음 가이드라인 295	순음 11, 54	역치 82, 126
소음 갈등 233	순회 건강검진 230	연방 배출규제법 331
소음 고충일지 98	스커트 212	연방 소음기준 296
소음 노출 - 반응 곡선 131	스트레스 호르몬 78	연주음 275
소음 표지제 314	스판 278	연평균 소음도 226
소음 환경기준 166	슬래브 두께 279	옥타브 14
소음감가상각지수 238	승차감 125	와류 33
소음경감 운항방식 229	시간율 보정치 219	완충건축물 175
소음기 50	시끄러움 86	완충재 283
소음대책 매뉴얼 263	시뮬레이션 220	우울증 84
소음도(NL) 17	실내소음 145, 221	운항 금지시간 229
소음라벨링제도 315	실정수 43	원단위 239
	실천계획 230	원형 터널 149
	실효치 11, 122	위해성 평가 101

위협레벨	119	장애생활연수(YLD)	106	지반감쇠	69
유럽환경청	89	장약량	156	지발발파	151
유병률	84, 104	저소음 공법		지속시간	28
유사잡음	306		244, 247, 255	지진파	161
유압해머	249	저소음 도로포장	172	지하수위	262
유치레벨	119	저소음 포장도로	179	지향계수	20
음선	311	저소음 흙막이 공법	251	지향성	52, 326
음압 진폭	11	저소음기기	278	직접음	44
음압레벨(SPL)	12	저주파 소음	301, 304	진도	159, 162
음의 크기레벨	16	전기자동차	179	진도 등급	162
음파	10	전달레벨	138	진동 가이드라인	127
음향경보장치	193	전동소음	210	진동 감각역치	65
음향파워레벨	19, 316	점음원	34	진동 감쇠	135
음환경	284	정밀기기	133	진동 관리치	158
이격거리	299	정상청력	109	진동 노출 - 반응 곡선	
이명	215	정숙운전 모드	300		128
이중방풍망	309	정온시설	257	진동 전달률	74
인공어초	120	정적 스프링정수	76	진동 전달손실	135
인구 기여분율	108	정품 인증제	171, 203	진동가속도레벨(VAL)	60
인지능력	284	정품 표준형	201	진동레벨	63, 126
인지작업	83	제진재료	31	진동속도 피크치	141
일치효과	40	조도	93	진동속도레벨	129, 143
임계값	183	종파(P파)	68	진폭비	70
임계거리	44	주민 설명회	253	질량법칙	39
입자속도	45	주택건설기준	169	질병부담	105
		주파수	11		
		주파수분석	13		
ㅈ		주행속도 제한	172	**ㅊ**	
작업일수	270	중량 바닥충격 소음	275	차단주파수	45
잔향시간	47, 285	중심주파수	15	차음도	275
잔향실	40	중앙차로	173	차음등급	280
잔향음	44	증폭배율	138	차음량	221, 323
장애보정생존연수	106			차음효과	49, 194, 199

Index

ㅊ

착륙료 할증	227
참고기준	144, 155, 334
참조치	303
철도소음	209
청감실험	86
청력보호	110
청력손실	108
청력장애	80
체감	122
체감상태	311
초과감쇠	37
초음파음	12
초저주파음	12
총량 규제	226
총합 소음도	268
최대소음도	215, 217, 325
최대치	12
추정진동식	152, 157
충격시간	281
충격음	335
층간 감쇠치	136
층간소음	274
침실	97

ㅋ

커뮤니케이션	278
코르티솔	113
콘서트장 소음	294
콘크리트 펌프카	252
크랙게이지	261, 262
클리어 존	319

ㅌ

타이어 소음	167
타이어 소음 표시제	186
탁월진동수	58
탄성지지	73
텔로미어	114
토지이용 가이드라인	223
통계적 한도치	127
투과손실	39, 197
투과율	39
트레이드 패턴	185
특수형 방풍망	306
특정공사	243

ㅍ

파고율	144
파장	11
판단기준	305
편도체	113
평가소음도	270, 328
평가척	26, 225
평균 투과손실	41
평균 흡음률	42, 48, 287
폭발음	154
폭음 차음벽	229
표준시방서	324
풍력발전기	297
풍상 방향	311
풍잡음	306, 308
피크음압레벨	111
피크치	12, 65, 122

ㅎ

한계가치	114, 207, 208
합성치(PVS)	55
행동연구실	156
허혈성심장질병(IHD)	108
허혈성심질병	95
헤도닉 가격	207, 215
현장 타설 말뚝공법	250
혈관 염증	113
협의기준	170
혼효과	187
화폐가치	239
환경분쟁조정제도	253
환경성평가	300
환경소음 가이드라인	89
환경시설대	175
환경진동	125
환기설비	322
회절감쇠치	48, 266
횡파(S파)	68
흡음덕트 소음기	52
흡음력	45, 289
흡음률	42
흡음웨지	45
흡음재	46
흡음형 방음벽	196

영문

AICUZ	318
Azar Radfar	113

Index

A특성 청감보정곡선 17
A특성 청감보정치 18
BS 5228-2 144
CEDR 179, 208
Chapter 4 228
DALY 79
DALYs 79, 108
dB(A) 18
dB(G) 302
dB(V) 63
DIN 4150-3 143
DNA 손상 115
EC 178, 207
EC 워킹그룹 208
EGI 257
EPA 82
EPNdB 227
f_c 15
FFT 14
Fresnel Number 48, 266
FTA 129
HA 233
ICAO 227
ISO 88, 127, 133
$L_{(차)}$ 24
$L_{(평균)}$ 24
$L_{(합)}$ 23

L-50 280
L_{10} 66, 126
L_5 272
$L_{A,Fmax}$ 327
$L_{A,Smax}$ 29, 327
L_{AE} 29, 210, 218
L_{Cden} 329, 332
L_{CE} 329
L_{Ceq} 329
L_{den} 27, 92, 210, 214, 216, 219, 223
L_{dn} 27, 219, 223, 234, 321
L_{eq} 224, 225
L_{max} 287
L_n 92, 220
LOAEL 96
Maekawa 식 49
Maschke 112
Miedema 87
MS 발파 151
NATM 146
NC 곡선 50
NNI 222
NOAEL 96
NR 45

NS 8176 127
PPV 56, 124, 127, 142, 145, 155
$PPV_{,95}$ 152, 155
$PPV_{f,95}$ 153
PVS 127, 148
QRTV 192
Rathe 35
RMS 124, 127, 133
RPP 257
S/N비 285, 287
SBB 모델 137
Schultz 88, 223
SPB 방법 190
SPL 13
TBM 146
V-50 132
Vanmarcke 153
VC-A 134
WECPNL 29, 210, 214, 219, 235
WHO 80, 91, 110, 216

기타

1차 고유주기 163
1차 고유진동수 164, 279
3차원 예측 293

소음의 영향과 대책	정가 20,000원

발　행　2020년 10월 2일 초판 1쇄
저　자　정일록
발행인　정우용
발행처　돌샘 **동화기술**
　　　　경기도 파주시 광인사길 201(문발동, 파주출판도시)
　　　　Tel (031)955-4211~6　　donghwapub@nate.com
　　　　Fax (031)955-4217　　　 www.donghwapub.co.kr
　　　　(등록) 1977년 12월 19일/9-16호

Copyright ⓒ 2020 by 정일록
Printed in Korea
ISBN 978-89-425-9299-9

불법복사는 지적재산을 훔치는 범죄행위입니다.
저작권자와 출판사의 허락 없이 내용의 일부를 발췌하거나 복사하는
것을 금합니다.